高等学校电子信息类专业系列教材

射频/微波电路导论

（第二版）

雷振亚　王　青　　编著
刘家州　刘保元

西安电子科技大学出版社

内 容 简 介

    本书以常用微波概念和微波电路专题为线索,重点介绍常用的微波知识,侧重于工程实际,并给出必要的理论推导。全书共 13 章,涵盖微波无源器件、有源电路、天线、射频/微波系统、微波常用单位等内容。每种电路都有设计实例和常见结构、指标等。各部分内容相对独立、概念清晰,使读者能够尽快了解基本内容,理解基本原理,掌握设计方法,配合实验测试掌握关键指标和调试方法。

图书在版编目(CIP)数据

射频/微波电路导论/雷振亚等编著. —2 版. —西安:西安电子科技大学出版社,
2017.11(2024.7 重印)
ISBN 7-5606-4531-5

Ⅰ. ①射…　Ⅱ. ①雷…　Ⅲ. ①射频电路-微波电路-研究　Ⅳ. ①TN710

中国版本图书馆 CIP 数据核字(2017)第 136755 号

责任编辑　武翠琴
出版发行　西安电子科技大学出版社(西安市太白南路 2 号)
电　　话　(029)88202421　88201467　　邮　　编　710071
网　　址　www.xduph.com　　电子邮箱　xdupfxb001@163.com
经　　销　新华书店
印　　刷　西安日报社印务中心
版　　次　2017 年 11 月第 2 版　　2024 年 7 月第 6 次印刷
开　　本　787 毫米×1092 毫米　1/16　印张 19
字　　数　447 千字
定　　价　49.00 元
ISBN 7-5606-4531-5/TN
XDUP 4823002-6

＊＊＊ 如有印装问题可调换 ＊＊＊

前　言

　　十多年来，本书第一版得到了业内同仁的广泛认可。无论是选作相关专业教材或教学参考书，还是用来进行射频工程领域的科研或生产，都收到了良好的效果。众多读者就教材内容与我们进行了有益的讨论，提出了许多宝贵的意见。借此，向大家致以诚挚的谢意，感谢大家的厚爱！考虑各方面因素，有必要对本书进行改版提高。

　　第二版较第一版的改动和完善主要体现在以下三个方面：

　　(1) 整理了多个渠道收集的反馈信息，对书中的纰漏进行了修改。

　　(2) 结合国内外射频/微波领域的最新研究成果，对内容进行了扩充。

　　(3) 增加了部分理论推导，例如在第 4 章中增加了 T 型同阻式衰减器和异阻式衰减器阻抗公式的推导过程，这是国内外其他同类图书中所缺少的。

　　再次感谢大家对本书的帮助，竭诚欢迎读者批评指正。意见和建议请发邮件至 zylei@xidian.edu.cn。

作　者

2017 年 2 月

第 一 版 前 言

射频/微波电路是构成通信系统、雷达系统和微波应用系统中的发射机和接收机的关键部件。经过半个多世纪的发展，各种电路的原理日趋成熟，结构形式多样。现代微电子技术和电子材料的不断进步，使得各类接收机和发射机的体积越来越小，功能越来越强。最典型的是个人无线通信，也就是手机技术，可以说，手机代表了当今世界科学领域的多种成就，它集中反映了在电源及电源使用效率、数字电路、模拟电路、半导体技术、信号处理、材料科学、结构工艺等领域的人类智慧。这些内容的核心是射频/微波模拟电路，也就是本书所涉及的内容。当然，手机技术只是射频/微波技术的一个应用实例，本书所介绍的各个电路单元能够用于通信、雷达、导航、识别、空间、对抗、GPS、3G 等各类无线系统中。可以想象：射频/微波技术的发展是永恒的。希望本书的内容能起到抛砖引玉的作用，引导读者尽快进入射频/微波电路领域。

多年来，射频/微波电路给人们的印象是抽象的概念和繁琐的公式。麦克斯韦方程是射频/微波的基本理论，麦克斯韦方程的求解或数值计算是实现射频/微波电路的基本方法。但是，工程中能够严格求解的问题是十分有限的。尤其是有源器件、材料、结构和工艺特性，实际中无法严格把握，难以体现在计算过程中。射频/微波电路的实验调整必不可少。解决工程问题的有效方法是微波网络方法，其散射参数概念清晰，不追究电路内部的电磁场结构，利用等效电路对波能量的传输和反射概念，能够方便地进行电路设计和调试。场论及其计算是解决射频/微波问题的一种方法，但它并不能解决微波领域的所有问题。任何射频/微波电路的根本是能量的传输或变换。因此，在射频/微波电路工程实际中，无需拘泥于电磁场方程，而是要在正确的概念引导下完成各个电路单元的功能。

本书的内容安排思路是：给出电路指标定义，直接引用公式推导结论，交代清楚物理概念，举例说明使用方法和设计过程，强调电路设计和调试中的要领。对于已经很好地掌握了电磁场与微波技术理论的读者，本书可以带您快速进入工程领域；对于相关专业的读者，本书可以带您快速跨入射频/微波技术行列。

射频/微波电路可分为以下三大类：

（1）微波无源电路，如金属谐振腔滤波器、介质腔体滤波器、微带滤波器、功率分配器、耦合器、程控衰减器等。

（2）微波有源电路，如微波放大器、微波振荡器、微波调制解调器、开关、相移器、混频器、倍频器、频率合成器、功率放大器等。

（3）由上述多种元器件构成的微波发射/接收功能模块，或称 T/R 组件。

随着半导体技术的发展，单片微波集成电路(MMIC)已大量进入工程使用阶段。在元器件体积足够小的情况下，射频/微波概念可以适当淡化，像普通低频电路一样进行电路设计，但要使用微波印制板。设计 MMIC 的偏置电路，在射频/微波引线段应考虑匹配。对于新型微波材料主要应考虑环境适应性、高介电常数、低损耗介质。高介电常数介质的使用，可以缩小微带电路的结构尺寸。

本书以射频/微波系统中的常用电路为章次，介绍各种电路的概念和设计方法。全书共 13 章。第 1 章为射频/微波工程介绍，第 2 章为传输线理论，第 3 章为匹配理论，第 4 章为功率衰减器，第 5 章为功率分配器/合成器，第 6 章为定向耦合器，第 7 章为射频/微波滤波器，第 8 章为放大器设计，第 9 章为射频/微波振荡器，第 10 章为频率合成器，第 11 章为其他常用微波电路，第 12 章为射频/微波天线，第 13 章为射频/微波系统。掌握这些电路及系统的知识，可以为从事射频/微波工作打下良好的基础。

本书由西安电子科技大学雷振亚确定编写大纲和内容，并撰写全部书稿。感谢叶正贤先生代表 Motech 公司对本书的编写给予的热情鼓励和大力支持，并提供了大量素材。感谢西安电子科技大学硕士研究生叶荣为本书所做的大量具体工作。感谢西安电子科技大学国家电工电子教学基地、电子工程学院、研究生院、天线与微波国防重点实验室的有关领导和同事给予的关心和支持。

由于作者水平有限，加之时间仓促，书中内容定有不妥之处，敬望各位同行和读者提出宝贵意见，作者将诚恳接受，并在后续版本中采纳。此致谢意。

作　者
2005 年 5 月

目　　录

第 1 章　射频/微波工程介绍

┌─ **本章内容** ─┐

常用无线电频段

射频/微波的重要特性

射频/微波工程中的核心问题

射频/微波电路的应用

射频/微波系统举例

射频/微波工程基本常识

1.1　常用无线电频段

当今社会，技术发展之迅猛，对人们生活影响之重大，首推无线电技术。射频/微波工程就是这一领域的核心。过去的 100 多年来，人们对射频/微波技术的认识和使用日趋成熟。从图 1-1 所示的无线电技术的发展历史可以看出，近年来射频/微波二程的应用已经发展到了近乎极致的状态。

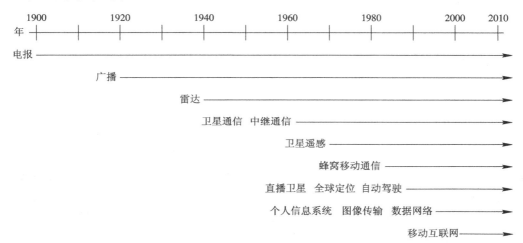

图 1-1　无线电技术的发展历史

对电磁波频谱的划分是美国国防部于第二次世界大战期间提出的，后由国际电工电子工程协会（IEEE）推广，被工业界和政府部门广泛接受。具体电磁波频谱分段如表 1-1 所示。在整个电磁波谱中，射频/微波处于普通无线电波与红外线之间，是频率最高的无线电波，它的频带宽度比所有普通无线电波波段的总和大 1000 倍以上，可携带的信息量不可想象。一般情况下，射频/微波频段又可大致划分为米波(波长 10～1 m，频率 30～300 MHz)、分米波(波长 10～1 dm，频率 300～3000 MHz)、厘米波(波长 10～1 cm，频率 3～30 GHz)和毫米波(波长 10～1 mm，频率 30～300 GHz)四个波段。其后是亚毫米波、远红线、红外线、可见光。

表 1 - 1　电磁波频谱分段

频　段	频　率	波　长
ELF(极低频)	30～300 Hz	10 000～1000 km
VF(音频)	300～3000 Hz	1000～100 km
VLF(甚低频)	3～30 kHz	100～10 km
LF(低频)	30～300 kHz	10～1 km
MF(中频)	300～3000 kHz	1～0.1 km
HF(高频)	3～30 MHz	100～10 m
VHF(甚高频)	30～300 MHz	10～1 m
UHF(特高频)	300～3000 MHz	100～10 cm
SHF(超高频)	3～30 GHz	10～1 cm
EHF(极高频)	30～300 GHz	1～0.1 cm
亚毫米波	300～3000 GHz	1～0.1 mm
P 波段	0.23～1 GHz	130～30 cm
L 波段	1～2 GHz	30～15 cm
S 波段	2～4 GHz	15～7.5 cm
C 波段	4～8 GHz	7.5～3.75 cm
X 波段	8～12.5 GHz	3.75～2.4 cm
Ku 波段	12.5～18 GHz	2.4～1.67 cm
K 波段	18～26.5 GHz	1.67～1.13 cm
Ka 波段	26.5～40 GHz	1.13～0.75 cm
毫米波段	40～300 GHz	7.5～1 mm
亚毫米波段	300～3000 GHz	1～0.1 mm

　　以上这些波段的划分并不是唯一的，还有许多其他不同的划分方法，它们分别由不同的学术组织和政府机构提出，其至还在相同的名称代号下有不同的范围，因此波段代号只是大致的频谱范围。其次，以上这些波段的分界也并不严格，工作于分界线两边临近频率的系统并没有质和量上的跃变，这些划分完全是人为的，仅是一种助记符号。

　　对不同频段无线电信号的使用不能随意确定。也就是说，频谱作为一种资源，各国各级政府都有相应的机构对无线电设备的工作频率和发射功率进行严格管理。国际范围内更有详细的频谱用途规定，即 CCIR 建议文件，在这个文件中，规定了雷达、通信、导航、工业应用等军用或民用无线电设备所允许的工作频率。表 1-2 是各无线电频段的基本用途。各个用途在相应频段内只占有很小的一段频谱或点频。

表 1 - 2 各无线电频段的基本用途

频 段	基本用途	备 注
VHF 和 UHF （30～3000 MHz）	电视广播，警察、防灾、道路、电力、矿山、汽车、火车、航空、卫星通信，行业专用指挥系统，个人无线电，气象雷达、地面雷达、海事雷达、二次雷达，生物医学，工业加热等	技术发展最成熟，应用最广泛，频谱最拥挤
SHF （3～30 GHz）	公用微波中继通信、行政专用中继通信、卫星电视、导航、遥感、射电天文、宇宙研究、探测制导、军用雷达、电子对抗等	穿透大气层，广泛用于空间技术
EHF （30～300 GHz）	各种小型雷达、专门用途通信、外空研究、核物理工程、无线电波谱学	尺寸更小，接近红外线，与近代物理学相关

和平年代，在某个地区，要避免用途不同的无线电设备使用相同的频率，否则，将会带来灾难性的后果。相反地，在电子对抗或电子战系统中，却是要设法掌握敌方所使用的无线电频率，给对方实施毁灭性打击。

目前，发展最快的民用领域是移动通信。巨大的市场潜力和飞速的更新步伐，使得这一领域成为全球的一个支柱产业。表 1 - 3 给出了常用移动通信系统频段分布及其工作方式。作为工科电子类专业的学生，有必要掌握这方面的知识。

表 1 - 3 常用移动通信系统频段分布及其工作方式

系统	IS - 95	IS - 54	GSM	DCS - 1800	DECT	CDMA	WCDMA （CDMA2000）
频带/MHz	869～894 824～849	869～894 824～849	935～960 890～915	1710～1785 1805～1880	1800～1900	1885～2025 2110～2200	1885～2025 2110～2200
多址	CDMA - SS/ FDMA	TDMA/ FDMA	TDMA/ FDMA	TDMA/ FDMA	TDMA/ FDMA	CDMA/ FDMA	CDMA/ FDMA
复用	FDD	FDD	FDD	FDD	FDD		
信道带宽/MHz	1250	30	200	200	1728	1250	4400～5000
调制	BPSK/ QPSK	$\pi/4$ - QDPSK	GMSK	GMSK	GFSK		BPSK/ QPSK
发射功率/W	200	600/200	1000/125	1000/125	250/10		
语音速率 /(kb/s)	1～8	8	13	13	32	9.6	8.6
语音信道		3	8	8	12		
码片速率 /(Mb/s)	1.2288					1.2288	4.096

一般地，射频/微波技术所涉及的无线电频谱是表 1 - 1 中甚高频（VHF）到毫米波段或者 P 波段到毫米波段很宽范围内的无线电信号的发射与接收设备的工作频率。具体地，这些技术包括信号的产生、调制、功率放大、辐射、接收、低噪声放大、混频、解调、检测、

滤波、衰减、移相、开关等各个模块单元的设计和生产。它的基本理论是经典的电磁场理论。研究电磁波沿传输线的传播特性有两种分析方法:一种是"场"的分析方法,即从麦克斯韦方程出发,在特定边界条件下解电磁波动方程,求得场量的时空变化规律,分析电磁波沿线的各种传输特性;另一种是"路"的分析方法,即将传输线作为分布参数电路处理,用基尔霍夫定律建立传输线方程,求得传输线上电压和电流的时空变化规律,分析电压和电流的各种传输特性。用这两种方法研究同一个问题,其结论是相同的。到底是用"场"的方法还是用"路"的方法,应由研究的方便程度来决定。对于射频/微波工程中的大量问题,采用网络方法和分布参数概念可以得到满意的工程结果,而不是拘泥于严谨的麦克斯韦方程组及其数值解法。

在射频/微波频率范围内,模块的几何尺寸与信号的工作波长可以比拟,分布参数概念始终贯穿于工程技术的各个方面。而且,同一功能的模块,在不同工作频段的结构和实现方式大不相同。"结构就是电路"是射频/微波电路的显著特征。射频/微波电路的设计目标就是处理好材料、结构与电路功能的关系。

1.2 射频/微波的重要特性

射频/微波技术的迅速发展和广泛应用与其特性密切相关。这里主要介绍射频/微波的基本特性及其优、缺点。

1.2.1 射频/微波的基本特性

1. 似光性

射频/微波能像光线一样在空气或其他媒体中沿直线以光速传播,在不同的媒体界面上存在入射和反射现象。这是因为射频/微波的波长很短,比地球上的一般物体(如舰船、飞机、火箭、导弹、汽车、房屋等)的几何尺寸小得多或在同一个数量级。当射频/微波照射到这些物体上时将产生明显的反射,对于某些物体将会产生镜面反射。因此,利用射频/微波的这种似光性,一方面可以制成尺寸、体积合适的天线,用来传输信息,实现通信;另一方面可以接收物体所引起的回波或其他物体发射的微弱信号,用来确定物体的方向、距离和特征,实现雷达探测。

2. 穿透性

射频/微波照射某些物体时,能够深入物体的内部。微波(特别是厘米波段)信号能够穿透电离层,成为人们探测外层空间的宇宙窗口;能够穿透云雾、植被、积雪和地表层,具有全天候的工作能力,是遥感技术的重要手段;能够穿透生物组织,是医学透热疗法的重要方法;能够穿透等离子体,是等离子体诊断、研究的重要手段。

3. 非电离性

一般情况下,射频/微波的量子能量还不够大,不足以改变物质分子的内部结构或破坏物质分子的键结构。由物理学可知,在外加电磁场周期力的作用下,物质内分子、原子和原子核会产生多种共振现象,其中,许多共振频率就处于射频/微波频段。这就为研究物质内部结构提供了强有力的实验手段,从而形成了一门独立的分支学科——微波波谱学。

从另一方面考虑，利用物质的射频/微波共振特性，可以用某些特定的物质研制射频/微波元器件，完成许多射频/微波系统的建立。

4. 信息性

射频/微波频带比普通的中波、短波和超短波的频带要宽几千倍以上，这就意味着射频/微波可以携带的信息量要比普通无线电波可能携带的信息量大得多。因此，现代生活中的移动通信、多路通信、图像传输、卫星通信等设备全都使用射频/微波作为传送手段。射频/微波信号还可提供相位信息、极化信息、多普勒频移信息等，这些特性可以被广泛应用于目标探测、目标特征分析、遥测遥控、遥感等领域。

1.2.2　射频/微波的主要优点

由上述基本特性可归纳出射频/微波与普通无线电相比有以下优点：
(1) 频带宽：可传输的信息量大。
(2) 分辨率高：连续波多普勒雷达的频偏大，成像更清晰，反应更灵敏。
(3) 尺寸小：电路元件和天线体积小。
(4) 干扰小：不同设备相互干扰小。
(5) 速度快：数字系统的数据传输和信号处理速度快。
(6) 频谱宽：频谱不拥挤，不易拥堵，军用设备更可靠。

1.2.3　射频/微波的不利因素

由于射频/微波本身的特点，也会带来一些局限性。射频/微波的不利因素主要体现在以下几个方面：
(1) 元器件成本高。
(2) 辐射损耗大。
(3) 大量使用砷化镓器件，而不是通常的硅器件。
(4) 电路中元件损耗大，输出功率小。
(5) 设计工具精度低，成熟技术少。

这些问题都是我们必须面对的，在工程中应合理设计电路，确定一个比较好的折中方案。

1.3　射频/微波工程中的核心问题

射频/微波工程中所要解决的核心问题有三大主要方面：频率、阻抗和功率。只要合理地处理好这三者的关系，就能实现预期的电路功能。

1.3.1　射频铁三角

由于频率、阻抗和功率是贯穿射频/微波工程的三大核心指标，故将其称为射频铁三角。它能够形象地反映射频/微波工程的基本内容。这三方面既有独立特性，又相互影响。三者的关系可以用图 1-2 表示。

这三个方面涵盖了射频/微波工程中的全部内容，下面给出对它们的解释。

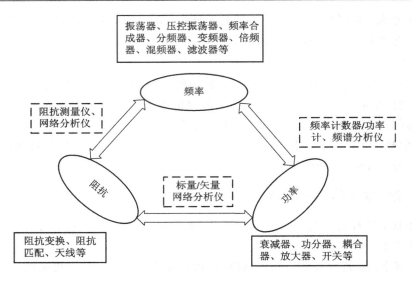

图 1-2　频率、阻抗和功率的铁三角关系

1.3.2　射频铁三角的内涵

1. 频率

频率是射频/微波工程中最基本的一个参数,对应于无线系统所工作的频谱范围,也规定了所研究的微波电路的基本前提,进而决定微波电路的结构形式和器件材料。直接影响射频/微波信号频率的主要电路有:

(1)信号产生器:用来产生特定频率的信号,如点频振荡器、机械调谐振荡器、压控振荡器、频率合成器等。

(2)频率变换器:用于将一个或两个频率的信号变为另一个所希望的频率信号,如分频器、变频器、倍频器、混频器等。

(3)频率选择电路:用于在复杂的频谱环境中选择所关心的频谱范围。经典的频率选择电路是滤波器,如低通滤波器、带通滤波器、高通滤波器和带阻滤波器等。近些年发展起来的高速电子开关由于体积小,在许多方面取代了滤波器来实现频率选择。

在射频/微波工程中,这些电路可以独立工作,也可以相互组合,还可以与其他电路组合,构成射频/微波电路子系统。

这些电路的测量仪器有频谱分析仪、频率计数器、功率计、网络分析仪等。

2. 功率

功率用来描述射频/微波信号的能量大小。所有电路或系统的设计目标都是实现射频/微波能量的最佳传递。影响射频/微波信号功率的主要电路有:

(1)衰减器:用于控制射频/微波信号功率的大小。通常由有耗材料(电阻性材料)构成,有固定衰减量和可调衰减量之分。

(2)功分器:是一种将一路射频/微波信号分成若干路的组件,可以是等分的,也可以是比例分配的,希望分配后信号的损失尽可能小。功分器也可用作功率合成器,在各个支路口接同频同相等幅信号,在主路叠加输出。

（3）耦合器：是一种特殊的分配器。通常是耦合一小部分功率到支路，用以检测主路信号的工作状态是否正常。分支线耦合器和环形桥耦合器可实现不同相位的功率分配/合成，配合微波二极管，能完成多种功能的微波电路，如混频、变频、移相等。

（4）放大器：是一种提高射频/微波信号功率的电路，在射频/微波工程中地位极为重要。用于接收的是小信号放大器，该类放大器着重要求低噪声、高增益。用于发射的是功率放大器，对于该类放大器，为了满足要求的输出功率，可以不惜器件和电源成本。用于测试仪器的放大器，完善和丰富了仪器的功能。

3. 阻抗

阻抗是在特定频率下，描述各种射频/微波电路对微波信号能量传输的影响的一个参数。电路的材料和结构对工作频率的响应决定电路阻抗参数的大小。工程实际中，应设法改进阻抗特性，实现能量的最大传输。阻抗所涉及的射频/微波电路有：

（1）阻抗变换器：通过增加合适的元件或结构，可以实现一个阻抗向另一个阻抗的过渡。

（2）阻抗匹配器：是一种特定的阻抗变换器，可以实现两个阻抗之间的匹配。

（3）天线：是一种特定的阻抗匹配器，可以实现射频/微波信号在封闭传输线和空气媒体之间的匹配传输。

1.4　射频/微波电路的应用

射频/微波电路的经典用途是通信和雷达系统。近年来发展最为迅猛的当数个人通信系统，当然，导航、遥感、科学研究、生物医学和微波能的应用也占有很大的市场份额。下面归纳出射频/微波电路的各种用途，并给出几个应用实例。

（1）无线通信系统：空间通信、远距离通信、无线对讲、蜂窝移动、个人通信系统、无线局域网、卫星通信、航空通信、航海通信、机车通信、业余无线电等。

（2）雷达系统：航空雷达、航海雷达、飞行器雷达、防撞雷达、气象雷达、成像雷达、警戒雷达、武器制导雷达、防盗雷达、警用雷达、高度表、距离表等。

（3）导航系统：微波着陆系统(MLS)，GPS，无线信标，防撞系统，航空、航海自动驾驶等。

（4）遥感：地球监测，污染监测，森林、农田、鱼汛监测，矿藏、沙漠、海洋、水资源监测，风、雪、冰、凌监测，城市发展和规划等。

（5）射频识别：保安、防盗、入口控制、产品检查、身份识别、自动验票等。

（6）广播系统：调幅（AM）、调频（FM）广播、电视（TV）等。

（7）汽车和高速公路：自动避让、路面告警、障碍监测、路车通信、交通管理、速度测量、智能高速路等。

（8）传感器：潮湿度传感器、温度传感器、长度传感器、探地传感器、机器人传感器等。

（9）电子战系统：间谍卫星、辐射信号监测、行军与阻击等。

（10）医学应用：磁共振成像、微波成像、微波理疗、加热催化、病房监管等。

（11）空间研究：射电望远镜、外层空间探测等。

（12）无线输电：空对空、地对空、空对地、地对地输送电能等。

1.5 射频/微波系统举例

下面给出几种射频/微波系统的结构框图或系统示意图。图中各个方框内的功能电路就是我们要学习的射频/微波电路,在以后的章节中就会学习这些电路的基本原理、设计方法及工程实现等知识。

1.5.1 射频/微波通信系统

1. 基本原理

射频/微波通信的基本原理就是利用其似光传输特性,穿越空气,实现信息的无线传递。如图 1-3 所示,基本的通信系统就是成对的发射机和接收机。

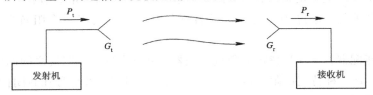

图 1-3 基本通信系统

2. 微波通信数据链

图 1-4 是微波通信和专用微波数据链的系统示意图。

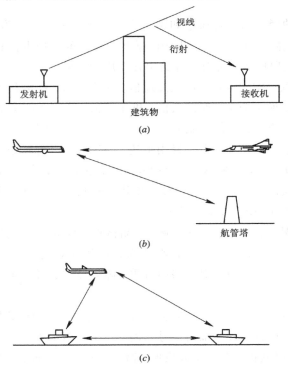

图 1-4 微波通信数据链系统示意图
(a) 固定收发机通信链;(b) 固定收发机与移动收发机通信链;(c) 移动收发机通信链

3. 卫星通信

图 1-5 是 K 波段卫星通信系统的地面站结构框图。图 1-6 是 K 波段卫星通信系统示意图。

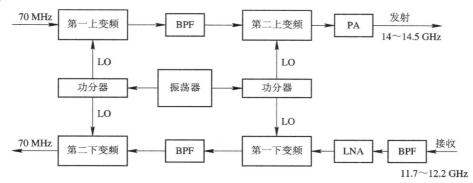

图 1-5　卫星地面站结构框图

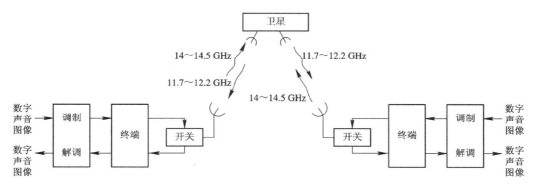

图 1-6　卫星通信系统示意图

1.5.2　雷达系统

1. 基本原理

雷达的原意为无线电探测与定位，基本原理是发射的微波信号遇到目标后反射回来，检测发射信号与接收信号之间的关系，即可确定目标的信息。图 1-7 是雷达的基本原理示意图。

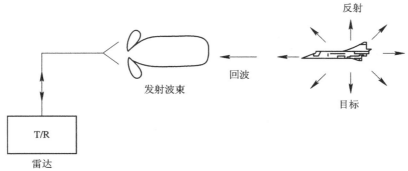

图 1-7　雷达基本原理示意图

2. 脉冲雷达

脉冲雷达是雷达的一种基本形式。对连续波微波信号进行脉冲调幅，发射出去的信号就是微波脉冲。检测回波脉冲信号与发射脉冲信号的时间差(微波传输的速度是光速)，即可确定目标的距离。图 1-8 是脉冲雷达的结构框图。

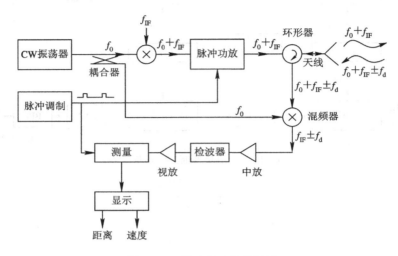

图 1-8　脉冲雷达结构框图

3. 多普勒雷达

多普勒(Doppler)雷达是依靠移动目标所引起的多普勒频移信息的一种雷达体制，具有很强的距离鉴别能力和速度鉴别能力，能够在复杂的背景下检测出目标。它有连续波和脉冲两种形式，分别如图 1-9 和图 1-10 所示。

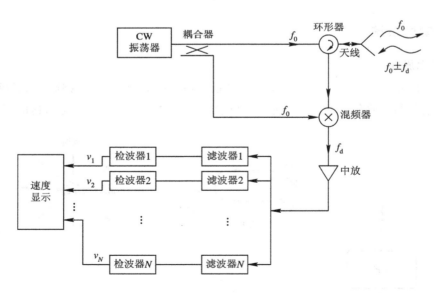

图 1-9　连续波多普勒雷达结构示意图

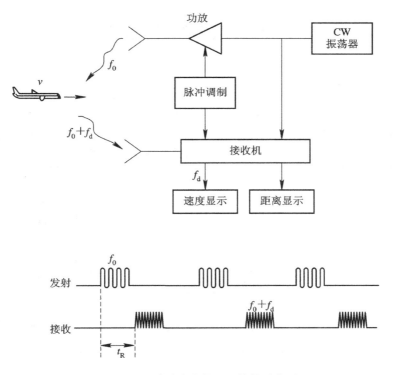

图 1 - 10　脉冲多普勒雷达结构示意图

4. 高度表

高度表是各种飞行器的必备仪表。发射信号与接收信号的频移含有目标距离的信息。如果目标是地面，就可确定出飞行器距地面的高度。图 1-11 是 C 波段高度表的结构框图。

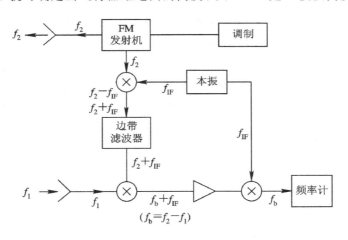

图 1 - 11　C 波段微波高度表结构框图

可以看出，射频/微波电路就是这些系统框图内的各个组成部分。以后将对这些电路分别作介绍。

1.6 射频/微波工程基本常识

1.6.1 关于分贝的几个概念

通常情况下,射频/微波电路用波的概念来描述能量的传递,用功率而不用电压或电流。由于便于测量和运算,分贝用得最多。表 1-4 给出了与分贝相关的常见物理量。

表 1-4 与分贝相关的常见物理量

单位	物理量	定 义	说 明
dB	比值 描述衰减或增益	$10 \lg \dfrac{P_2}{P_1} = 20 \lg \dfrac{U_2}{U_1}$	滤波器、放大器、耦合器、开关等器件的指标
dBm	比值 功率单位	$10 \lg \dfrac{P_s}{1 \text{ mW}}$	振荡器的输出功率
dBc	比值 功率的相对大小	$10 \lg \dfrac{P_o}{P_i} = P_o(\text{dBm}) - P_i(\text{dBm})$	振荡器的谐(杂)波抑制
dBc/Hz	比值 功率的相对大小	$10 \lg \dfrac{P_o}{P_s} - 10 \lg \text{RBW}$	振荡器的相位噪声,与测量仪器有关

1.6.2 常用射频/微波接头

由 1.5 节可以看出,各种电路模块需要用接插件连接起来。这种连接可以是硬连接,也可以通过电缆软连接。电缆分为柔性电缆、软电缆和半刚性电缆。工程中的具体选择由总体结构、成本与性能等因素决定。表 1-5 给出了常用接头的性能。

表 1-5 常用射频/微波接头的性能

接头型号	频率范围	阻抗/Ω	VSWR	插入损耗$\sqrt{f}$/dB	说 明
BNC(Q9)	DC~3 GHz	75/50/300	1.3		频率低,中功率,低价
TNC	DC~15 GHz	75/50	1.07	0.05	频率低,低价
N-TYPE(≈L16)	DC~18 GHz	75/50	1.06	0.05	尺寸大,结构稳定
SMA(3.5 mm)	DC~18 GHz	50	1.02	0.03	小型化,现代多用
APC-7(7 mm)	DC~18 GHz	50	1.04	0.03	尺寸大,质量高
K	DC~40 GHz	50	1.04	0.03	高频,高价,高质量

这些接头都是阴—阳配对使用。旋接时一手捏紧阴头端,另一手旋转阳头端螺套,使接头插针沿轴向拔出或插入,不应旋转阴头端,以免损伤插针和插孔。接头另一端焊接射频/微波电路或与合适的电缆相接。

第 2 章　传输线理论

本章内容

2.1　集总参数元件的射频特性

在射频/微波领域，通常意义下的金属导线、电阻、电容和电感都不是单纯的元件，而是交织着许多寄生参数。下面分别介绍这些情况。

2.1.1　金属导线

在直流和低频领域，一般认为金属导线就是一根连接线，不存在电阻、电感和电容等寄生参数。实际上，在低频情况下，这些寄生参数很小，可以忽略不计。当工作频率进入射频/微波范围内时，情况就大不相同。金属导线不仅具有自身的电阻和电感或电容，而且还是频率的函数。寄生参数对电路工作性能的影响十分明显，必须仔细考虑，谨慎设计，才能得到良好的结果。下面研究金属导线电阻的变化规律。

设圆柱状直导线的半径为 a，长度为 l，材料的电导率为 σ，则其直流电阻可表示为

$$R_{\mathrm{dc}} = \frac{l}{\pi a^2 \sigma} \qquad (2-1)$$

对于直流信号来说，可以认为导线的全部横截面都可以用来传输电流，或者电流充满在整个导线横截面上，其电流密度可表示为

$$J_{z0} = \frac{I}{\pi a^2} \qquad (2-2)$$

但是在交流状态下，由于交流电流会产生磁场，根据法拉第电磁感应定律，此磁场又会产生电场，与此电场联系的感生电流密度的方向将会与原始电流相反。这种效应在导线

的中心部位(即 $r=0$ 位置)最强,造成了在 $r=0$ 附近的电阻显著增加,因而电流将趋向于在导线外表面附近流动,这种现象将随着频率的升高而加剧,这就是通常所说的"集肤效应"。进一步研究表明,在射频($f \geqslant 500$ MHz)范围此导线相对于直流状态的电阻和电感可分别表示为

$$\frac{R}{R_{\text{dc}}} \approx \frac{a}{2\delta} \qquad\qquad (2-3a)$$

$$\frac{\omega L}{R_{\text{dc}}} \approx \frac{a}{2\delta} \qquad\qquad (2-3b)$$

式中

$$\delta = (\pi f \mu \sigma)^{-1/2} \qquad\qquad (2-4)$$

定义为"集肤深度"。式(2-3)一般在 $\delta \ll a$ 条件下成立。从式(2-4)可以看出,集肤深度与频率之间满足平方反比关系,随着频率的升高,集肤深度是按平方率减小的。

交流状态下沿导线轴向的电流密度可以表示为

$$\text{J}_z = \frac{pI}{2\pi a} \cdot \frac{\text{J}_0(pr)}{\text{J}_1(pa)} \qquad\qquad (2-5)$$

式中, $p^2 = -\text{j}\omega\mu\sigma$, $\text{J}_0(pr)$ 和 $\text{J}_1(pa)$ 分别为 0 阶和 1 阶贝塞尔函数, I 是导线中的总电流。图 2-1 表示交流状态下铜导线横截面电流密度对直流情况的归一化值。图 2-2 表示半径 $a=1$ mm 的铜导线在不同频率下的 J_z/J_{z0} 相对于 r 的曲线。

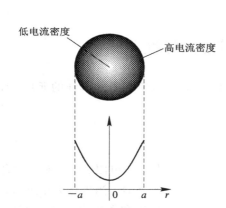

图 2-1 交流状态下铜导线横截面电流密度对直流情况的归一化值

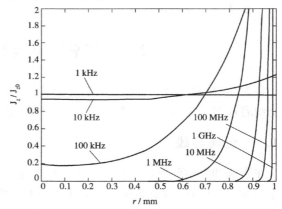

图 2-2 半径 $a=1$ mm 的铜导线在不同频率下的 J_z/J_{z0} 相对于 r 的曲线

由图 2-2 可以看出,在频率达到 1 MHz 左右时,就已经出现比较严重的集肤效应,当频率达到 1 GHz 时电流几乎仅在导线表面流动而不能深入导线中心,也就是说金属导线的中心部位电阻极大。

金属导线本身就具有一定的电感量,这个电感在射频/微波电路中会影响电路的工作性能。电感值与导线的长度、形状、工作频率有关。工程中要谨慎设计,合理使用金属导线的电感。

金属导线可以看做一个电极,它与地线或其他电子元件之间存在一定的电容量,这个电容对射频/微波电路的工作性能也会有较大的影响。对导线寄生电容的考虑是射频/微波工程设计的一项主要任务。

金属导线的电阻、电感和电容是射频/微波电路的基本单元。工程中，严格计算这些参数是没有必要的，关键是掌握存在这些参数的物理概念，合理地使用或回避，从而实现电路模块的功能指标。

2.1.2 电阻

电阻是在电子线路中最常用的基础元件之一，基本功能是将电能转换成热产生电压降。电子电路中，一个或多个电阻可构成降压或分压电路用于器件的直流偏置，也可用作直流或射频电路的负载电阻完成某些特定功能。通常，主要有以下几种类型的电阻：高密度碳介质合成电阻、镍或其他材料的线绕电阻、温度稳定材料的金属膜电阻和铝或铍基材料的薄膜片电阻。

这些电阻的应用场合与它们的构成材料、结构尺寸、成本价格、电气性能有关。在射频/微波电子电路中使用最多的是薄膜片电阻，一般使用表面贴装元件(SMD)。单片微波集成电路中使用的电阻有三类：半导体电阻、沉积金属膜电阻以及金属和介质的混合物。

物质的电阻大小与物质内部电子和空穴的迁移率有关。从外部看，物质的体电阻与电导率 σ 和物质的体积 $L \times W \times H$ 有关(如图 2-3 所示)，即

$$R = \frac{L}{\sigma WH} \qquad (2-6a)$$

定义薄片电阻 $R_h = \dfrac{1}{\sigma H}$，则

$$R = R_h \frac{L}{W} \qquad (2-6b)$$

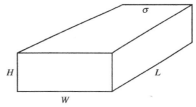

图 2-3 物质的体电阻

当电阻厚度一定时，电阻值与长宽比成正比。

在射频应用中，电阻的等效电路比较复杂，不仅具有阻值，还会有引线电感和线间寄生电容，其性质将不再是纯电阻，而是"阻"与"抗"兼有，具体等效电路如图 2-4 所示。图中 C_a 表示电荷分离效应，也就是电阻引脚的极板间等效电容；C_b 表示引线间电容；L 为引线电感。

对于线绕电阻，其等效电路还要考虑线绕部分造成的电感量 L_1 和绕线间的电容 C_1，引线间电容 C_2 与内部的绕线电容 C_1 相比一般较小，计算时可以忽略，等效电路如图 2-5 所示。

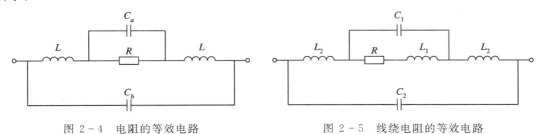

图 2-4 电阻的等效电路   图 2-5 线绕电阻的等效电路

以 500 Ω 金属膜电阻为例(等效电路见图 2-4)，设两端的引线长度各为 2.5 cm，引线半径为 0.2032 mm，材料为铜，已知 C_a 为 5 pF，根据式(2-3)计算引线电感，并求出图 2-4 等效电路的总阻抗对频率的变化曲线，如图 2-6 所示。

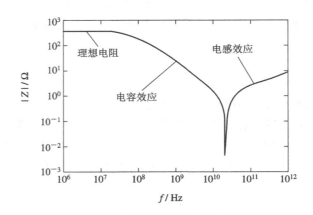

图 2 - 6 电阻的阻抗绝对值与频率的关系

由图 2 - 6 可以看出,在低频率下阻抗即等于电阻 R,而随着频率的升高,当频率达到 10 MHz 以上,电容 C_a 的影响开始占优,导致总阻抗降低;当频率达到 20 GHz 左右时,出现了并联谐振点;越过谐振点后,引线电感的影响开始表现出来,阻抗又加大并逐渐表现为开路或有限阻抗值。这一结果说明,看似与频率无关的电阻器,用于射频/微波波段将不再仅是一个电阻器,应用中应特别加以注意。

电阻的基本结构为图 2 - 3 所示长方体。在微波集成电路中,为了优化电路结构和某些寄生参数,会用到曲边矩形电阻。

2.1.3 电容

在低频率下,电容器一般都可以看成是平行板结构,其极板的尺寸要远大于极板间距离,电容量定义为

$$C = \frac{\varepsilon A}{d} = \varepsilon_0 \varepsilon_r \frac{A}{d} \tag{2-7}$$

式中,A 是极板面积,d 表示极板间距离,$\varepsilon = \varepsilon_0 \varepsilon_r$ 为极板间填充介质的介电常数。

理想状态下,极板间介质中没有电流。在射频/微波频率下,实际的介质并非理想介质,故在介质内部存在传导电流,也就存在传导电流引起的损耗,更重要的是介质中的带电粒子具有一定的质量和惯性,在电磁场的作用下,很难随之同步振荡,在时间上有滞后现象,也会引起对能量的损耗。

所以电容器的阻抗由电导 G_e 和电纳 ωC 并联组成,即

$$Z = \frac{1}{G_e + j\omega C} \tag{2-8}$$

其中,电流起因于电导,有

$$G_e = \frac{\sigma_d A}{d} \tag{2-9}$$

式中,σ_d 是介质的电导率。

在射频/微波应用中,还要考虑引线电感 L 以及引线导体损耗的串联电阻 R_s 和介质损耗电阻 R_e,故电容的等效电路如图 2 - 7 所示。

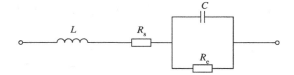

图 2 - 7　射频电容的等效电路

例如，一个 47 pF 的电容器，假设其极板间填充介质为 Al_2O_3，损耗角正切为 10^{-4}（假定与频率无关），引线长度为 1.25 cm，半径为 0.2032 mm，可以得到其等效电路的频率响应曲线如图 2-8 所示。

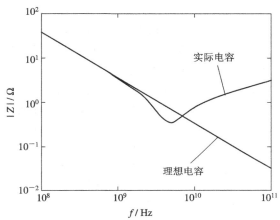

图 2 - 8　电容阻抗的绝对值与频率的关系

由图 2-8 可以看出，其特性在高频段已经偏离理想电容很多，可以设想在真实情况下损耗角正切本身还是频率的函数时，其特性变异将更严重。

2.1.4　电感

在电子线路中常用的电感器一般是线圈结构，在高频率下也称为高频扼流圈。它的结构一般是用直导线沿柱状结构缠绕而成，如图 2-9 所示。

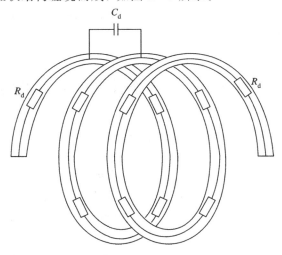

图 2 - 9　在电感线圈中的分布电容和串联电阻

　　导线的缠绕构成电感的主要部分，而导线本身的电感可以忽略不计，细长螺线管的电感量为

$$L = \frac{\pi r^2 \mu_0 N^2}{l} \qquad (2-10)$$

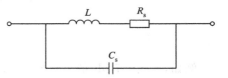

图 2-10　高频电感的等效电路

式中，r 为螺线管半径，N 为圈数，l 为螺线管长度。在考虑了寄生旁路电容 C_s 以及引线导体损耗的串联电阻 R_s 后，电感的等效电路图如图 2-10 所示。

　　例如，一个 $N=3.5$ 的铜电感线圈，线圈半径为 1.27 mm，线圈长度为 1.27 mm，导线半径为 63.5 μm。假设它可以看做一细长螺线管，根据式(2-10)可求出其电感部分为 $L=61.4$ nH。其电容 C_s 可以看做平板电容器产生的电容，极板间距离假设为两圈螺线间距离 $d=l/N=3.6\times10^{-4}$ mm，极板面积 $A=2al_{\text{wire}}=2a(2\pi r N)$，$l_{\text{wire}}$ 为绕成线圈的导线总长度，根据式(2-7)可求得 $C_s=0.087$ pF。导线的自身阻抗可由式(2-1)求得，即 0.034 Ω。于是可得图 2-10 所示等效电路对应的阻抗频率特性曲线，如图 2-11 所示。

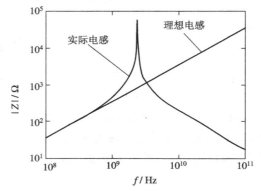

图 2-11　电感阻抗的绝对值与频率的关系

　　由图 2-11 可以看出，这一铜电感线圈的高频特性已经完全不同于理想电感，在谐振点之前其阻抗升高很快，而在谐振点之后，由于寄生电容 C_s 的影响已经逐步处于优势地位而使电感的阻抗逐渐减小。

2.2　射频/微波电路设计中 Q 值的概念

　　品质因数 Q 表示一个元件的储能和耗能之间的关系，即

$$Q = \frac{\text{元件的储能}}{\text{元件耗能}}$$

　　从上节中元件的等效电路图可以看出，金属导线、电阻、电容和电感的等效电路中均包含储能元件和耗能元件，其中电容、电感代表储能元件，电阻代表耗能元件。由两者的比值关系可以看出，元件的耗能越小，Q 值越高。当元件的损耗趋于无穷小，即 Q 值无限大时，电路越接近于理想电路。在某些射频/微波电路设计中，Q 值概念清晰，计算方便。

2.3　传输线基本理论

在射频/微波频段，工作波长与导线尺寸处在同一量级。在传输线上，传输波的电压、电流信号是时间及传输距离的函数。一条单位长度传输线的等效电路可由 R、L、G、C 等四个元件组成，如图 2-12 所示。

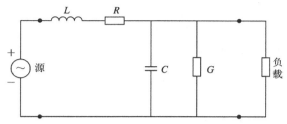

图 2-12　单位长度传输线的等效电路

假设波的传播方向为 $+z$ 轴方向，由基尔霍夫电压及电流定律可得下列传输线方程式：

$$\begin{cases} \dfrac{\mathrm{d}^2 U(z)}{\mathrm{d}z^2} - (RG - \omega^2 LC)U(z) - \mathrm{j}\omega(RC + LG)U(z) = 0 \\[2mm] \dfrac{\mathrm{d}^2 I(z)}{\mathrm{d}z^2} - (RG - \omega^2 LC)I(z) - \mathrm{j}\omega(RC + LG)I(z) = 0 \end{cases} \tag{2-11}$$

此两个方程式的解可写成

$$\begin{cases} U(z) = U^+ \, \mathrm{e}^{-\gamma z} + U^- \, \mathrm{e}^{\gamma z} \\[1mm] I(z) = I^+ \, \mathrm{e}^{-\gamma z} - I^- \, \mathrm{e}^{\gamma z} \end{cases} \tag{2-12}$$

式中，U^+、U^-、I^+、I^- 分别是信号的电压及电流振幅常数，而 $+$、$-$ 分别表示沿 $+z$、$-z$ 轴的传输方向，γ 是传输系数，定义为

$$\gamma = \sqrt{(R + \mathrm{j}\omega L)(G + \mathrm{j}\omega C)} = \alpha + \mathrm{j}\beta \tag{2-13}$$

波在 z 轴上任一点的总电压及总电流的关系可由下列方程表示：

$$\begin{cases} \dfrac{\mathrm{d}U}{\mathrm{d}z} = -(R + \mathrm{j}\omega L)I \\[2mm] \dfrac{\mathrm{d}I}{\mathrm{d}z} = -(G + \mathrm{j}\omega C)U \end{cases} \tag{2-14}$$

将式(2-12)代入式(2-14)，可得

$$\frac{U^+}{I^+} = \frac{\gamma}{G + \mathrm{j}\omega C}$$

一般地，将上式定义为传输线的特性阻抗 Z_0，即

$$Z_0 = \frac{U^+}{I^+} = \frac{U^-}{I^-} = \frac{\gamma}{G + \mathrm{j}\omega C} = \sqrt{\frac{R + \mathrm{j}\omega L}{G + \mathrm{j}\omega C}}$$

当 $R = G = 0$ 时，传输线没有损耗，无耗传输线的传输系数 γ 及特性阻抗 Z_0 分别为

$$\gamma = \mathrm{j}\beta = \mathrm{j}\omega \sqrt{LC}$$

$$Z_0 = \sqrt{\frac{L}{C}}$$

此时，传输系数为纯虚数。大多数的射频传输线损耗都很小，亦即 $R \ll \omega L$ 且 $G \ll \omega C$，传输线的传输系数可写成

$$\gamma \approx j\omega\sqrt{LC} + \frac{\sqrt{LC}}{2}\left(\frac{R}{L} + \frac{G}{C}\right) = \alpha + j\beta \qquad (2-15)$$

式中，α 定义为传输线的衰减常数，且

$$\alpha = \frac{\sqrt{LC}}{2}\left(\frac{R}{L} + \frac{G}{C}\right) = \frac{1}{2}(RY_0 + GZ_0)$$

其中，Y_0 定义为传输线的特性导纳，且

$$Y_0 = \frac{1}{Z_0} = \sqrt{\frac{C}{L}}$$

2.4　无耗传输线的工作状态

考虑一段特性阻抗为 Z_0 的传输线，一端接信号源，另一端则接上负载，如图 2-13 所示。并假设此传输线无耗，且其传输系数 $\gamma = j\beta$，则传输线上电压及电流可以用下列二式表示：

$$\begin{cases} U(z) = U^+ e^{-\beta z} + U^- e^{\beta z} \\ I(z) = I^+ e^{-\beta z} - I^- e^{\beta z} \end{cases} \qquad (2-16)$$

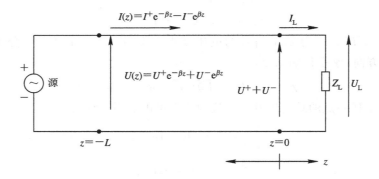

图 2-13　传输线电路

2.4.1　负载端($z=0$ 处)情况

电压及电流为

$$\begin{cases} U = U_L = U^+ + U^- \\ I = I_L = I^+ - I^- \end{cases} \qquad (2-17)$$

而 $Z_0 I^+ = U^+$，$Z_0 I^- = U^-$，式(2-17)可改写成

$$I_L = \frac{1}{Z_0}(U^+ - U^-) \qquad\qquad (2-18)$$

可得负载阻抗为

$$Z_L = \frac{U_L}{I_L} = Z_0 \left(\frac{U^+ + U^-}{U^+ - U^-} \right) \qquad\qquad (2-19)$$

定义归一化负载阻抗为

$$z_L = \bar{Z}_L = \frac{Z_L}{Z_0} = \frac{1+\Gamma_L}{1-\Gamma_L} \qquad\qquad (2-20)$$

其中，Γ_L 定义为负载端的电压反射系数，且

$$\Gamma_L = \frac{U^-}{U^+} = \frac{\bar{Z}_L - 1}{\bar{Z}_L + 1} = |\Gamma_L| e^{j\varphi_L} \qquad\qquad (2-21)$$

当 $Z_L = Z_0$ 或为无限长传输线时，$\Gamma_L = 0$，无反射波，是行波状态或匹配状态。当 Z_L 为纯电抗元件或处于开路或者短路状态时，$|\Gamma_L| = 1$，全反射，为驻波状态。当 Z_L 为其他值时，$|\Gamma_L| \leqslant 1$，为行驻波状态。

线上任意点的反射系数为

$$\Gamma(z) = |\Gamma_L| e^{j\varphi_L - j2\beta z} \qquad\qquad (2-22a)$$

定义驻波比 VSWR 和回波损耗 RL 分别为

$$\mathrm{VSWR} = \frac{1+|\Gamma_L|}{1-|\Gamma_L|}, \quad \mathrm{RL} = -20 \lg |\Gamma_L| \qquad\qquad (2-22b)$$

2.4.2 输入端($z = -L$ 处)情况

反射系数 $\Gamma(z)$ 应改成

$$\Gamma(L) = \frac{U^- e^{-j\beta L}}{U^+ e^{j\beta L}} = \frac{U^-}{U^+} e^{-j2\beta L} = \Gamma_L e^{-j2\beta L} \qquad\qquad (2-23)$$

输入阻抗为

$$Z_{in} = Z_0 \frac{Z_L + jZ_0 \tan(\beta L)}{Z_0 + jZ_L \tan(\beta L)} \qquad\qquad (2-24)$$

由式(2-24)可知：
(1) 当 $L \to \infty$ 时，$Z_{in} \to Z_0$。
(2) 当 $L = \lambda/2$ 时，$Z_{in} = Z_L$。
(3) 当 $L = \lambda/4$ 时，$Z_{in} = Z_0^2/Z_L$。

2.5 有耗传输线的工作状态

有耗传输线的传输系数 $\gamma = \alpha + j\beta$ 为复数，输入端电压反射系数 $\Gamma(L)$ 应改成

$$\Gamma(L) = \Gamma_L e^{-2\gamma L} \qquad\qquad (2-25)$$

而输入阻抗则改成

$$Z_{in} = Z_0 \frac{Z_L + jZ_0 \tanh(\gamma L)}{Z_0 + jZ_L \tanh(\gamma L)} \qquad\qquad (2-26)$$

2.6 史 密 斯 圆 图

阻抗与反射系数是传输线上两个重要的电特性参数。数学公式上的联系可以简化为图解法。史密斯(Smith)圆图是将归一化阻抗($z=r+jx$)的复数半平面($r>0$)变换到反射系数为 1 的单位圆($|\Gamma|=1$)内。已知一点的阻抗或反射系数,用史密斯圆图能方便地算出另一点的归一化阻抗值和对应的反射系数。史密斯圆图概念清晰,使用方便,广泛用于阻抗匹配电路的设计中。随着近年来电子版圆图的普及,史密斯圆图得到了大量应用。

由前节知识可得出

$$\begin{cases} z_{\mathrm{L}} = \dfrac{Z_{\mathrm{L}}}{Z_0} = \dfrac{1+\Gamma_{\mathrm{L}}}{1-\Gamma_{\mathrm{L}}} = r + \mathrm{j}x \\[2mm] \Gamma_{\mathrm{L}} = \dfrac{z-1}{z+1} = |\Gamma_{\mathrm{L}}|\, \mathrm{e}^{\mathrm{j}\theta_{\mathrm{L}}} = \Gamma_r + \mathrm{j}\Gamma_i \end{cases} \tag{2-27}$$

$$\begin{cases} r = \dfrac{1-\Gamma_r^2-\Gamma_i^2}{(1-\Gamma_r)^2+\Gamma_i^2} \\[3mm] x = \dfrac{2\Gamma_i}{(1-\Gamma_r)^2+\Gamma_i^2} \end{cases} \tag{2-28}$$

$$\begin{cases} \left(\Gamma_r - \dfrac{r}{1+r}\right)^2 + \Gamma_i^2 = \left(\dfrac{1}{1+r}\right)^2 \\[3mm] (\Gamma_r-1)^2 + \left(\Gamma_i - \dfrac{1}{x}\right)^2 = \left(\dfrac{1}{x}\right)^2 \end{cases} \tag{2-29}$$

由式(2-28)和式(2-29)可得等电阻圆和等电抗圆,分别如图 2-14 和图 2-15 所示。将两组圆图重叠起来就是阻抗圆图。阻抗圆图内任一点的阻抗值及其对应的反射系数可方便地读出。它概念清晰,使用简单,在射频/微波工程中得到了广泛的应用。依同样的方法,也可得出导纳圆图。

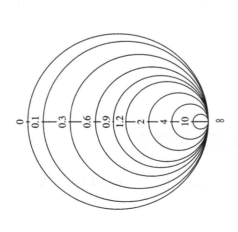

图 2-14 等电阻圆

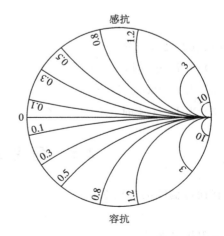

图 2-15 等电抗圆

2.7　微带线的理论和设计

实际使用的传输线有许多种，射频/微波电路中使用最多的是微带线。本节主要介绍微带线的基本结构、理论和设计方法。

2.7.1　各种传输线介绍

常见的传输线有同轴线、微带线、带状线、矩形波导、圆波导等，如图 2 - 16 所示。前述传输线理论、工作状态分析、圆图计算方法都可用于这些不同形式的传输线。由于材料和结构的不同，每种传输线的传播常数不同，因此，传播常数的计算是各种传输线研究的核心内容。

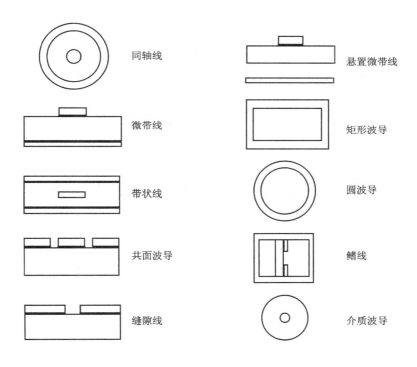

同轴线　　　　　悬置微带线

微带线　　　　　矩形波导

带状线　　　　　圆波导

共面波导　　　　鳍线

缝隙线　　　　　介质波导

图 2 - 16　常用射频/微波传输线

2.7.2　微带线

微带线是一种准 TEM 波传输线，结构简单，计算复杂。由于各种设计公式都有一定的近似条件，因而很难得到一个理想的设计结果，但都能够得到比较满意的工程效果。加上实验修正，便于器件的安装和电路调试，产品化程度高，使得微带线已成为射频/微波电路中首选的电路结构。

目前，微带传输线可分为两大类：一类是射频/微波信号传输类的电子产品，这一类产品与无线电的电磁波有关，它是以正弦波来传输信号的，如雷达、广播电视和通信；另一类是高速逻辑信号传输类的电子产品，这一类产品是以数字信号传输的，同样也与电磁波的方波传输有关，这一类产品开始主要应用在计算机中，现在已迅速推广应用到家电和通信类电子产品上了。

为了达到高速传送，对微波印制板的基板材料在电气特性上有明确的要求。在提高高速传送方面，要实现传输信号的低损耗、低延迟，必须选用介电常数合适和介质损耗角正切小的基板材料，并进行严格的尺寸计算和加工。

1. 微带线基本设计参数

微带线横截面的结构如图 2-17 所示。相关设计参数如下：

(1) 基板参数：包括基板介电常数 ε_r、基板相对磁导率 μ_r、基板介质损耗角正切 $\tan\delta$、基板高度 h 和导线厚度 t。导带和底板(接地板)金属通常为铜、金、银、锡或铝。

(2) 电特性参数：包括特性阻抗 Z_0、工作频率 f_0、工作波长 λ_0、波导波长 λ_g 和电长度(角度)θ。

(3) 微带线参数：包括宽度 W、长度 L 和单位长度衰减量 A_{dB}。

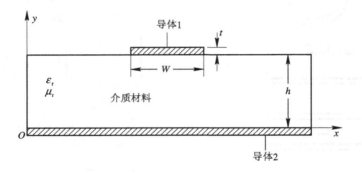

图 2-17 微带线的横截面结构示意图

构成微带的基板材料、微带线尺寸与微带线的电性能参数之间存在严格的对应关系。微带线的设计就是确定满足一定电性能参数的微带物理结构。相关计算公式如下。

2. 综合公式

已知传输线的电特性参数(Z_0、θ)，求微带线的物理结构参数(W、L、A_{dB})。

解：

$$W = \begin{cases} w_e + \dfrac{t}{\pi}\left[1 + \ln\left(\dfrac{4\pi w_e}{t}\right)\right] & \text{窄带 } w_e \leqslant \dfrac{h}{2\pi} \\[3mm] w_e + \dfrac{t}{\pi}\left[1 + \ln\left(\dfrac{2h}{t}\right)\right] & \text{宽带 } w_e > \dfrac{h}{2\pi} \end{cases}$$

$$L = \frac{\theta\lambda_g}{2\pi}$$

$$A = \alpha_c + \alpha_d$$

其中：

$$w_e = \begin{cases} h\left(\dfrac{\mathrm{e}^H}{8} - \dfrac{1}{4\mathrm{e}^H}\right)^{-1} & \\ & \text{高阻 } Z_0 \geqslant 44 - 2\varepsilon_r \\ h\left[\dfrac{2}{\pi}\left[(d_\varepsilon - 1) - \ln(2d_\varepsilon - 1)\right] + \dfrac{\varepsilon_r - 1}{\pi\varepsilon_r}\left[\ln(d_\varepsilon - 1) + 0.293 - \dfrac{0.517}{\varepsilon_r}\right]\right] & \\ & \text{低阻 } Z_0 < 44 - 2\varepsilon_r \end{cases}$$

$$\lambda_g = \frac{\lambda_0}{\sqrt{\varepsilon_e}}$$

$$\alpha_d = 2.73\,\frac{c}{f_0\,\sqrt{\varepsilon_r}}\,\frac{\varepsilon_r}{\varepsilon_e}\,\frac{\varepsilon_e - 1}{\varepsilon_r + 1}\,\tan\delta$$

$$\alpha_c = \frac{2000}{\ln 10}\sqrt{\frac{\pi f_0 \mu}{\sigma}}\,\frac{1}{2\pi f_0 Z_0}$$

$$H = \frac{Z_0}{119.9}\sqrt{2(\varepsilon_r + 1)} + \frac{1}{2}\,\frac{\varepsilon_r - 1}{\varepsilon_r + 1}\left(\ln\frac{\pi}{2} + \frac{1}{\varepsilon_r}\,\ln\frac{4}{\pi}\right)$$

$$d_\varepsilon = \frac{59.95\pi^2}{Z_0\,\sqrt{\varepsilon_r}}$$

3. 分析公式

已知微带线的物理结构参数（W、L、A_{dB}），求电特性参数（Z_0、θ）。

解：

$$Z_0 = \begin{cases} \dfrac{119.9\pi}{2\sqrt{\varepsilon_r}}\left[\dfrac{W}{2h} + \dfrac{\ln 4}{\pi} + \dfrac{\ln\dfrac{\mathrm{e}\pi^2}{16}}{2\pi}\,\dfrac{\varepsilon_r - 1}{\varepsilon_r^2} + \dfrac{\varepsilon_r + 1}{2\pi\varepsilon_r}\left(\ln\dfrac{\mathrm{e}\pi}{2} + \ln\left(\dfrac{W}{2h} + 0.9\right)\right)\right]^{-1} & \\ & \text{宽带 } W \geqslant 3.3h \\ \dfrac{119.9}{\sqrt{2(\varepsilon_r + 1)}}\left[\ln\left(\dfrac{4h}{W} + \sqrt{\left(\dfrac{4h}{W}\right)^2 + 2}\right) - \dfrac{\varepsilon_r - 1}{2(\varepsilon_r + 1)}\left(\ln\dfrac{\pi}{2} + \dfrac{1}{\varepsilon_r}\ln\dfrac{4}{\pi}\right)\right] & \\ & \text{窄带 } W \leqslant 3.3h \end{cases}$$

$$\theta = \frac{2\pi p}{\lambda_g}$$

$$\varepsilon_e = \begin{cases} \dfrac{\varepsilon_r + 1}{2}\left[1 - \dfrac{1}{2H}\,\dfrac{\varepsilon_r - 1}{\varepsilon_r + 1}\left(\ln\dfrac{\pi}{2} + \dfrac{1}{\varepsilon_r}\,\dfrac{\ln 4}{\pi}\right)\right]^{-2} & \text{高阻 } Z_0 \geqslant 44 - 2\varepsilon_r \\ \dfrac{\varepsilon_r + 1}{2} + \dfrac{\varepsilon_r - 1}{2}\left(1 + \dfrac{10h}{w_e}\right)^{-0.555} & \text{低阻 } Z_0 < 44 - 2\varepsilon_r \end{cases}$$

4. 微带线的设计方法

由上述综合公式和分析公式可以看出：计算公式极为复杂。每一个电路的设计都使用一次这些公式是不现实的。经过几十年的发展，使得这一过程变得相当简单。微带线设计问题的实质就是求给定介质基板情况下阻抗与导带宽度的对应关系。目前使用的方法主要有：

（1）查表格。早期微波工作者针对不同介质基板，计算出了物理结构参数与电性能参数之间的对应关系，建立了详细的数据表格。这种表格的用法步骤是：① 按相对介电常数选表格;② 查阻抗值、宽高比 W/h、有效介电常数 ε_e 三者的对应关系,只要已知一个值,其他两个就可查出;③ 计算,通常 h 已知,则 W 可得,由 ε_e 求出波导波长,进而求出微带线长度。

（2）用软件。许多公司已开发出了很好的计算微带电路的软件。例如,AWR 的 Microwave Office,输入微带的物理参数和拓扑结构,就能很快得到微带线的电性能参数,并可调整或优化微带线的物理参数;数学计算软件 Mathcad11 具有很强的功能,只要写入数学公式,就能完成计算任务。

5. 微带线常用材料

如前所述,构成微带线的材料就是金属和介质,对金属的要求是导电性能,对介质的要求是提供合适的介电常数,而不带来损耗。当然,这是理想情况,对材料的要求还与制造成本和系统性能有关。

1）介质材料

高速传送信号的基板材料一般有陶瓷材料、玻纤布、聚四氟乙烯、其他热固性树脂等。表 2-1 给出了微波集成电路中常用介质材料的特性。就微带加工工艺而言,这些材料有两种实现方式:

（1）在基片上沉淀金属导带,这类材料主要是陶瓷类刚性材料。这种方法工艺复杂,加工周期长,性能指标好,在毫米波或要求高的场合使用。

（2）在现成介质覆铜板上光刻腐蚀成印制板电路,这类材料主要是复合介质类材料。这种方法加工方便,成本低,是目前使用最广泛的方法,又称微波印制板电路。

表 2-1 微波集成电路中常用介质材料的特性

材　料		损耗角正切 $\tan\delta \times 10^{-4}$ (10 GHz 时)	相对介电常数 ε_r	电导率 σ	应　用
氧化铝陶瓷	99.5%	2	10	0.30	微带线
	96%	6	9	0.28	
	85%	15	8	0.20	
蓝宝石		1	10	0.40	微带线,集总参数元件
玻璃		20	5	0.01	微带线,集总参数元件
熔石英		1	4	0.01	微带线,集总参数元件
氧化铍		1	7	2.50	微带线复合介质基片
金红石		4	100	0.02	微带线
铁氧体		2	14	0.03	微带线,不可逆元件
聚四氟乙烯		15	2.5		微带线

在所有的树脂中,聚四氟乙烯的介电常数(ε_r)稳定,介质损耗角正切($\tan\delta$)最小,而且耐高低温和耐老化性能好,最适合于作高频基板材料,是目前采用量最大的微波印制板制造基板材料。表 2-2 给出了几个覆铜板基材的国内外主要生产厂家。

表 2 - 2 覆铜板基材的国内外主要生产厂家

厂 家	产 品	说 明
江苏泰兴几家企业	不同厚度的聚四氟乙烯玻璃纤维增强型双面板,不同厚度、不同 ε_r 的复合介质双面板	国内流行产品,用途最广
南京化工大学	不同厚度、不同 ε_r 的复合介质双面板	性能良好,替代进口产品
ROGERS	RT/Duroid 系列、TMM 系列、FR - 4 系列玻璃纤维增强聚四氟乙烯覆铜板,陶瓷粉填充聚四氟乙烯覆铜板和陶瓷粉填充热固性树脂覆铜板,不同厚度、不同 ε_r 的复合介质双面板	优异的介电性能和机械性能有相当大的优势。这类微波基材和带铝衬底的基材得到大量应用
POLYFLON	不同厚度的聚四氟乙烯玻璃纤维增强型双面板	
Taconic	RF - 35 系列掺杂有陶瓷成分的 PTFE/编织型玻璃板材	
Arlon	薄膜柔性板材	特殊场合

2) 铜箔种类及厚度选择

目前最常用的铜箔厚度有 35 μm 和 18 μm 两种。铜箔越薄,越易获得高的图形精密度,所以高精密度的微波图形应选用不大于 18 μm 的铜箔。如果选用 35 μm 的铜箔,则过高的图形精度使工艺性变差,不合格品率必然增加。研究表明,铜箔类型对图形精度亦有影响。目前的铜箔类型有压延铜箔和电解铜箔两类。压延铜箔较电解铜箔更适合于制造高精密图形,所以在材料订货时,可以考虑选择压延铜箔的基材板。

3) 环境适应性选择

现有的微波基材,对于标准要求的 $-55 \sim +125℃$ 环境温度范围都没有问题。但还应考虑两点:一是孔金属化与否对基材选择的影响,对于要求通孔金属化的微波板,基材 z 轴热膨胀系数越大,意味着在高低温冲击下,金属化孔断裂的可能性越大,因而在满足介电性能的前提下,应尽可能选择 z 轴热膨胀系数小的基材;二是湿度对基材板选择的影响,基材树脂本身吸水性很小,但加入增强材料后,其整体的吸水性增大,在高湿环境下使用时会对介电性能产生影响,因而选材时应选择吸水性小的基材或采取结构工艺上的措施进行保护。

6. 微带线加工工艺

1) 外形设计和加工

现代微带电路板的外形越来越复杂,尺寸精度要求高,同品种的生产数量很大,必须要应用数控铣加工技术。因而在进行微波板设计时应充分考虑到数控加工的特点,所有加工处的内角都应设计成圆角,以便于一次加工成形。

微波板的结构设计也不应追求过高的精度,因为非金属材料的尺寸变形倾向较大,不能以金属零件的加工精度来要求微波板。外形的高精度要求,在很大程度上可能是因为顾及到了在微带线与外形相接的情况下,外形偏差会影响微带线长度,从而影响微波性能。实际上,参照国外的规范设计,微带线端距板边应保留 0.2 mm 的空隙,这样即可避免外形加工偏差的影响。

随着设计要求的不断提升，一些微波印制板基材带有铝衬板。此类带有铝衬基材的出现给制造加工带来了额外的压力，图形制作过程复杂，外形加工复杂，生产周期加长，因而在可用可不用的情况下，尽量不采用带铝衬板的基材。

ROGERS公司的TMM系列微波印制板基材，是由陶瓷粉填充的热固性树脂构成的。其中，TMM10基材中填充的陶瓷粉较多，性能较脆，给图形制造和外形加工过程带来很大难度，容易缺损或形成内在裂纹，成品率相对较低。目前对TMM10板材外形加工采用的是激光切割的方法，成本高，效率低，生产周期长。所以，在可能的情况下，可考虑优先选择ROGERS公司符合介电性能要求的RT/Duroid系列基材板。

2）电路的设计与加工

微波印制板的制造由于受微波印制板制造层数、微波印制板原材料的特性、金属化孔制造需求、最终表面涂覆方式、线路设计特点、制造线路精度要求、制造设备及药水先进性等诸方面因素的制约，其制造工艺流程将根据具体要求作相应的调整。电镀镍金工艺流程被细分为电镀镍金的阳版工艺流程和电镀镍金的阴版工艺流程。工艺说明如下：

（1）线路图形互连时，可选用图形电镀镍金的阴版工艺流程。

（2）为提高微波印制板的制造合格率，尽量采用图形电镀镍金的阴版工艺流程。如果采用图形电镀镍金的阳版工艺流程，若操作控制不当，会出现渗镀镍金的质量问题。

（3）ROGERS公司牌号为RT/Duroid 6010基材的微波板，由于蚀刻后的图形电镀时，会出现线条边缘"长毛"现象，导致产品报废，因此须采用图形电镀镍金的阳版工艺流程。

（4）当线路制造精度要求为±0.02 mm以内时，各流程之相应处须采用湿膜制板工艺方法。

（5）当线路制造精度要求为±0.03 mm以上时，各流程之相应处可采用干膜（或湿膜）制板工艺方法。

（6）对于四氟介质微波板，如ROGERS公司的RT/Duroid 5880、RT/Duroid 5870、ULTRALAM2000、RT/Duroid 6010等，在进行孔金属化制造时，可采用钠萘溶液或等离子进行处理。而TMM10、TMM10i和RO4003、RO4350等则无须进行活化前处理。

微波印制板的制造正向着FR-4普通刚性印制板的加工方向发展，越来越多的刚性印制板制造工艺和技术运用到微波印制板的加工上来，具体表现在微波印制板制造的多层化、线路制造精度的细微化、数控加工的三维化和表面涂覆的多样化等方面。

此外，随着微波印制板基材种类的进一步增多、设计要求的不断提升，要求我们进一步优化现有微波印制板制造工艺，满足不断增长的微波印制板制造需求。

7. 微带线工程的发展趋势

微波印制板电路是微波系统小型化的关键，因此有必要了解目前的状况和发展趋势。

（1）设计要求高精度。微波印制板的图形制造精度将会逐步提高，但受印制板制造工艺方法本身的限制，这种精度提高不可能是无限制的，到一定程度后会进入稳定阶段。而微波板的设计内容将会有很大程度的丰富。从种类上看，将不仅会有单面板、双面板，还会有微波多层板。对微波板的接地会提出更高要求，如普遍解决聚四氟乙烯基板的孔金属化问题，解决带铝衬底微波板的接地问题等。镀覆要求进一步多样化，将特别强调铝衬底的保护及镀覆。另外，对微波板的整体三防保护也将提出更高要求，特别是聚四氟乙烯基板的三防保护问题。

（2）实现计算机控制。传统的微波印制板生产中极少应用到计算机技术，但随着 CAD 技术在设计中的广泛应用，以及微波印制板的高精度、大批量生产，在微波印制板制造中大量应用计算机技术已成为必然的选择。高精度的微波印制板模板设计制造，外形的数控加工，以及高精度微波印制板的批生产检验，都已经离不开计算机技术。因此，需将微波印制板的 CAD 与 CAM、CAT 连接起来，通过对 CAD 设计的数据处理和工艺干预，生成相应的数控加工文件和数控检测文件，用于微波印制板生产的工序控制、工序检验和成品检验。

（3）高精度图形制造。微波印制板的高精度图形制造与传统的刚性印制板相比，正向着更专业化的方向发展，包括高精度模板制造、高精度图形转移、高精度图形蚀刻等相关工序的生产及过程控制技术，还包含合理的制造工艺路线安排。针对不同的设计要求，如孔金属化与否、表面镀覆种类等制定合理的制造工艺方法，经过大量的工艺实验，优化各相关工序的工艺参数，并确定各工序的工艺余量。

（4）表面镀覆多样化。随着微波印制板应用范围的扩大，其使用的环境条件也日益复杂化，同时由于大量应用铝衬底基材，因而对微波印制板的表面镀覆及保护问题，在原有化学沉银及镀锡铈合金的基础上，提出了更高的要求。一是微带图形表面的镀覆及防护需满足微波器件的焊接要求，采用电镀镍金的工艺技术，保证在恶劣环境下微带图形不被损坏。这其中除微带图形表面的可焊性镀层外，最主要的是应解决既有效防护又不影响微波性能的三防保护技术。二是铝衬板的防护及镀覆技术。铝衬板如不加防护，暴露在潮湿、盐雾环境中很快就会被腐蚀，因而随着铝衬板被大量应用，其防护技术应引起足够重视。另外要研究解决铝板的电镀技术，在铝衬板表面电镀银、锡等金属用于微波器件焊接或其他特殊用途的需求在逐步增多，这不仅涉及铝板的电镀技术，同时还存在微带图形的保护问题。

（5）数控外形加工。微波印制板的外形加工，特别是带铝衬板的微波印制板的三维外形加工，是微波印制板批生产需要重点解决的一项技术。面对成千上万件的带有铝衬板的微波印制板，用传统的外形加工方法既不能保证制造精度和一致性，也无法保证生产周期，因而必须采用先进的计算机控制数控加工技术。但带铝衬板微波印制板的外形加工技术既不同于金属材料加工，也不同于非金属材料加工。由于金属材料和非金属材料共同存在，它的加工刀具、加工参数以及加工机床等都具有极大的特殊性，也有大量的技术问题需要解决。外形加工工序是微波印制板制造过程中周期最长的一道工序，因而外形加工技术解决的好坏直接关系到整个微波印制板的加工周期长短，并影响到产品的研制或生产周期。

（6）批生产检验。微波印制板与普通的单双面板和多层板不同，不仅起着结构件、连接件的作用，更重要的是作为信号传输线的作用。这就是说，对传输高频信号和高速数字信号用的微波印制板的电气测试，不仅要测量线路(或网络)的"通断"和"短路"等是否符合要求，而且还应测量特性阻抗值是否在规定的合格范围内。

高精度微波印制板有大量的数据需要检验，如图形精度、位置精度、重合精度、镀覆层厚度、外形三维尺寸精度等。现行方法基本是以人工目视检验为主，辅以一些简单的测量工具。这种原始而简单的检验方法不仅检验周期长，而且错漏现象多，很难应对大量的拥有成百上千数据的微波印制板的批生产要求，因而迫使微波印制板制造向着批生产检验设备化的方向发展。

8. 微带线计算实例

已知 $Z_0 = 75\ \Omega$，$\theta = 30°$，$f_0 = 900$ MHz，负载为 50 Ω，计算无耗传输线的特性：

（1）反射系数 Γ_L，回波损耗 RL，电压驻波比 VSWR。

（2）输入阻抗 Z_{in}，输入反射系数 Γ_{in}。

（3）基板为 FR – 4 的微带线宽度 W、长度 L 及单位损耗量 A_{dB}。

基板参数：基板介电常数 $\varepsilon_r = 4.5$，损耗角正切 $\tan\delta = 0.015$，基板高度 $h = 62$ mil，基板导线金属铜，基板导线厚度 $t = 0.03$ mm。

解：

（1）
$$\Gamma_L = \frac{Z_L - Z_0}{Z_L + Z_0} = \frac{50 - 75}{50 + 75} = -0.2$$

$$\mathrm{RL} = -20\ \lg(|\Gamma_L|) = 13.98\ \mathrm{dB}$$

$$\mathrm{VSWR} = \frac{1 + |\Gamma_L|}{1 - |\Gamma_L|} = 1.5$$

（2）
$$Z_{in} = Z_0\ \frac{Z_L + \mathrm{j}Z_0\ \tan\theta}{Z_0 + \mathrm{j}Z_L\ \tan\theta} = (58 + \mathrm{j}21)\ \Omega$$

$$\Gamma_{in} = |\Gamma_{in}|\ \mathrm{e}^{\mathrm{j}\theta_{in}} = 0.2\mathrm{e}^{\mathrm{j}(180 - 60)°}$$

（3）用 Microwave Office 和 Mathcad11 都可以计算出微带物理参数如下：

$$W = 1.38\ \mathrm{mm}$$

$$L = 15.54\ \mathrm{mm}$$

$$A_{dB} = 0.0057\ \mathrm{dB/m}$$

可见，确定微带线的尺寸就是设计导带的宽度和长度。

2.8 波导和同轴传输线简介

波导和同轴传输线便于与天线连接，在微波系统前端是必不可少的。各种微带电路的连接都使用到同轴线。下面简单介绍波导和同轴线的基本知识（更深的知识请阅读有关书籍）。

2.8.1 波导

通常使用的是矩形波导，基本结构尺寸是 $a \times b$ 的矩形横截面，长度一般要大于几个波长，如图 2 – 18 所示。

一般情况下，矩形波导传输 H_{10} 模，场方程为

$$E_y = -\mathrm{j}\ \frac{\omega\mu}{k_c^2}\ \frac{\pi}{a}H_{10}\ \sin\left(\frac{\pi}{a}x\right)\mathrm{e}^{\mathrm{j}(\omega t - \beta z)}$$

$$H_x = \mathrm{j}\ \frac{\beta}{k_c^2}\ \frac{\pi}{a}H_{10}\ \sin\left(\frac{\pi}{a}x\right)\mathrm{e}^{\mathrm{j}(\omega t - \beta z)}$$

$$H_z = H_{10}\ \cos\left(\frac{\pi}{a}x\right)\mathrm{e}^{\mathrm{j}(\omega t - \beta z)}$$

$$E_x = E_z = H_y = 0$$

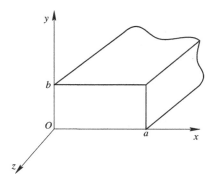

图 2-18 矩形波导

电磁场只有三个分量，与 y 无关，说明三个分量在 y 方向没有变化。电场在 x 方向呈正弦分布，在 $a/2$ 处为最大值，电力线垂直于波导宽边。磁场有 x 和 z 两个方向，其中 x 方向在 $a/2$ 处最大，z 方向在 $a/2$ 处最小，磁力线呈椭圆面形，与波导宽边面平行。H_{10} 模的电磁场沿 z 方向在 $\lambda_g/2$ 内的立体结构就像一个"鸟笼"，如图 2-19 所示。用波导结构做微波元件，必须搞清楚电磁场结构。

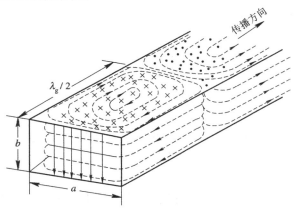

图 2-19 矩形波导主模 H_{10} 的电磁场结构

波导内传输的是色散波，波导内的波长比自由空间的波长大，为

$$\lambda_g = \frac{\lambda}{\sqrt{1 - \left(\frac{\lambda}{2a}\right)^2}}$$

波导的尺寸选择原则是：只有主模传输，有足够的功率容量，损耗小，尺寸尽可能小。考虑这些因素，通常取

$$a = 0.7\lambda$$
$$b = \frac{a}{2}$$

波导尺寸与信号的工作频率有关，可以想象，波导 $a\times b$ 一定，所能传输的信号只是一个频率段。为了加工方便，连接规范，国家对波导 $a\times b$ 有标准规定，由铜材加工厂生产不同频段的标准波导。在此基础上设计波导元件，截短使用，进行加工和表面处理。表 2-3 给出了波导标准频段和尺寸。

表 2 - 3　波导标准频段和尺寸

波导型号	主模频段/GHz	截止频率/GHz	宽边 a/mm	窄边 b/mm	壁厚 t/mm
WJB - 22	1.72～2.61	1.372	109.20	54.60	2
WJB - 26	2.71～3.30	1.735	86.40	43.20	2
WJB - 32	2.60～3.95	2.078	72.14	34.04	2
WJB - 39	3.40～4.20	2.567	58.00	25.00	2
WJB - 40	3.22～4.90	2.677	58.20	29.10	2
WJB - 48	3.94～5.99	3.152	47.55	22.15	1.5
WJB - 58	4.64～7.05	3.711	40.40	20.20	1.5
WJB - 70	5.38～8.17	4.301	34.85	15.80	1.5
WJB - 84	6.57～9.99	5.260	28.50	12.60	1.5
WJB - 100	8.20～12.50	6.557	22.80	10.16	1.5
WJB - 120	9.84～15.00	7.868	19.05	9.52	1
WJB - 140	11.9～18.0	9.487	15.80	7.90	1
WJB - 180	14.5～22.0	11.571	12.96	6.48	1
WJB - 220	17.6～26.7	14.071	10.67	5.33	1
WJB - 260	21.7～33.0	17.357	8.64	4.32	1
WJB - 320	26.4～40.0	21.077	7.112	3.556	1

2.8.2　同轴线

同轴线广泛应用于射频和微波低端,同轴线与微带的连接很方便。一般地,同轴线分为三类:刚性同轴线,主要是空气介质的同轴元件和陶瓷类刚性介质的同轴元件,这类元件尺寸比较灵活,由设计而定;软同轴电缆,用于信号传输、系统连接和测试仪器,尺寸有国家统一标准;半刚性电缆,主要是系统连接,尺寸有国家标准,根据实际需要选用。

同轴线的尺寸选择原则是:只有主模 TEM 模传输,有足够的功率容量,损耗小,尺寸尽可能小。尺寸的选择就是确定内导体外半径 a 和外导体内半径 b 的值。按照这些条件可归纳不同用途的同轴线尺寸,由表 2 - 4 给出。

表 2 - 4　同轴线尺寸选择原则

条　件	原　则	阻　抗	使用场合
主模 TEM 模传输	$(a+b)\leqslant\dfrac{\lambda_{min}}{\pi}$	$Z_0=\dfrac{60}{\sqrt{\varepsilon_r}}\ln\dfrac{b}{a}$	宽频带馈线,宽带元件
承受功率最大	$\dfrac{b}{a}=1.649$	30	高功率传输线
衰减最小	$\dfrac{b}{a}=3.591$	76.71	谐振器、滤波器、小信号传输线
功率衰减均考虑	$\dfrac{b}{a}=2.303$	50	通用传输线

对于软同轴电缆和半刚性电缆,其标准国内外厂家均有手册可参阅,这类电缆要和同轴接头配套使用。

第 3 章　匹 配 理 论

阻抗匹配的概念是电工电子学科的一个基本问题，贯穿于学科内的各个领域。匹配电路的形式随着信号工作频率的提高而变化，但各种匹配电路的基本原理还是相同的，这就是共轭匹配原理。下面介绍各种匹配电路中基本原理的形式及匹配电路的基本结构。

3.1　基本阻抗匹配理论

基本电路如图 3-1(a)所示，U_s 为信号源电压，R_s 为信号源内阻，R_L 为负载电阻。任何形式的电路都可以等效为这个简单形式。我们的目标是使信号源的功率尽可能多地送入负载 R_L，也就是说，使信号源的输出功率尽可能地大。

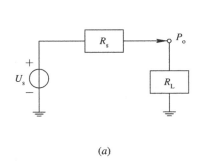
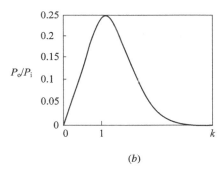

(a)　　　　　　　　　　　　　　　　　　(b)

图 3-1　基本电路的输出功率

(a) 基本电路；(b) 输出功率与阻抗比例的关系

在这个简单的电路中，输出功率与电路元件之间存在以下关系：

$$P_o = I^2 R_L = \frac{U_s^2}{(R_s + R_L)^2} R_L$$

令

$$R_L = kR_s, \quad P_i = \frac{U_s^2}{R_s}$$

则

$$P_o = \frac{k}{(1+k)^2}P_i \qquad (3-1)$$

可见,信号源的输出功率取决于 U_s、R_s 和 R_L。在信号源给定的情况下,输出功率取决于负载电阻与信号源内阻之比 k。输出功率表达式(3-1)可以直观地用图 3-1(b)表示。由图可知,当 $R_L = R_s$ 时可获得最大输出功率,此时为阻抗匹配状态。无论负载电阻大于还是小于信号源内阻,都不可能使负载获得最大功率,且两个电阻值偏差越大,输出功率越小。

阻抗匹配概念可以推广到交流电路。如图 3-2 所示,当负载阻抗 Z_L 与信号源阻抗 Z_s 共轭,即 $Z_L = Z_s^*$ 时,能够实现功率的最大传输,称作共轭匹配或广义阻抗匹配。

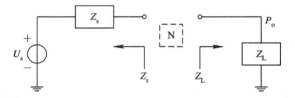

图 3-2　广义阻抗匹配

任何一种交流电路都可以等效为图 3-2 所示电路结构。如果负载阻抗不满足共轭匹配条件,就要在负载和信号源之间加一个阻抗变换网络(如图 3-2 中虚线框所示),将负载阻抗变换为信号源阻抗的共轭,实现阻抗匹配。

3.2　射频/微波匹配原理

射频/微波电路的阻抗匹配也是交流电路的阻抗匹配问题。如上面所述,当 $Z_L = Z_s^*$ 时,电路处于阻抗匹配状态,得到最大输出功率。在频率更高的情况下,分析问题的方法有其特殊性。由 2.4 节传输线知识可知,射频/微波电路中通常使用反射系数描述阻抗,用波的概念来描述信号大小。如图 3-3 所示,我们考察一个用源反射系数 Γ_G 描述的信号发生器和一个用负载反射系数 Γ_L 描述的负载,连接到特性阻抗为 Z_0 的传输线上的情况。为了获得最大功率传递,必须同时满足

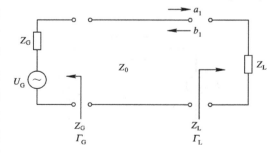

图 3-3　射频/微波电路的匹配问题

$$Z_L = Z_G^* \qquad (3-2)$$
$$Z_G = Z_0 \qquad (3-3)$$

式(3-2)是熟知的共轭阻抗匹配条件,式(3-3)表示信号发生器将全部功率提供给传输线的条件。

一般情况下，负载与信号源是不匹配的，需增加一个双端口网络，与负载组合起来形成一个等效负载，如图 3-4 所示。我们的目标是寻求等效负载与信号源的匹配条件。在图 3-4 中虚线所示参考面上，入射波为 a_1，反射波为 b_1，等效负载的反射系数为 $\Gamma_L = b_1/a_1$，信号发生器发出的波幅为 b_G，即第一个入射波为 b_G，b_G 的反射波为 $b_G\Gamma_L$，$b_G\Gamma_L$ 的反射波为 $b_G\Gamma_L\Gamma_G$，依次类推，朝着信号发生器方向的反射波总和为

$$b_1 = b_G\Gamma_L[1 + \Gamma_L\Gamma_G + (\Gamma_L\Gamma_G)^2 + \cdots]$$

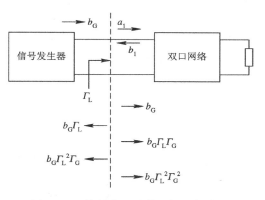

图 3-4 信号发生器端口的反射波

$$= \frac{b_G\Gamma_L}{1 - \Gamma_L\Gamma_G} \qquad (3-4)$$

因为 $\Gamma_L = b_1/a_1$，所以式(3-4)变为

$$a_1 = b_G + b_1\Gamma_G \qquad (3-5)$$

则提供给负载的功率为

$$P_L = |a_1|^2 - |b_1|^2 = |a_1|^2(1 - |\Gamma_L|^2) \qquad (3-6)$$

将式(3-5)代入式(3-6)，则提供给负载的功率可写成

$$P_L = \frac{|b_G|^2(1 - |\Gamma_L|^2)}{|1 - \Gamma_L\Gamma_G|^2} \qquad (3-7)$$

可见，P_L 是 b_G、Γ_L 和 Γ_G 的函数，与前面的 U_s、R_L 和 R_s 相对应。为了得到最大功率传输，必须满足

$$\Gamma_L = \Gamma_G^* \qquad (3-8)$$

将式(3-8)代入式(3-7)，可得

$$P_L = \frac{|b_G|^2}{1 - |\Gamma_G|^2} \qquad (3-9)$$

所以，$\Gamma_L = \Gamma_G^*$ 是阻抗共轭匹配的一种等效方式。在射频/微波电路中经常会用到这个条件。

3.3 集总参数匹配电路

在射频和微波低端，通常采用集总元件来实现阻抗变换，达到匹配目的。具体来讲，利用电感和电容的各种组合来设计匹配网络比较有效。根据工作频带宽度和电路尺寸大小，可分为 L 型、T 型及 Ⅱ 型等三种拓扑结构。

3.3.1 L 型匹配电路

L 型匹配电路是最简单的集总元件匹配电路，只有两个元件，成本最低，性能可靠。具体的电路结构选择有一定的规律可循。以下按照输入阻抗和输出阻抗均为纯电阻或任意阻抗两种情况介绍设计方法。

1. 输入阻抗和输出阻抗均为纯电阻

L 型匹配电路的设计步骤如下：

步骤一：确定工作频率 f_c、输入阻抗 R_s 及输出阻抗 R_L。这三个基本参数由设计任务给出。

步骤二：在如图 3-5(a)所示的 L 型匹配电路中，将构成匹配电路的两个元件分别与输入阻抗 R_s 和输出阻抗 R_L 结合。当电路匹配时，由共轭匹配条件可以推得

$$Q_s = Q_L = \sqrt{\left| \frac{R_L}{R_s} - 1 \right|} \qquad (3-10)$$

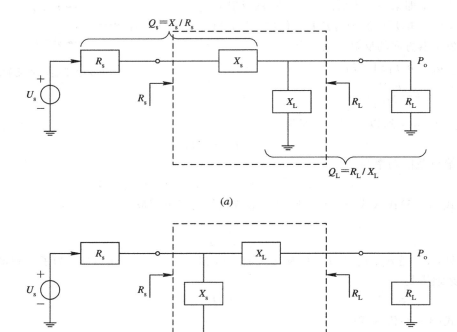

(a)

(b)

图 3-5　L 型匹配电路的两种形式

(a) L 型匹配电路($R_s < R_L$)；(b) L 型匹配电路($R_s > R_L$)

步骤三：判别 $R_s < R_L$ 或 $R_s > R_L$。

(1) $R_s < R_L$，如图 3-5(a)所示：

$$\begin{cases} X_s = Q_s R_s \\ X_L = \dfrac{R_L}{Q_L} \end{cases} \qquad (3-11)$$

(2) $R_s > R_L$，如图 3-5(b)所示：

$$\begin{cases} X_s = \dfrac{R_s}{Q_s} \\ X_L = Q_L R_L \end{cases} \qquad (3-12)$$

步骤四：若 $R_s < R_L$，如图 3-6 所示，选择 $L_s - C_p$ 低通式或 $C_s - L_p$ 高通式电路。根据下列公式计算出电路所需的电感及电容值。

（1）$L_s - C_p$ 低通式：

$$\begin{cases} L_s = \dfrac{X_s}{2\pi f_c} \\[3mm] C_p = \dfrac{1}{2\pi f_c X_L} \end{cases}$$

(3 - 13)

（2）$C_s - L_p$ 高通式：

$$\begin{cases} C_s = \dfrac{1}{2\pi f_c X_s} \\[3mm] L_p = \dfrac{X_L}{2\pi f_c} \end{cases}$$

(3 - 14)

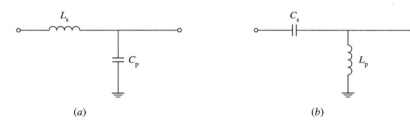

(a)   (b)

图 3 - 6 $R_s < R_L$ 的 L 型匹配电路

(a) $L_s - C_p$ 低通式 L 型；(b) $C_s - L_p$ 高通式 L 型

步骤五：若 $R_s > R_L$，如图 3 - 7 所示，选择 $C_p - L_s$ 低通式或 $L_p - C_s$ 高通式电路。按下列公式计算出电路所需的电感及电容值。

（1）$C_p - L_s$ 低通式：

$$\begin{cases} C_p = \dfrac{1}{2\pi f_c X_s} \\[3mm] L_s = \dfrac{X_L}{2\pi f_c} \end{cases}$$

(3 - 15)

（2）$L_p - C_s$ 高通式：

$$\begin{cases} L_p = \dfrac{X_s}{2\pi f_c} \\[3mm] C_s = \dfrac{1}{2\pi f_c X_L} \end{cases}$$

(3 - 16)

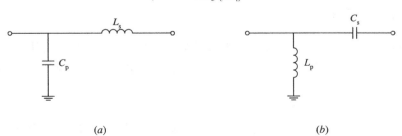

(a)   (b)

图 3 - 7 $R_s > R_L$ 的 L 型匹配电路

(a) $C_p - L_s$ 低通式 L 型；(b) $L_p - C_s$ 高通式 L 型

2. 输入阻抗和输出阻抗不为纯电阻

如果输入阻抗和输出阻抗不是纯电阻，而是复数阻抗，处理的方法是只考虑电阻部分，按照上述方法计算 L 型匹配电路中的电容和电感值，再扣除两端的虚数部分，就可得到实际的匹配电路参数。

3. 关于 L 型匹配电路的其他说明

L 型匹配电路的用途广泛，技术成熟。为了工程使用的方便，说明如下：

1）设计方法

L 型匹配电路的设计计算还可以使用下面两种方法：

（1）解析法求元件值。按照电路级联的方法求出负载和匹配元件组合等效负载阻抗的表达式，与信号源阻抗共轭相等，即实部和虚部分别相等，这样可以列出两个方程，求出两个未知数，也就得到了两个元件值。这种方法的缺点是比较复杂，易出差错，要事先给出合适的拓扑结构，实施起来比较困难。

（2）Smith 圆图法求元件值。

步骤一：计算源阻抗和负载阻抗的归一化值。

步骤二：在圆图上找出源阻抗点，画出过该点的等电阻圆和等电导圆。

步骤三：在圆图上找出负载阻抗的共轭点，画出过该点的等电阻圆和等电导圆。

步骤四：找出步骤二、三所画圆的交点，交点的个数就是可能的匹配电路拓扑个数。

步骤五：分别把源阻抗、负载阻抗沿相应的等反射系数圆移到步骤四的同一交点。两次移动的电抗（纳）或电纳（抗）变化就是所求电感或电容的电抗或电纳。

步骤六：由工作频率计算出电感电容的实际值。

2）电路拓扑

L 型匹配电路的两个元件的连接方式共有八种可能。由前面可以看出，拓扑结构的选择有其规律性。选择不当，无法实现匹配功能，也就是说，圆图中找不到交点。而对于任意一对要实现匹配的信号源和负载，至少有两个以上的拓扑可选，即八个拓扑结构中总是可以找到合适的匹配电路形式。两个以上的拓扑中如何选定最合适的一个，要考虑的因素有：元件的标称值，元件要方便得到；电感、电容组合就会有频率特性，即带通或高通特性，要考虑匹配电路所处系统的工作频率和其他指标，如有源电路中的谐波或交调等；与周边电路的结构有关，如直流偏置的方便、电路尺寸布局的许可等。

3.3.2 T 型匹配电路

T 型匹配电路与 L 型匹配电路的分析设计方法类似。下面仅以纯电阻性信号源和负载（且 $R_s < R_L$）为例介绍基本方法，其他情况的 T 型匹配电路可在此基础上进行设计，过程类似。

T 型匹配电路的设计步骤如下：

步骤一：确定工作频率 f_c、负载 Q 值、输入阻抗 R_s 及输出阻抗 R_L，并求出 $R_{small} = \min(R_s, R_L)$。

步骤二：依据图 3-8(a) 所示的 T 型匹配电路，按下列公式计算出 X_{s1}、X_{p1}、X_{p2} 及 X_{s2}。

$$\begin{cases} R = R_{\text{small}}(Q^2 + 1) \\ X_{s1} = QR_s \\ X_{p1} = \dfrac{R}{Q} \end{cases} \qquad (3-17)$$

$$\begin{cases} Q_2 = \sqrt{\dfrac{R}{R_L} - 1} \\ X_{p2} = \dfrac{R}{Q_2} \\ X_{s2} = Q_2 R_L \end{cases} \qquad (3-18)$$

步骤三：根据电路选用元件的不同，可有四种形式，如图 3 - 8(b)、(c)、(d)、(e)所示。其中电感及电容值的求法如下：

$$\begin{cases} L = \dfrac{X}{2\pi f_c} \\ C = \dfrac{1}{2\pi f_c X} \end{cases} \qquad (3-19)$$

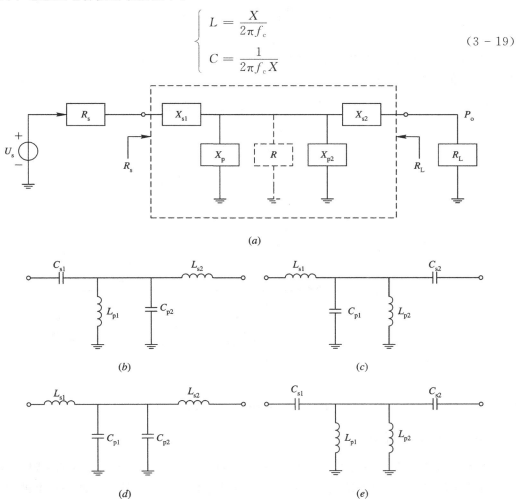

(a)

(b)　　　　　　　　　　　(c)

(d)　　　　　　　　　　　(e)

图 3 - 8　T 型匹配电路及其具体形式

(a) T 型匹配电路；(b) 第一种连接形式；(c) 第二种连接形式；

(d) 第三种连接形式；(e) 第四种连接形式

设计实例：

设计一个工作频率为 400 MHz，带宽为 40 MHz 的 50～75 Ω 的 T 型阻抗变换器。

步骤一：决定工作频率 $f_c=400$ MHz，负载 Q 值＝400/40＝10，输入阻抗 $R_s=50$ Ω，输出阻抗 $R_L=75$ Ω，$R_{small}=\min(R_s,R_L)=50$ Ω。

步骤二：参考图 3-8(a)，按公式计算出 X_{s1}、X_{p1}、X_{p2} 及 X_{s2}：

$$R=R_{small}(Q^2+1)=5050$$

$$X_{s1}=QR_s=500$$

$$X_{p1}=\frac{R}{Q}=505$$

$$Q_2=\sqrt{\frac{R}{R_L}-1}=8.145$$

$$X_{p2}=\frac{R}{Q_2}=620$$

$$X_{s2}=Q_2R_L=610.8$$

步骤三：根据电路选用元件的不同，可有四种形式，选用图 3-8(b)所示电路。其中电感及电容值的求法如下：

$$C_{p1}=\frac{1}{2\pi f_c\cdot X_{p1}}=0.79\text{ pF}$$

$$L_{s1}=\frac{X_{s1}}{2\pi f_c}=199\text{ nH}$$

$$C_{p2}=\frac{1}{2\pi f_c\cdot X_{p2}}=0.64\text{ pF}$$

$$L_{s2}=\frac{X_{s2}}{2\pi f_c}=243\text{ nH}$$

T 型匹配电路的最后结果如图 3-9 所示。

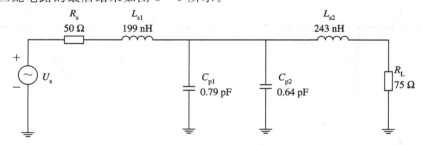

图 3-9 T 型匹配电路设计实例

3.3.3 Π 型匹配电路

同样，Π 型匹配电路与 L 型匹配电路的分析设计方法类似。下面也以纯电阻性信号源和负载（且 $R_s<R_L$）为例介绍基本方法，其他情况的 Π 型匹配电路可在此基础上进行设计。

Π 型匹配电路的设计步骤如下：

步骤一：确定工作频率 f_c、负载 Q 值、输入阻抗 R_s 及输出阻抗 R_L，并求出 $R_H=\max(R_s,R_L)$。

步骤二：根据图 3 - 10(a)中所示的 Ⅱ 型匹配电路，按下列公式计算出 X_{p2}、X_{s2}、X_{p1} 及 X_{s1}。

$$\begin{cases} R = \dfrac{R_H}{Q^2 + 1} \\[2mm] X_{p2} = \dfrac{R_L}{Q} \\[2mm] X_{s2} = QR \end{cases} \quad (3 - 20)$$

$$\begin{cases} Q_1 = \sqrt{\dfrac{R_s}{R} - 1} \\[2mm] X_{p1} = \dfrac{R_s}{Q_1} \\[2mm] X_{s1} = Q_1 R \end{cases} \quad (3 - 21)$$

步骤三：依据电路选用元件的不同，可有四种形式，如图 3 - 10(b)、(c)、(d)、(e)所示。其中电感及电容值的求法如下：

$$\begin{cases} L = \dfrac{X}{2\pi f_c} \\[2mm] C = \dfrac{1}{2\pi f_c X} \end{cases} \quad (3 - 22)$$

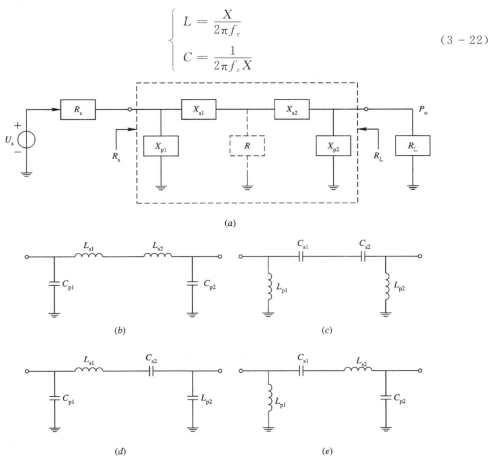

图 3 - 10　Ⅱ 型匹配电路及其具体形式

(a) Ⅱ 型匹配电路；(b) 第一种连接形式；(c) 第二种连接形式；

(d) 第三种连接形式；(e) 第四种连接形式

3.4　微带线型匹配电路

前面我们讨论的集总元件匹配网络只适用于频率较低的场合，或者是几何尺寸远小于工作波长的情况。随着工作频率的提高及相应工作波长的减小，集总元件的寄生参数效应就变得更加明显。此时，我们的设计工作就要考虑这些寄生效应，从而会使元件值的求解变得相当复杂。上述问题以及集总元件值只能是一些标准数值的事实，限制了集总元件在射频/微波电路中的应用。当波长变得明显小于典型的电路元件长度时，分布参数元件即替代了集总元件而得到了广泛的应用。各种射频/微波传输线结构都可以实现匹配网络。本节以微带匹配电路为主，介绍分布参数匹配网络的设计方法，最后简单介绍其他匹配电路形式。

微带线型匹配电路的拓扑结构主要分为并联和串联两种形式，由此所派生出来的电路形式多种多样。

3.4.1　并联型微带匹配电路

一般来说，并联型微带匹配电路分为单枝节匹配和双枝节匹配两种，下面分别介绍。

1. 微带单枝节匹配电路

单枝节匹配有两种拓扑结构：第一种为负载与短截线并联后再与一段传输线串联，第二种为负载与传输线串联后再与短截线并联，如图 3 - 11 所示。

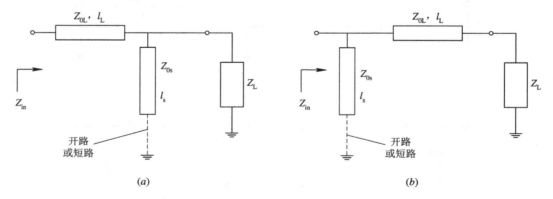

图 3 - 11　单枝节匹配电路的基本结构

(a) 第一种结构；(b) 第二种结构

上述两种匹配网络中都有四个可调整参数：短截线的长度 l_s 和特性阻抗 Z_{0s}，传输线的长度 l_L 和特性阻抗 Z_{0L}。可以想象：这四个参数的合理组合，可以实现任意阻抗之间的匹配。

下面的实例分析介绍了图 3 - 11(a)所示匹配网络的设计过程。为了简单，将短截线特性阻抗 Z_{0s} 和传输线特性阻抗 Z_{0L} 均取为 Z_0，通过调整它们的长度实现预定的输入阻抗。

利用 Ansoft 公司的 Designer 电路设计软件的软件圆图能够很方便地进行设计。类似软件还有 Winsmith 等。

设计实例一：

设计单枝节匹配网络，将负载阻抗 $Z_L=60-j45\ \Omega$ 变换为输入阻抗 $Z_{in}=75+j90\ \Omega$。假设图 3 - 11(a) 中的短截线和传输线的特性阻抗均为 $Z_0=75\ \Omega$。

步骤一：求归一化阻抗。

负载阻抗　　　$z_L=\dfrac{60-j45}{75}=0.8-j0.6$

输入阻抗　　　$z_{in}=\dfrac{75+j90}{75}=1.0+j1.2$

步骤二：选择短截线长度 l_s 的基本原则是，短截线产生的电纳 B_s 能够使负载阻抗 $z_L=0.8-j0.6$ 变换到归一化输入阻抗点 $z_{in}=1.0+j1.2$ 的反射系数圆上，如图 3 - 12 所示。可以看出，对应于 $z_{in}=1.0+j1.2$ 的输入反射系数圆与等电导圆 $g=0.8$ 有两个交点（即 $y_A=0.8+j1.05$ 和 $y_B=0.8-j1.05$），是两个可能的解。短截线的两个相应的电纳值分别为 $jb_{sA}=y_A-y_L=j0.45$ 和 $jb_{sB}=y_B-y_L=-j1.65$。对于第一个解而言，开路短截线的长度可以通过在 Smith 圆图上测量 l_{sA} 求出，l_{sA} 是从 $y=0$ 点（开路点）开始沿 Smith 圆图的最外圈向源的方向移动（顺时针）到达 $y=j0.45$ 点所经过的电长度，在本例中则 $l_{sA}=0.067\lambda$。只需将短截线的长度增加 1/4 工作波长，开路短截线就可以换成短路短截线。在负载阻抗和短截线距负载的距离相同的条件下，开路或短路短截线的长度相差 $\lambda/4$。在同轴系统中，用短路短截线；在微带电路中，用开路短截线。

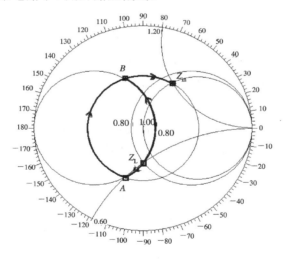

图 3 - 12　利用圆图设计单枝节匹配网络

类似于第一个解，由 b_{sB} 可求出开路短截线的长度 $l_{sB}=0.337\lambda$ 和短路短截线的长度 $l_{sB}=0.087\lambda$。在这种情况下，我们发现短路短截线需要比开路短截线的长度更短。其原因是由于开路短截线的等效电纳为负值。

同理，我们可以求出串联传输线长度，其中第一个解为 $l_{sA}=0.266\lambda$，第二个解为 $l_{sB}=0.07\lambda$。

设计实例二：

设计单枝节匹配网络，将负载阻抗 $Z_L=25+j75\ \Omega$ 变换为 $Z_{in}=50\ \Omega$ 的输入阻抗，假设图 3 - 11(b) 中的短截线和传输线的特性阻抗均为 $Z_0=50\ \Omega$。

我们首先将负载归一化为 $z_L = 0.5 + j1.5$，并转化为导纳 $y_L = 0.2 - j0.6$，将 y_L 向电源（顺时针）旋转，并与匹配圆($r=1$)相交于两点（见图 3-13）：

$$y_{LA} = 1 + j2.2 \qquad (对应\ 0.192)$$
$$y_{LB} = 1 - j2.2 \qquad (对应\ 0.308)$$

则可以求出串联短截线的长度：

$$l_{LA} = [(0.5 - 0.412) + 0.192]\lambda = 0.088 + 0.192 = 0.280\lambda$$
$$l_{LB} = [(0.5 - 0.412) + 0.308]\lambda = 0.396\lambda$$

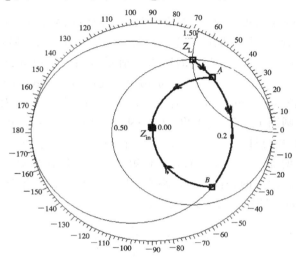

图 3-13　利用圆图设计单枝节匹配网络

对于并联短截线，我们可以利用上例的原理，求出短路短截线的长度分别为

$$l_{sA} = 0.068\lambda, \quad l_{sB} = 0.432\lambda$$

在电路设计中，我们需要尽量压缩电路板的尺寸，因而总是希望采取尽可能短的传输线段。根据阻抗的具体情况，最短的传输线段既可能是开路短截线，也可能是短路短截线。

2. 微带双枝节匹配电路

单枝节匹配网络具有良好的通用性，它可在任意输入阻抗和实部不为零的负载阻抗之间形成阻抗匹配或阻抗变换。这种匹配网络的主要缺点之一是需要在短截线与输入端口或短截线与负载之间插入一段长度可变的传输线。虽然这对于固定型匹配网络不会成为问题，但会给可调型匹配器带来困难。我们可以通过在这种网络中再增加一个并联短截线来解决上述问题，这就是双枝节匹配网络，如图 3-14 所示。

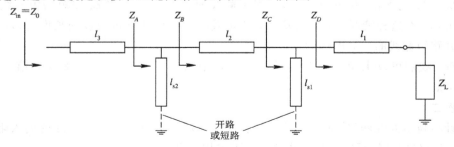

图 3-14　双枝节匹配网络

在双枝节匹配网络中，两段开路或短路短截线并联在一段固定长度的传输线两端。传输线 l_2 的长度通常选为 1/8、3/8 或 5/8 个波长。在射频/微波应用中通常采用 3/8 和 5/8 个波长的间隔，以便简化可调匹配器的结构。

为了确保匹配，导纳 y_C（等于 z_L 与传输线 l_1 串联后再与短截线 l_{s1} 并联）必须落在这个移动后的 $g=1$ 圆（称之为 y_C 圆）上。通过改变短截线 l_{s1} 的长度，我们可以使点 y_D 最终变换为位于旋转后的等电导圆 $g=1$ 上。只要点 y_D（即 z_L 与传输线 l_1 串联）落在等电导圆 $g=2$ 之外，上述变换过程就可以实现。也就是说，间距一定的双枝节匹配电路存在可能的匹配禁区，实际工作中应避开这个禁区。解决这个问题的方法是双短截线可调匹配器的输入、输出传输线符合 $l_1 = l_3 \pm \lambda/4$ 的关系，如果可调匹配器不能对某一特定负载实现匹配，我们只需要对调可调匹配器的输入、输出端口，则 y_D 必将移出匹配禁区。

由于双枝节匹配网络存在匹配禁区，工程中常用的是三枝节或四枝节匹配电路。最典型的是波导多螺钉调配器，反复调整各个螺钉的深度，测量输入端驻波比，可以使系统匹配，并且获得良好的频带特性。

3.4.2　串联型微带匹配电路

串联型微带匹配电路的基本结构是四分之一波长阻抗变换器。在负载阻抗与输入阻抗之间串联一段传输线就可实现负载阻抗向输入阻抗的变换，如图 3-15 所示。这段传输线的特性阻抗与负载阻抗和输入阻抗有关，长度为相应微带线波导波长的 1/4。由于特性阻抗不同的微带线对应着不同的有效介电常数，因此也就对应着不同的波导波长，也就是说，长度也与两端阻抗有关。

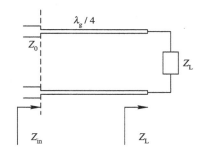

图 3-15　四分之一波长阻抗变换器

由图 3-15 可以求得

$$Z_{01} = \sqrt{Z_{in} Z_L} \qquad\qquad (3-23)$$

如果输入阻抗和负载阻抗均为纯电阻，则

$$Z_{01} = \sqrt{Z_0 R_L} \qquad\qquad (3-24)$$

如果负载不是纯电阻，可以在负载前加一段传输线将负载先变换成电阻再进行匹配。这种匹配电路与波长有关，工作频带很窄。要想扩展工作频带，可以采用多级 $\lambda/4$ 阻抗变换器串联的方式。以两节为例，特性阻抗计算公式为

$$\left(\frac{Z_0}{Z_{02}} \right)^2 = \frac{Z_{02}}{Z_{01}} = \left(\frac{Z_{01}}{R_L} \right)^2 \qquad\qquad (3-25)$$

多级串联型匹配电路的设计可以用切比雪夫多项式综合，详细公式和计算过程可参见有关书籍或 Ansoft 软件。

指数线型阻抗变换器是多节 $\lambda/4$ 阻抗变换器的极限形式，计算和加工都极为复杂，可利用计算软件，结合 PCB 软件和工艺，实现微带复杂结构的阻抗变换。

3.5　波导和同轴线型匹配电路

波导和同轴线型匹配电路是经典的射频/微波传输线电路结构形式。虽然微带线技术近年来在很多场合下都十分活跃,但是波导和同轴线在大功率、高 Q 值、天线连接等方面仍然占据着统治地位,因此我们有必要了解这方面的匹配知识。

1. 波导型匹配电路

波导形式的传输线在微波频率高端的发射和接收天线附近是必不可少的。由前面所学的知识可以看出,实现匹配就是在电路中引入合适的电抗元件。波导结构内电抗元件有两种形式:销钉和膜片。其中,调整方便、用途最广的是销钉,如图 3－16 所示。

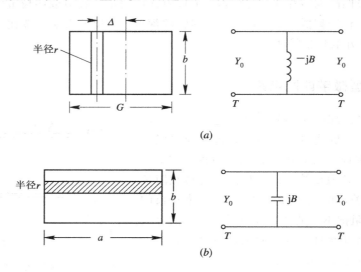

图 3－16　波导销钉调配元件

(a) 电感式销钉;(b) 电容式销钉

电感销钉的计算:

$$-\frac{B}{Y_0} = \frac{2\lambda_g}{a\left[\sec^2\frac{\pi\Delta}{a}\ln\left(\frac{2a}{\pi r}\cos\frac{\pi\Delta}{a}\right) - 2\right]} \tag{3－26}$$

电容销钉的计算:

$$\frac{B}{Y_0} = \frac{4\pi^2 r^2}{\lambda_g b} \tag{3－27}$$

通常使用的调配电路是在销钉基础上形成的螺钉调配器(单螺钉等效为单枝节,三螺钉等效为三枝节),基本结构都是在宽边中央打孔插入销钉,外加传动或锁紧装置形成的。

2. 同轴线匹配电路

同轴线的销钉调配就是在外导体上插入螺钉。在小功率时使用尚可,大功率时不能使用。大功率下,销钉处会打火。大功率时匹配元件用串联或并联枝节实现,如图 3－17 所示。

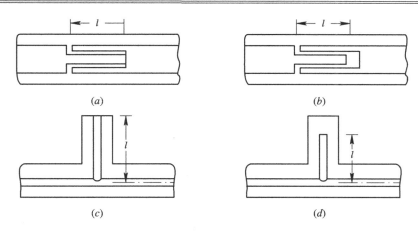

图 3 - 17 同轴线串联、并联短截线
(a) 小功率串联短截线；(b) 大功率串联短截线；
(c) 小功率并联短截线；(d) 大功率并联短截线

波导销钉和同轴枝节匹配器都可以看作枝节匹配的具体形式，都可用圆图或软件设计。在工程实际中，直接用网络分析仪或测量线检测系统驻波，逐个调整螺钉也是一个比较直观的方法。

微带、波导和同轴匹配电路的实验调整是必要的。从样件设计、试制到技术稳定成熟有一定的过程。即使成熟产品，每批材料不同，加工工艺差异，也需要适当的调整。

3.6 微波网络参数

任何微波电路都可以用一个网络表示，不管网络内部的电磁场结构或供电情况，只考虑对外呈现的电气特性，如反射、衰减、相移、放大、滤波等。在射频/微波电路中常用的网络参数有$[Z]$、$[Y]$、$[A]$、$[S]$四种。$[Z]$、$[Y]$ 和$[A]$参数是按网络端口的电压电流定义的，$[S]$参数是按照网络端口的输入输出波定义的。各参数定义不同，但描述的是同一个网络，四种参数之间可以进行变换。

3.6.1 四个参数的定义

如图 3 - 18 所示，按电流和电压、入射波和反射波两种信号关系描述双口网络。

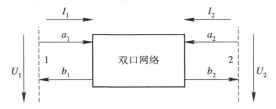

图 3 - 18 双口网络的参数定义

1. $[Z]$、$[Y]$ 和$[A]$参数

由网络端口处的电压电流关系，可得$[Z]$、$[Y]$ 和$[A]$参数。

$$U_1 = Z_{11} I_1 + Z_{12} I_2$$

$$U_2 = Z_{21} I_1 + Z_{22} I_2$$

即

$$\begin{bmatrix} U_1 \\ U_2 \end{bmatrix} = \begin{bmatrix} Z_{11} & Z_{12} \\ Z_{21} & Z_{22} \end{bmatrix} \begin{bmatrix} I_1 \\ I_2 \end{bmatrix} \tag{3-28}$$

$$I_1 = Y_{11} U_1 + Y_{12} U_2$$

$$I_2 = Y_{21} U_1 + Y_{22} U_2$$

即

$$\begin{bmatrix} I_1 \\ I_2 \end{bmatrix} = \begin{bmatrix} Y_{11} & Y_{12} \\ Y_{21} & Y_{22} \end{bmatrix} \begin{bmatrix} U_1 \\ U_2 \end{bmatrix} \tag{3-29}$$

$$U_1 = A_{11} U_2 + A_{12} I_2$$

$$I_1 = A_{21} U_2 + A_{22} I_2$$

即

$$\begin{bmatrix} U_1 \\ I_1 \end{bmatrix} = \begin{bmatrix} A_{11} & A_{12} \\ A_{21} & A_{22} \end{bmatrix} \begin{bmatrix} U_2 \\ I_2 \end{bmatrix} \tag{3-30}$$

阻抗参数$[Z]$的物理意义为

$$\begin{cases} Z_{11} = \dfrac{U_1}{I_1} \bigg|_{I_2=0, \text{2端口开路}} \\[2mm] Z_{12} = \dfrac{U_1}{I_2} \bigg|_{I_1=0, \text{1端口开路}} \\[2mm] Z_{21} = \dfrac{U_2}{I_1} \bigg|_{I_2=0, \text{2端口开路}} \\[2mm] Z_{22} = \dfrac{U_2}{I_2} \bigg|_{I_1=0, \text{1端口开路}} \end{cases} \tag{3-31}$$

导纳参数$[Y]$和传输参数$[A]$的物理意义也可用同样的方法求得。

$[Z]$、$[Y]$和$[A]$参数对特性阻抗或特性导纳的归一值为$[z]$、$[y]$和$[a]$(经常会用到)。

2. $[S]$参数

端口的电压等于入射波加反射波,电流等于入射波减反射波。二倍入射波等于电压加电流,二倍反射波等于电压减电流,即

$$\begin{cases} U = a + b \\ I = a - b \\ 2a = U + I \\ 2b = U - I \end{cases} \tag{3-32}$$

散射参数[S]定义为

$$b_1 = S_{11}a_1 + S_{12}a_2$$
$$b_2 = S_{21}a_1 + S_{22}a_2$$

即

$$\begin{bmatrix} b_1 \\ b_2 \end{bmatrix} = \begin{bmatrix} S_{11} & S_{12} \\ S_{21} & S_{22} \end{bmatrix} \begin{bmatrix} a_1 \\ a_2 \end{bmatrix} \qquad (3-33)$$

散射参数[S]的物理意义为

$$\begin{cases} S_{11} = \dfrac{b_1}{a_1} \Big|_{a_2=0, 2端口匹配} \\[2mm] S_{12} = \dfrac{b_1}{a_2} \Big|_{a_1=0, 1端口匹配} \\[2mm] S_{21} = \dfrac{b_2}{a_1} \Big|_{a_2=0, 2端口匹配} \\[2mm] S_{22} = \dfrac{b_2}{a_2} \Big|_{a_1=0, 1端口匹配} \end{cases} \qquad (3-34)$$

S_{11} 和 S_{22} 是两端的反射系数，S_{12} 和 S_{21} 是两端之间的传输系数。

3.6.2 四个参数之间的转换

射频/微波工程中，散射参数[S]使用最多，因为端口反射系数概念清晰，容易测量，端口之间的传输系数就是衰减或增益，便于工程使用。但是网络级联时，使用[A]参数很方便，多个网络[A]参数相乘就是整个网络的[A]参数。这就需要在[S]和[A]之间进行转换，通常是把每个网络单元的[S]变为[A]，相乘后得到整个网络的[A]，再变为[S]。考虑归一化参数，$[z]=[Z]/Z_0$，$[y]=[Y]/Y_0$，$a_{11}=A_{11}$，$a_{12}=A_{12}/Z_0$，$a_{21}=A_{21}/Y_0$，$a_{22}=A_{22}$。下面给出$[z]$、$[y]$、$[a]$、$[S]$间的变换关系。

1. 已知[z]

$$[y] = \frac{1}{|z|} \begin{bmatrix} z_{22} & -z_{12} \\ -z_{21} & z_{11} \end{bmatrix} \qquad (3-35)$$

$$[a] = \frac{1}{z_{21}} \begin{bmatrix} z_{11} & |z| \\ 1 & z_{22} \end{bmatrix} \qquad (3-36)$$

$$\begin{cases} S_{11} = \dfrac{|z| + z_{11} - z_{22} - 1}{|z| + z_{11} + z_{22} + 1} \\[3mm] S_{12} = \dfrac{2z_{12}}{|z| + z_{11} + z_{22} + 1} \\[3mm] S_{21} = \dfrac{2z_{21}}{|z| + z_{11} + z_{22} + 1} \\[3mm] S_{22} = \dfrac{|z| - z_{11} + z_{22} - 1}{|z| + z_{11} + z_{22} + 1} \end{cases} \qquad (3-37)$$

2. 已知$[y]$

$$[z] = \frac{1}{|y|}\begin{bmatrix} y_{22} & -y_{12} \\ -y_{21} & y_{11} \end{bmatrix} \tag{3-38}$$

$$[a] = \frac{-1}{y_{21}}\begin{bmatrix} y_{22} & 1 \\ |z| & y_{11} \end{bmatrix} \tag{3-39}$$

$$\begin{cases} S_{11} = \dfrac{1 - y_{11} + y_{22} - |y|}{1 + y_{11} + y_{22} + |y|} \\[2mm] S_{12} = \dfrac{-2y_{12}}{1 + y_{11} + y_{22} + |y|} \\[2mm] S_{21} = \dfrac{-2y_{21}}{1 + y_{11} + y_{22} + |y|} \\[2mm] S_{22} = \dfrac{1 + y_{11} - y_{22} - |y|}{1 + y_{11} + y_{22} + |y|} \end{cases} \tag{3-40}$$

3. 已知$[a]$

$$[z] = \frac{1}{a_{21}}\begin{bmatrix} a_{11} & |a| \\ 1 & a_{22} \end{bmatrix} \tag{3-41}$$

$$[y] = \frac{1}{a_{12}}\begin{bmatrix} a_{22} & -|a| \\ -1 & a_{11} \end{bmatrix} \tag{3-42}$$

$$\begin{cases} S_{11} = \dfrac{a_{11} + a_{12} - a_{21} - a_{22}}{a_{11} + a_{12} + a_{21} + a_{22}} \\[2mm] S_{12} = \dfrac{2(a_{11}a_{22} - a_{12}a_{21})}{a_{11} + a_{12} + a_{21} + a_{22}} \\[2mm] S_{21} = \dfrac{2}{a_{11} + a_{12} + a_{21} + a_{22}} \\[2mm] S_{22} = \dfrac{-a_{11} + a_{12} - a_{21} + a_{22}}{a_{11} + a_{12} + a_{21} + a_{22}} \end{cases} \tag{3-43}$$

4. 已知$[s]$

$$\begin{cases} z_{11} = \dfrac{1 + S_{11} - S_{22} - |S|}{1 - S_{11} - S_{22} + |S|} \\[2mm] z_{12} = \dfrac{2S_{12}}{1 - S_{11} - S_{22} + |S|} \\[2mm] z_{21} = \dfrac{2S_{21}}{1 - S_{11} - S_{22} + |S|} \\[2mm] z_{22} = \dfrac{1 - S_{11} + S_{22} - |S|}{1 - S_{11} - S_{22} + |S|} \end{cases} \tag{3-44}$$

$$\begin{cases} y_{11} = \dfrac{1-S_{11}+S_{22}-\mid S \mid}{1+S_{11}+S_{22}+\mid S \mid} \\[2mm] y_{12} = \dfrac{-2S_{12}}{1+S_{11}+S_{22}+\mid S \mid} \\[2mm] y_{21} = \dfrac{-2S_{21}}{1+S_{11}+S_{22}+\mid S \mid} \\[2mm] y_{22} = \dfrac{1+S_{11}-S_{22}-\mid S \mid}{1-S_{11}-S_{22}+\mid S \mid} \end{cases} \tag{3-45}$$

$$\begin{cases} a_{11} = \dfrac{1}{2S_{21}}(1+S_{11}-S_{22}-\mid S \mid) \\[2mm] a_{12} = \dfrac{1}{2S_{21}}(1+S_{11}+S_{22}+\mid S \mid) \\[2mm] a_{21} = \dfrac{1}{2S_{21}}(1-S_{11}-S_{22}+\mid S \mid) \\[2mm] a_{22} = \dfrac{1}{2S_{21}}(1-S_{11}+S_{22}-\mid S \mid) \end{cases} \tag{3-46}$$

两端口网络的四个矩阵之间的变换有软件可以使用。工程中尽可能使用这些软件，减少手工计算，以免出错。

第 4 章 功率衰减器

┌─ **本章内容** ─┐

功率衰减器的原理
集总参数衰减器
分布参数衰减器
PIN 二极管电调衰减器
步进式衰减器

4.1 功率衰减器的原理

功率衰减器是一种能量损耗性射频/微波元件,元件内部含有电阻性材料。除了常用的电阻性固定衰减器外,还有电控快速调整衰减器。衰减器广泛应用于需要功率电平调整的各种场合。

4.1.1 衰减器的技术指标

衰减器的技术指标包括衰减器的工作频带、衰减量、功率容量、回波损耗等。

(1) 工作频带。衰减器的工作频带是指在给定频率范围内使用衰减器,衰减量才能达到指标值。由于射频/微波结构与频率有关,不同频段的元器件,结构不同,也不能通用。现代同轴结构的衰减器使用的工作频带相当宽,设计或使用中要加以注意。

(2) 衰减量。无论形成功率衰减的机理和具体结构如何,总是可以用图 4-1 所示的两端口网络来描述衰减器。

图 4-1 中,信号输入端的功率为 P_1,而输出端的功率为 P_2,衰减器的功率衰减量为 A (dB)。若 P_1、P_2 以分贝毫瓦(dBm)表示,则两端功率间的关系为

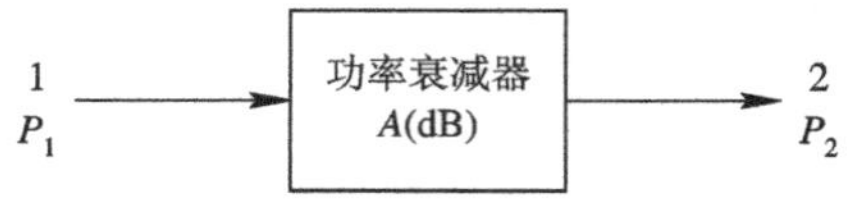

图 4-1 功率衰减器

$$P_2(\text{dBm}) = P_1(\text{dBm}) - A\ (\text{dB})$$

即

$$A(\text{dB}) = 10\ \lg \frac{P_2(\text{mW})}{P_1(\text{mW})} \qquad (4-1)$$

可以看出,衰减量描述功率通过衰减器后功率变小的程度。衰减量的大小由构成衰减器的材料和结构确定。衰减量用分贝作单位,便于整机指标计算。

（3）功率容量。衰减器是一种能量消耗元件，功率消耗后变成热量。可以想象，材料结构确定后，衰减器的功率容量就确定了。如果让衰减器承受的功率超过这个极限值，衰减器就会被烧毁。设计和使用时，必须明确功率容量。

（4）回波损耗。回波损耗就是衰减器的驻波比，要求衰减器两端的输入、输出驻波比应尽可能小。我们希望的衰减器是一个功率消耗元件，不能对两端电路有影响，也就是说，与两端电路都是匹配的。设计衰减器时要考虑这一因素。

4.1.2　衰减器的基本构成

构成射频/微波功率衰减器的基本材料是电阻性材料。通常的电阻是衰减器的一种基本形式，由此形成的电阻衰减网络就是集总参数衰减器。通过一定的工艺把电阻材料放置到不同波段的射频/微波电路结构中就形成了相应频率的衰减器。如果是大功率衰减器，体积肯定要加大，关键就是散热设计。随着现代电子技术的发展，在许多场合要用到快速调整衰减器。这种衰减器通常有两种实现方式：一是半导体小功率快调衰减器，如 PIN 管或 FET 单片集成衰减器；二是开关控制的电阻衰减网络，开关可以是电子开关，也可以是射频继电器。

4.1.3　衰减器的主要用途

衰减器有以下主要用途：

（1）控制功率电平。例如，在微波超外差接收机中对本振输出功率进行控制，可获得最佳噪声系数和变频损耗，达到最佳接收效果；在微波接收机中，可实现自动增益控制，改善动态范围。

（2）作为去耦元件。衰减器可作为振荡器与负载之间的去耦合元件。

（3）作为相对标准。衰减器可作为比较功率电平的相对标准。

（4）用于雷达抗干扰中的跳变衰减器是一种衰减量能突变的可变衰减器，平时不引入衰减，遇到外界干扰时，突然加大衰减。

从微波网络观点看，衰减器是一个二端口有耗微波网络。它属于通过型微波元件。

4.2　集总参数衰减器

利用电阻构成的 T 型或 Ⅱ 型网络实现的集总参数衰减器，通常情况下，衰减量是固定的，由三个电阻值决定。电阻网络兼有阻抗匹配或变换作用。两种电路拓扑如图 4-2 所示。图中 Z_1、Z_2 分别是电路输入端、输出端的特性阻抗。根据电路两端使用的阻抗不同，可分为同阻式和异阻式两种情况。

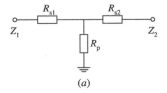
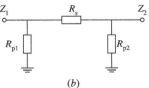

(a)　　　　　　　　　　　　　　　　(b)

图 4-2　功率衰减器

(a) T 型功率衰减器；(b) Ⅱ 型功率衰减器

4.2.1 同阻式集总参数衰减器

同阻式衰减器两端的阻抗相同，即 $Z_1 = Z_2$，不需要考虑阻抗变换，可直接应用网络级联的办法求出衰减量与各电阻值的关系。

1. T 型同阻式$(Z_1 = Z_2 = Z_0)$

对于图 $4-2(a)$ 所示的 T 型同阻式衰减器，取 $R_{s1} = R_{s2}$。我们可以利用三个 $[A]$ 参数矩阵相乘的办法求出衰减器的 $[A]$ 参数矩阵，再换算成 $[S]$ 矩阵，就能求出它的衰减量。串联电阻和并联电阻的 $[A]$ 网络参数如下：

R_{s1} 的传输矩阵为

$$[a] = \begin{bmatrix} 1 & R_{s1} \\ 0 & 1 \end{bmatrix} \qquad (4-2)$$

R_p 的传输矩阵为

$$[a] = \begin{bmatrix} 1 & 0 \\ 1/R_p & 1 \end{bmatrix} \qquad (4-3)$$

相乘得

$$[a] = \begin{bmatrix} 1 & R_{s1} \\ 0 & 1 \end{bmatrix} \begin{bmatrix} 1 & 0 \\ 1/R_p & 1 \end{bmatrix} \begin{bmatrix} 1 & R_{s1} \\ 0 & 1 \end{bmatrix}$$

$$= \begin{bmatrix} 1 + R_{s1}/R_p & 2R_{s1} + R_{s1}^2/R_p \\ 1/R_p & 1 + R_{s1}/R_p \end{bmatrix} = \begin{bmatrix} a_{11} & a_{12} \\ a_{21} & a_{22} \end{bmatrix} \qquad (4-4)$$

转化为 $[S]$ 矩阵为

$$\begin{cases} S_{11} = \dfrac{a_{11} + a_{12} - a_{21} - a_{22}}{a_{11} + a_{12} + a_{21} + a_{22}} \\[2mm] S_{22} = \dfrac{-a_{11} + a_{12} - a_{21} + a_{22}}{a_{11} + a_{12} + a_{21} + a_{22}} \\[2mm] S_{21} = \dfrac{2}{a_{11} + a_{12} + a_{21} + a_{22}} \\[2mm] S_{12} = \dfrac{2(a_{11}a_{22} - a_{12}a_{21})}{a_{11} + a_{12} + a_{21} + a_{22}} \end{cases} \qquad (4-5)$$

对衰减器的要求是衰减量为 $20 \lg |S_{21}|$ (dB)，端口匹配 $10 \lg |S_{11}| = -\infty$。

求解联立方程组就可解得各个阻值。下面就是这种衰减器的设计公式：

$$\begin{cases} \alpha = 10^{\frac{A}{10}} \\[2mm] R_p = Z_0 \dfrac{2\sqrt{\alpha}}{1-\alpha} \\[2mm] R_{s1} = R_{s2} = Z_0 \dfrac{1-\sqrt{\alpha}}{1+\sqrt{\alpha}} \end{cases} \qquad (4-6)$$

具体推导过程如下：

根据衰减器的定义，有

$$\begin{cases} A = 20\lg|S_{21}| \quad (\text{dB}) \\ 10\lg|S_{11}| = -\infty \end{cases} \tag{4-7}$$

由此可得

$$\begin{cases} |S_{21}| = 10^{\frac{A}{20}} = \sqrt{\alpha} \\ |S_{11}| = 0 \end{cases} \tag{4-8}$$

将式(4-8)中的 S_{21} 和 S_{11} 用 $[a]$ 参数表示，参考公式(3-43)，可得

$$\left|\frac{2}{a_{11}+a_{12}+a_{21}+a_{22}}\right| = \sqrt{\alpha} \tag{4-9}$$

$$\frac{a_{11}+a_{12}-a_{21}-a_{22}}{a_{11}+a_{12}+a_{21}+a_{22}} = 0 \tag{4-10}$$

又因为 T 型同阻式的 $[A]$ 参数为

$$[A] = \begin{bmatrix} 1+R_{s1}/R_p & 2R_{s1}+R_{s1}^2/R_p \\ 1/R_p & 1+R_{s1}/R_p \end{bmatrix} \tag{4-11}$$

其归一化形式为

$$[a] = \begin{bmatrix} 1+R_{s1}/R_p & 2R_{s1}/Z_0+R_{s1}^2/(Z_0 R_p) \\ Z_0/R_p & 1+R_{s1}/R_p \end{bmatrix} \tag{4-12}$$

将式(4-12)代入式(4-9)，得

$$\frac{2Z_0 R_p}{2Z_0 R_p+2Z_0 R_{s1}+2R_{s1}R_p+R_{s1}^2+Z_0^2} = \sqrt{\alpha} \tag{4-13}$$

由式(4-10)可得

$$a_{11}+a_{12}-a_{21}-a_{22} = 0 \tag{4-14}$$

将式(4-12)代入式(4-14)，得

$$2R_{s1}R_p+R_{s1}^2 = Z_0^2 \tag{4-15}$$

式(4-15)可进一步转化为

$$R_p = \frac{Z_0^2}{2R_{s1}} - \frac{R_{s1}}{2} \tag{4-16}$$

将式(4-15)和式(4-16)代入式(4-13)并化简，得 $\frac{Z_0^2-R_{s1}^2}{Z_0^2+R_{s1}^2+2Z_0 R_{s1}}=\sqrt{\alpha}$，可得方程

$$(\sqrt{\alpha}+1)R_{s1}^2+2\sqrt{\alpha}Z_0 R_{s1}+Z_0^2(\sqrt{\alpha}-1) = 0 \tag{4-17}$$

解得 $R_{s1}=Z_0\frac{\pm1-\sqrt{\alpha}}{1+\sqrt{\alpha}}$。因为 $R_{s1}>0$，所以解为

$$R_{s1} = Z_0\frac{1-\sqrt{\alpha}}{1+\sqrt{\alpha}} \tag{4-18}$$

将式(4-18)代入式(4-16)得到 R_p 的值，$R_p=Z_0\frac{2\sqrt{\alpha}}{1-\alpha}$。

2. Ⅱ型同阻式($Z_1 = Z_2 = Z_0$)

对于图 4-2(b)所示的 Ⅱ 型同阻式衰减器,取 $R_{p1} = R_{p2}$,可以用上述 T 型同阻式衰减器的分析和设计方法,过程完全相同,即利用三个[A]参数矩阵相乘的办法求出衰减器的[A]参数矩阵,再换算成[S]矩阵,就能求出它的衰减量,所得结果由式(4-19)给出。

$$\begin{cases} \alpha = 10^{\frac{A}{10}} \\ R_s = Z_0 \dfrac{1-\alpha}{2\sqrt{\alpha}} \\ R_{p1} = R_{p2} = Z_0 \dfrac{1+\sqrt{\alpha}}{1-\sqrt{\alpha}} \end{cases} \tag{4-19}$$

4.2.2 异阻式集总参数衰减器

设计异阻式集总参数衰减器时,级联后要考虑阻抗变换。下面分别给出两种衰减器的计算公式。

1. T型异阻式($Z_1 \neq Z_2$)

$$\begin{cases} \alpha = 10^{\frac{A}{10}} \\ R_p = \dfrac{2\sqrt{\alpha Z_1 Z_2}}{1-\alpha} \\ R_{s1} = Z_1 \dfrac{1+\alpha}{1-\alpha} - R_p \\ R_{s2} = Z_2 \dfrac{1+\alpha}{1-\alpha} - R_p \end{cases} \tag{4-20}$$

2. Ⅱ型异阻式($Z_1 \neq Z_2$)

$$\begin{cases} \alpha = 10^{\frac{A}{10}} \\ R_s = \dfrac{(1-\alpha)\sqrt{Z_1 Z_2}}{2\sqrt{\alpha}} \\ R_{p1} = \left(\dfrac{1}{Z_1}\dfrac{1+\alpha}{1-\alpha} - \dfrac{1}{R_s}\right)^{-1} \\ R_{p2} = \left(\dfrac{1}{Z_2}\dfrac{1+\alpha}{1-\alpha} - \dfrac{1}{R_s}\right)^{-1} \end{cases} \tag{4-21}$$

以 T 型异阻式为例,具体推导过程如下:

T 型异阻式衰减器应满足的物理条件为:① 阻抗匹配;② 互易网络;③ $10\lg(P_{out}/P_{in}) = 10\lg\alpha = A$,$\alpha = P_{out}/P_{in} = 10^{\frac{A}{10}}$。

由以上三个物理条件可以得到如下四式:

$$Z_1 = R_{s1} + \dfrac{1}{1/R_p + 1/(R_{s2}+Z_2)} = R_{s1} + \dfrac{R_p(R_{s2}+Z_2)}{R_{s2}+R_p+Z_2} \tag{4-22}$$

$$Z_2 = R_{s2} + \dfrac{1}{1/R_p + 1/(R_{s1}+Z_1)} = R_{s2} + \dfrac{R_p(R_{s1}+Z_1)}{R_{s1}+R_p+Z_1} \tag{4-23}$$

$$\alpha = \frac{P_2}{P_1} = \frac{I_2^2 Z_2}{I_1^2 Z_{\text{total}}} = \frac{\left(I_1 \dfrac{R_p}{R_{s2} + R_p + Z_2}\right)^2 Z_2}{I_1^2 Z_1} = \left(\frac{R_p}{R_{s2} + R_p + Z_2}\right)^2 \frac{Z_2}{Z_1} \qquad (4-24)$$

$$\alpha = \frac{P_1'}{P_2'} = \frac{I_1'^2 Z_1}{I_2'^2 Z_{\text{total}}'} = \frac{\left(I_2' \dfrac{R_p}{R_{s1} + R_p + Z_1}\right)^2 Z_1}{I_2'^2 Z_2} = \left(\frac{R_p}{R_{s1} + R_p + Z_1}\right)^2 \frac{Z_1}{Z_2} \qquad (4-25)$$

由式(4-24)可得

$$R_{s2} + R_p + Z_2 = \frac{R_p}{\sqrt{\alpha Z_1 / Z_2}} \qquad (4-26)$$

由式(4-25)可得

$$R_{s1} + R_p + Z_1 = \frac{R_p}{\sqrt{\alpha Z_2 / Z_1}} \qquad (4-27)$$

将式(4-26)代入式(4-22)，得

$$Z_1 = R_{s1} + \sqrt{\alpha Z_1 / Z_2} R_{s2} + \sqrt{\alpha Z_1 Z_2} \qquad (4-28)$$

将式(4-27)代入式(4-23)，得

$$Z_2 = R_{s2} + \sqrt{\alpha Z_2 / Z_1} R_{s1} + \sqrt{\alpha Z_1 Z_2} \qquad (4-29)$$

将式(4-28)化简，得

$$R_{s2} + \frac{1}{\sqrt{\alpha}} \sqrt{\frac{Z_2}{Z_1}} R_{s1} + Z_2 = \frac{\sqrt{Z_1 Z_2}}{\sqrt{\alpha}} \qquad (4-30)$$

将式(4-29)代入式(4-30)，得

$$\left(\sqrt{\alpha} \sqrt{\frac{Z_2}{Z_1}} - \frac{1}{\sqrt{\alpha}} \sqrt{\frac{Z_2}{Z_1}}\right) R_{s1} + \sqrt{\alpha Z_1 Z_2} - Z_2 = Z_2 - \frac{\sqrt{Z_1 Z_2}}{\sqrt{\alpha}} \qquad (4-31)$$

所以

$$R_{s1} = \frac{1+\alpha}{1-\alpha} Z_1 - \frac{2\sqrt{\alpha Z_1 Z_2}}{1-\alpha} \qquad (4-32)$$

将式(4-32)代入式(4-27)，得

$$\frac{1+\alpha}{1-\alpha} Z_1 - \frac{2\sqrt{\alpha Z_1 Z_2}}{1-\alpha} + R_p + Z_1 = \frac{R_p}{\sqrt{\alpha Z_2 / Z_1}} \qquad (4-33)$$

所以

$$\left(\frac{1}{\sqrt{\alpha}} \sqrt{\frac{Z_1}{Z_2}} - 1\right) R_p = \frac{2Z_1 - 2\sqrt{\alpha Z_1 Z_2}}{1-\alpha} \qquad (4-34)$$

所以

$$R_p = \frac{2\sqrt{\alpha Z_1 Z_2}}{1-\alpha} \qquad (4-35)$$

将式(4-35)代入式(4-26)，得 $R_{s2} = Z_2 \dfrac{1+\alpha}{1-\alpha} - R_p$。

4.2.3　集总参数衰减器设计实例

设计实例一：

设计一个 5 dB T 型同阻式($Z_1 = Z_2 = 50\ \Omega$)固定衰减器。

步骤一：同阻式集总参数衰减器 $A = -5$ dB，由公式(4-6)计算元件参数：

$$\alpha = 10^{\frac{A}{10}} = 3.162$$

$$R_p = Z_0 \frac{2\sqrt{\alpha}}{1-\alpha} = 82.24\ \Omega$$

$$R_{s1} = R_{s2} = Z_0 \frac{1-\sqrt{\alpha}}{1+\sqrt{\alpha}} = 14.01\ \Omega$$

步骤二：利用 Microwave Office 软件仿真衰减器特性。由上述计算结果画出电路图，如图 4-3 所示。

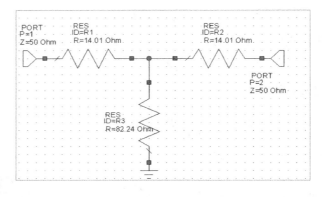

图 4-3　T 型同阻式固定衰减器电路图

仿真结果如图 4-4 所示。

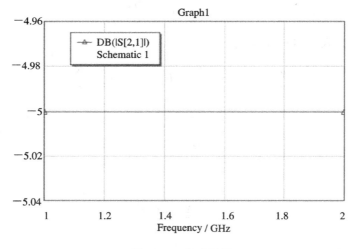

图 4-4　仿真结果

设计实例二：

设计 10 dB Ⅱ 型同阻式（$Z_1 = Z_2 = 50\ \Omega$）固定衰减器。

步骤一：同阻式集总参数衰减器 $A = -10$ dB，由公式（4-19）计算元件参数：

$$\alpha = 10^{\frac{A}{10}} = 0.1$$

$$R_s = Z_0\ \frac{1-\alpha}{2\sqrt{\alpha}} = 71.15\ \Omega$$

$$R_{p1} = R_{p2} = Z_0\ \frac{1+\sqrt{\alpha}}{1-\sqrt{\alpha}} = 96.25\ \Omega$$

步骤二：利用 Microwave Office 软件仿真衰减器特性。由上述计算结果画出电路图，如图 4-5 所示。

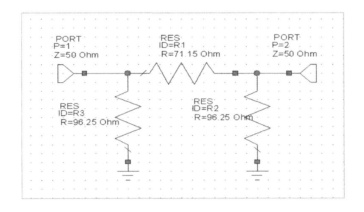

图 4-5　Ⅱ 型同阻式固定衰减器电路图

仿真结果如图 4-6 所示。

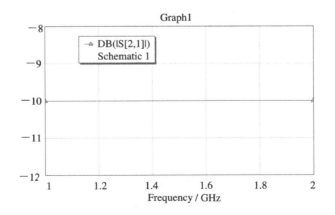

图 4-6　仿真结果

设计实例三：

设计 10 dB Ⅱ 型异阻式（$Z_1 = 50\ \Omega$，$Z_2 = 75\ \Omega$）固定衰减器。

步骤一：异阻式集总参数衰减器 $A = -10$ dB，由公式(4-21)计算元件参数：

$$\alpha = 10^{\frac{A}{10}} = 0.1$$

$$R_s = \frac{(1-\alpha)\sqrt{Z_1 Z_2}}{2\sqrt{\alpha}} = 87.14 \ \Omega$$

$$R_{p1} = \left(\frac{1}{Z_1} \frac{1+\alpha}{1-\alpha} - \frac{1}{R_s}\right)^{-1} = 77.11 \ \Omega$$

$$R_{p2} = \left(\frac{1}{Z_2} \frac{1+\alpha}{1-\alpha} - \frac{1}{R_s}\right)^{-1} = 207.45 \ \Omega$$

步骤二：利用 Microwave Office 软件仿真衰减器特性。由上述计算结果画出电路图，如图 4-7 所示。

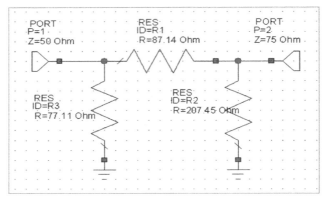

图 4-7　Ⅱ型异阻式固定衰减器电路图

仿真结果如图 4-8 所示。

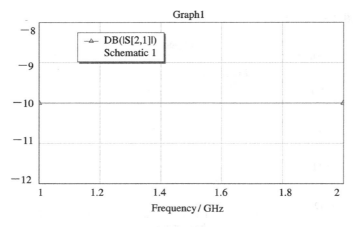

图 4-8　仿真结果

4.3　分布参数衰减器

分布参数衰减器是将电阻材料以一定的形式与射频/微波传输线相结合，通过增加电

磁波传播常数 $\gamma = \alpha + \mathrm{j}\beta$ 的实部，来实现对射频/微波信号的衰减。

衰减器按其工作原理可分为吸收式、截止式、极化式、电调式、谐振吸收式和场移式等多种。如按其结构特征来分，则有可变衰减器和固定衰减器两大类。如按功率的大小来分，则有高功率型和低功率型衰减器两大类。衰减器可以由波导、同轴线或微带线构成。

4.3.1　同轴型衰减器

1. 吸收式衰减器

在同轴系统中，吸收式衰减器的结构有三种形式：内外导体间填充电阻性介质、内导体串联电阻和带状线衰减器转换为同轴，如图 4-9 所示。衰减量的大小与电阻材料的性质和体积有关。

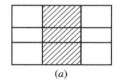 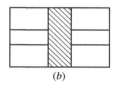 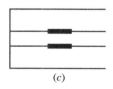

图 4-9　三种同轴结构吸收式衰减器
(a) 填充；(b) 串联；(c) 带状线

2. 截止式衰减器

截止式衰减器又称"过极限衰减器"，是用截止波导制成的。其结构如图 4-10 所示。它是根据当工作波长远大于截止波长 λ_c 时，电磁波的幅度在波导中按指数规律衰减的特性来实现衰减的。

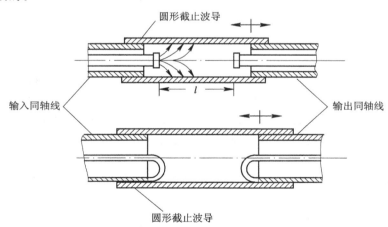

图 4-10　截止式衰减器

在截止式衰减器中截止波导常用圆柱形波导，可以用比较简单的机械结构来调节衰减器内两个耦合元件之间的距离以改变其衰减量。

4.3.2　波导型衰减器

1. 吸收式衰减器

最简单的波导吸收式衰减器是在波导中平行于电场方向放置具有一定衰减量的吸收片

组成的。因为有损耗性薄膜或介质表面有一定电阻，所以沿其表面的电磁波电场切向分量将在其上引起传导电流，形成焦耳热损耗并以热能的形式散发掉。只要控制衰减器衰减量，信号经过衰减器后就被减弱到所需电平。

图 4-11 给出了最简单的吸收式衰减器：固定式和可变式。前者吸收片的位置和面积固定不变，后者可以通过传动机构来改变衰减片的位置或面积，实现衰减量的改变。吸收片用陶瓷片、硅酸盐玻璃、云母、纸（布）胶板等作基片，在上面涂覆或喷镀石墨粉或镍铬合金。基片尽可能薄，要有一定的强度，以保持平整和不变形。吸收片沿横向移动的衰减器，在吸收片移到电场最大处，吸收的能量最多，衰减量最大，在贴近窄壁时衰减量小。片的位移可由外附的机械微测装置读出，它与衰减量的关系不是线性的，有时甚至不是单调变化的，这由片在不同位置时对横向场型分布影响的程度来决定。在实际使用这种衰减器前，应用实验方法借助于精密的衰减标准作出定标校正曲线。

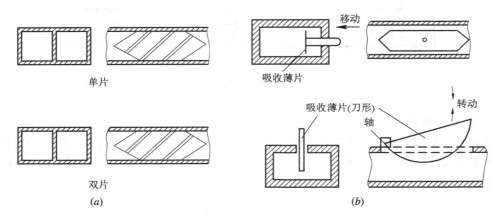

图 4-11　吸收式衰减器结构示意图

（a）固定式；（b）可变式

刀形旋转片衰减器的衰减量与旋入波导内的面积成正比。这种衰减器的优点是，起始衰减为零分贝，此时对波导内波的传输没有影响。在刀片旋入时，由于不附加任何支撑物于波导内，因此，输入驻波比很接近于 1。设计合适的刀片形状可以实现衰减量与机械转角或深度读数之间接近线性关系，保证在全部衰减量可变范围内有足够高的精确度。这种定衰减器的缺点是会有少量电磁能量从波导中漏出，机械强度上略差。从多方面比较，刀形旋转吸收片衰减器比横向移动吸收片衰减器显得优越，在结构、安装等方面也比较简便。这种形式的衰减器结构简单、加工容易，适于成批生产。

横向移动式和刀片式衰减器都是粗调式，精度都不高，需要校准曲线才有定量衰减。

2. 极化吸收式衰减器

极化吸收式衰减器是一种精密衰减器，其结构如图 4-12 所示，由三段波导组成。两端是固定的矩形波导到圆柱波导的过渡段，中间是一段可以绕纵轴转动的圆柱波导。在每段波导中部沿轴向放置厚度极薄的能完全吸收与其平行的切向电场的吸收片，各段中吸收片的相对位置如图 4-12 所示。

圆柱波导旋转的角度 θ 可以用精密传动系统测量并显示出来，角度的变化也就是极化面的变化。

极化衰减器的衰减量为

$$A = 20 \lg(\cos\theta) \tag{4-36}$$

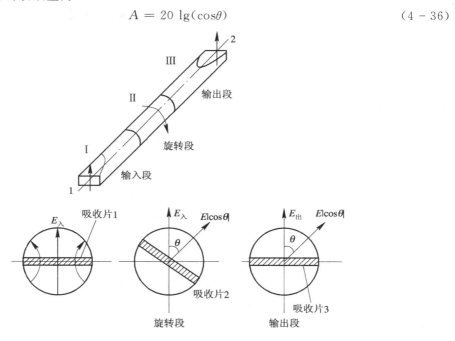

图 4 - 12　极化吸收式衰减器原理图

4.3.3　微带型衰减器

在微带线的表面镀膜一层电阻材料即可实现衰减，也可用涂覆方法实现衰减。近代常用吸波橡胶材料，将其裁剪至合适尺寸，用胶粘到电路上。在微波有源电路的调整中，会用吸波材料消除高次模、谐杂波影响，控制组件泄露等。

4.3.4　匹配负载

匹配负载是个单口网络，实现匹配的原理与衰减的原理相同。通常，衰减器是部分吸收能量，匹配负载是全吸收负载，而且频带足够宽。图 4 - 13 是波导、同轴和微带三种匹配负载结构的示意图。

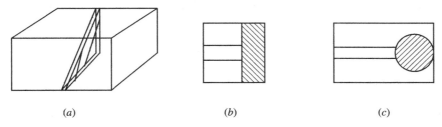

图 4 - 13　波导、同轴和微带匹配负载结构

(a) 波导；(b) 同轴；(c) 微带

同轴和微带中，匹配负载的电阻通常是 50 Ω，可以用电阻表测量。因此，集总元件电阻可以用来实现窄带匹配负载。微波工程中，用 51 Ω 贴片电阻实现微带匹配负载。

4.4　PIN 二极管电调衰减器

PIN 二极管的主要特点是可以用小的直流控制大功率的微波信号,在微波控制电路中应用十分广泛。本节先介绍 PIN 二极管的基本性能,然后介绍电调衰减器的几种形式。

4.4.1　PIN 二极管

如图 4 - 14 所示,PIN 二极管就是在重掺杂 P^+、N^+ 之间夹了一段较长的本征半导体所形成的半导体器件,中间 I 层长度为几到几十微米。

图 4 - 14　PIN 二极管结构示意

1. 直流偏置

在零偏与反偏下,PIN 管均不能导通,呈现大电阻。

正偏时,P^+、N^+ 分别从两端向 I 区注入载流子,载流子到达中间区域复合。PIN 管一直呈现导通状态,偏压(流)越大,载流子数目越多,正向电阻越小。

2. 交流信号作用下的阻抗特性

频率较低时,正向导电,反向截止,具有整流特性。

频率较高时,正半周来不及复合,负半周不能完全抽空,I 区总有一定的载流子维持导通。小信号时 I 区的载流子少,大信号时 I 区的载流子多。所以,高频大信号时电阻大,小信号时电阻小。

3. PIN 二极管的特性

PIN 二极管的特性如下:

(1)直流反偏时,对微波信号呈现很高的阻抗,正偏时呈现很低的阻抗。可用小的直流(低频)功率控制微波信号的通断,用作开关、数字移相等。

(2)直流从零到正偏连续增加时,对微波信号呈现一个线性电阻,变化范围从几兆欧姆到几欧姆,用作可调衰减器。

(3)只有微波信号时,I 区的信号积累与微波功率有关,微波功率越大,管子阻抗越大,用作微波限幅器。

(4)大功率低频整流器,I 区的存在使得承受功率比普通整流管大得多。

4.4.2　电调衰减器

利用 PIN 管正偏电阻随电流变化这一特点,调节偏流改变电阻,可以控制 PIN 开关插入衰减量,这就是电调衰减器。

1. 单管电调衰减器

如图 4 - 15 所示,在微带线中打孔并接一个 PIN 管,改变控制信号就可改变输出功率的大小。这种结构的衰减器输入电压驻波比大。

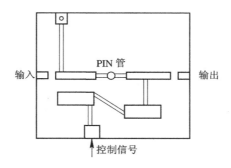

图 4 – 15　微带单管电调衰减器

2. 3 dB 定向耦合器型衰减器

这是一种匹配型衰减器，如图 4 – 16 所示。微波功率从 1 口输入，分两路从 2、3 反射后从 4 口叠加输出。若 2、3 口匹配（$R_f \approx 0$），则 4 口无输出。若 2、3 口全反射，则 4 口输出最大，$Z_2 = Z_3 = R_f + Z_0$。同步调节两只管子偏流，可以改变 4 口输出功率。

$$\Gamma = \frac{R_f + Z_0 - Z_0}{R_f + Z_0 + Z_0} = \frac{R_f}{R_f + 2Z_0} \qquad (4-37)$$

$$L = 20 \lg \frac{1}{|\Gamma|} = 20 \lg \frac{2 + r_f}{r_f} \qquad (4-38)$$

式中

$$r_f = \frac{R_f}{Z_0}$$

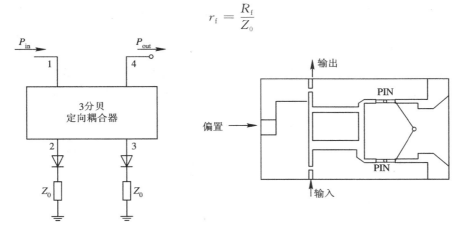

图 4 – 16　3 dB 定向耦合器型衰减器的原理和微带结构

3. 吸收阵列式电调衰减器

利用多个 PIN 管合理布置可制成频带宽、动态范围大、驻波比小、功率容量大的阵列式电调衰减器，如图 4 – 17 所示。PIN 管等距排列，但偏流不同。单节衰减器的影像反射系数和衰减分别为

$$\Gamma_i = -\mathrm{j} \frac{2}{Z_0 Y_D} + \mathrm{j} \sqrt{1 + \left(\frac{2}{Z_0 Y_D}\right)^2} \qquad (4-39)$$

$$L_i = 20 \lg \left| \mathrm{j} \frac{Z_0 Y_D}{2} + \sqrt{1 + \left(\frac{Z_0 Y_D}{2}\right)^2} \right| \qquad (4-40)$$

$$\rho = \frac{1+|\Gamma_i|}{1-|\Gamma_i|} \qquad\qquad (4-41)$$

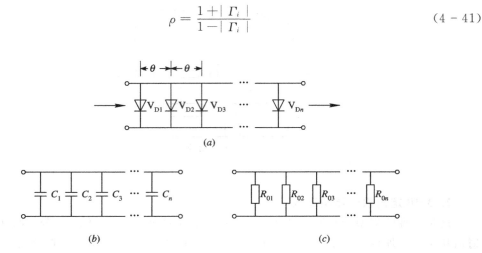

图 4 - 17　阵列式电调衰减器

(a) PIN 二极管阵列；(b) 反偏或零偏；(c) 正偏

$|Y_D|$ 小(R_f 大)，反射小，衰减小，驻波比小；$|Y_D|$ 大(R_f 小)，反射大，衰减大，驻波比大。所以，由左到右，R_f 依次递减，可得到较好的性能。

4.4.3　PIN 管限幅器

　　由于 PIN 工作区载流子数目在零偏时与微波信号幅度成正比，小信号时 R_j 很大，不衰减；信号增大时，R_j 下降，衰减增加；当信号很强时，R_j 很大，对信号的衰减也很大，可起自动限幅作用。限幅用的 PIN 管工层较薄(约 $1~\mu m$)，对功率反应灵敏。当输入功率达到限幅功率时，输入功率再大，输出功率也不会增加。在微波接收机的前端都放置有 PIN 限幅器，以保护低噪放不被意外信号烧毁。双管限幅器及其特性如图 4 - 18 所示。

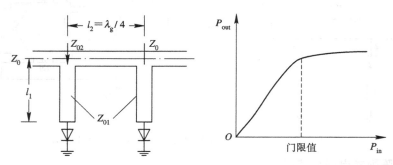

图 4 - 18　双管限幅器及其特性

4.5　步进式衰减器

　　步进式衰减器有两种基本形式，即固定衰减器＋开关和 PIN 二极管步进衰减器。

1. 固定衰减器＋开关

早期的步进衰减器大量使用这种方案。手动步进衰减器就是扳动开关，控制不同的衰减量。电控开关大多数都是继电器形式，专门设计加工的射频继电器，性能相当稳定。如调整 HP 的信号源输出功率可以听到继电器的动作声音。固定衰减器是前面所学的电阻网络。近年来也有采用这个方法实现的步进衰减器，只要满足使用就是好方案。

　　开关也可用 PIN 二极管实现或使用 FET 单片集成开关，其特点是速度快，寿命长。缺点是承受功率小。随着微电子技术的发展，微波电子开关的用途将越来越广。

　　数字程控衰减器，需要把数字信号进行功率放大，以推动继电器或 PIN 管。开关的驱动电路是程控衰减器的一个重要组成部分，具体内容可参阅第 11 章。

2. PIN 二极管步进衰减器

　　如前所述，PIN 二极管电调衰减器通过控制电流的改变，能够连续地改变衰减量，将这一控制信号按照一定的规律离散化，可实现衰减量的步进调整。近代电子仪器中大量使用这个方案实现步进衰减。

第 5 章　功率分配器/合成器

在射频/微波电路中,为了将功率按一定的比例分成两路或多路,需要使用功率分配器(简称功分器)。功率分配器反过来使用就是功率合成器。在近代射频/微波大功率固态发射源的功率放大器中广泛地使用着功率分配器,而且功率分配器常是成对使用,先将功率分成若干份,然后分别放大,再合成输出。

5.1　功率分配器的基本原理

5.1.1　功率分配器的技术指标

功率分配器的技术指标包括频率范围、承受功率、主路到支路的分配损耗、输入输出间的插入损耗、支路端口间的隔离度、每个端口的电压驻波比等。

(1) 频率范围。这是各种射频/微波电路的工作前提,功率分配器的结构设计与工作频率密切相关。在使用时,必须首先明确分配器的工作频率,才能进行下面的设计。

(2) 承受功率。在大功率分配器/合成器中,电路元件所能承受的最大功率是核心指标,它决定了采用什么形式的传输线才能实现设计任务。一般地,传输线承受功率由小到大的次序是微带线、带状线、同轴线、空气带状线、空气同轴线,要根据设计任务来选择用何种传输线。

(3) 分配损耗。主路到支路的分配损耗实质上与功率分配器的功率分配比有关。例如,二等分功率分配器的分配损耗是 3 dB,四等分功率分配器的分配损耗是 6 dB。定义分配损耗 A_d 为

$$A_d = 10 \lg \frac{P_{in}}{P_{out}}$$

式中

$$P_{in} = k P_{out}$$

(4) 插入损耗。输入输出间的插入损耗是由于传输线(如微带线)的介质或导体不理想等因素,考虑输入端的驻波比所带来的损耗。定义插入损耗 A_i 为

$$A_i = A - A_d$$

其中，A 是实际测量值。在其他支路端口接匹配负载，测量主路到某一支路间的传输损耗。可以想象，A 的理想值就是 A_d。在功率分配器的实际工作中，几乎都是用 A 作为研究对象。

（5）隔离度。支路端口间的隔离度是功率分配器的另一个重要指标。如果从每个支路端口输入的功率只能从主路端口输出，而不应该从其他支路输出，这就要求支路之间有足够的隔离度。在主路和其他支路都接匹配负载的情况下，i 口和 j 口的隔离度定义为

$$A_{ij} = 10 \lg \frac{P_{ini}}{P_{outj}}$$

隔离度的测量也可按照这个定义进行。

（6）驻波比。每个端口的电压驻波比越小越好。

5.1.2　功率分配器的原理

一分为二功率分配器是三端口网络结构，如图 5 - 1 所示。信号输入端的功率为 P_1，而其他两个输出端口的功率分别为 P_2 和 P_3。由能量守恒定律可知 $P_1 = P_2 + P_3$。

如果 $P_2(\text{dBm}) = P_3(\text{dBm})$，则三端功率间的关系可写成

图 5 - 1　功率分配器示意图

$$\begin{aligned} P_2(\text{dBm}) &= P_3(\text{dBm}) \\ &= P_1(\text{dBm}) - 3 \text{ dB} \end{aligned} \tag{5-1}$$

当然，P_2 并不一定要等于 P_3，只是相等的情况在实际电路中最常用。因此，功率分配器可分为等分型（$P_2 = P_3$）和比例型（$P_2 = kP_3$）两种类型。

5.2　集总参数功率分配器

5.2.1　等分型功率分配器

根据电路使用元件的不同，等分型功率分配器可分为电阻式和 L - C 式两种情况。

1. 电阻式

电阻式电路仅利用电阻设计，按结构可分成△形和 Y 形，分别如图 5 - 2(a)、(b)所示。

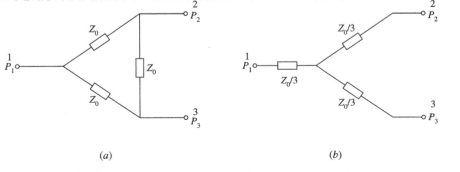

(a)　　　　　　　　　　　　　　　　　(b)

图 5 - 2　△形和 Y 形电阻式功率分配器
(a) △形；(b) Y 形

图 5-2 中 Z_0 是电路特性阻抗，在高频电路中，不同的使用频段，电路中的特性阻抗是不相同的，这里以 50 Ω 为例。这种电路的优点是频宽大，布线面积小，设计简单；缺点是功率衰减较大（6 dB）。以 Y 形电阻式二等分功率分配器为例（见图 5-3），计算如下：

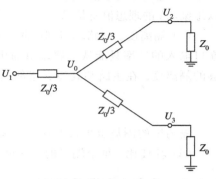

$$\begin{cases} U_0 = \dfrac{1}{2} \cdot \dfrac{4}{3} U_1 = \dfrac{2}{3} U_1 \\[2mm] U_2 = U_3 = \dfrac{3}{4} U_0 \\[2mm] U_2 = \dfrac{1}{2} U_1 \\[2mm] 20 \lg \overline{U}_1 = -6 \text{ dB} \end{cases} \quad (5-2)$$

图 5-3 Y 形电阻式二等分功率分配器

2. L-C 式

这种电路利用电感及电容进行设计。按结构可分成低通型和高通型，分别如图 5-4(a)、(b) 所示。下面分别给出其设计公式。

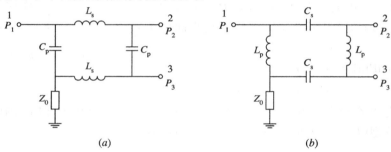

图 5-4 L-C 式集总参数功率分配器
(a) 低通型；(b) 高通型

1) 低通型

$$\begin{cases} L_s = \dfrac{Z_0}{\sqrt{2}\,\omega_0} \\[2mm] C_p = \dfrac{1}{\omega_0 Z_0} \\[2mm] \omega_0 = 2\pi f_0 \end{cases} \quad (5-3)$$

2) 高通型

$$\begin{cases} L_p = \dfrac{Z_0}{\omega_0} \\[2mm] C_s = \dfrac{\sqrt{2}}{\omega_0 Z_0} \\[2mm] \omega_0 = 2\pi f_0 \end{cases} \quad (5-4)$$

5.2.2 比例型功率分配器

比例型功率分配器的两个输出口的功率不相等。假定一个支路端口与主路端口的功率比为 k，可按照下面公式设计如图 5-4(a) 所示的低通 L-C 式集总参数比例功率分配器。

$$\begin{cases} P_3 = kP_1 \\ P_2 = (1-k)P_1 \\ \left(\dfrac{Z_s}{Z_0}\right)^2 = 1-k \\ \left(\dfrac{Z_s}{Z_p}\right)^2 = k \\ Z_s = Z_0\sqrt{1-k} \\ L_s = \dfrac{Z_s}{\omega_0} \\ Z_p = Z_0\sqrt{\dfrac{1-k}{k}} \\ C_p = \dfrac{1}{\omega_0 Z_p} \end{cases} \qquad (5-5)$$

其他形式的比例型功率分配器可用类似的方法进行设计。

5.2.3　集总参数功率分配器的设计方法

集总参数功率分配器的设计就是要计算出各个电感、电容或电阻的值。可以使用现成软件 Microwave Office 或 Mathcad，也可以查手册或手工解析计算。下面给出使用 Mathcad 的计算结果和 Microwave Office 的仿真结果。

设计实例：

设工作频率为 $f_0 = 750$ MHz，特性阻抗为 $Z_0 = 50\ \Omega$，功率比例为 $k = 0.1$，且要求在 750 ± 50 MHz 的范围内 $S_{11} \leqslant -10$ dB，$S_{21} \geqslant -4$ dB，$S_{31} \geqslant -4$ dB。

在电路实现上采用如图 5-5 所示的结构。

将公式(5-5)写入 Mathcad，计算可得

$Z_s = 47.4\ \Omega \rightarrow L_s = 10.065$ nH　选定 $L_s = 10$ nH

$Z_p = 150\ \Omega \rightarrow C_p = 1.415$ pF　　选定 $C_p = 1.4$ pF

采用 Microwave Office 进行仿真，电路图如图 5-6 所示。

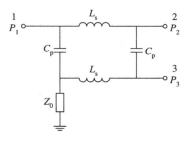

图 5-5　低通 L-C 式功率分配器

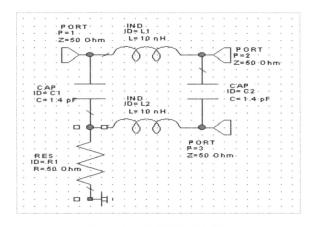

图 5-6　功率分配器电路图

仿真结果如图 5 - 7 所示。

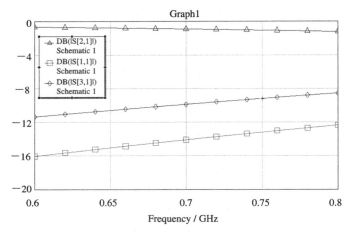

图 5 - 7　功率分配器电路仿真结果

5.3　分布参数功率分配器

分布参数功率分配器的基本结构是威尔金森（Wilkinson）功率分配器。这种功率分配器的原始模型是同轴形式，此后在微带和带状线结构上得到了广泛的应用和发展。工程中大量使用的是微带线形式，大功率情况下可能会用到空气带状线或空气同轴线形式。

5.3.1　微带线功率分配器

功率分配器/合成器有两路和多路或三路情况，下面分别介绍。

1. 两路功率分配器

图 5 - 8 是两路微带线威尔金森功率分配器示意图。这是一个功率等分器，$P_2 = P_3 = P_1 - 3$ dB，Z_0 是特性阻抗，λ_g 是信号的波导波长，R 是隔离电阻。当信号从端口 1 输入时，功率从端口 2 和端口 3 等功率输出。如果有必要，输出功率可按一定比例分配，并保持电压同相，电阻 R 上无电流，不吸收功率。若端口 2 或端口 3 有失配，则反射功率通过分支叉口和电阻分两路到达另一支路的电压等幅反相而抵消，在此点没有输出，从而可保证两输出端有良好的隔离。

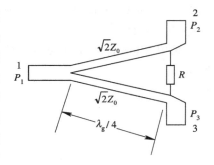

图 5 - 8　威尔金森等功率分配器

考虑一般情况（比例分配输入功率），设端口 3 和端口 2 的输出功率比为 k^2，即

$$k^2 = \frac{P_3}{P_2} \qquad (5-6)$$

由于端口 1 到端口 2 与端口 1 到端口 3 的线长度相等，故端口 2 的电压 U_2 与端口 3 的电压 U_3 相等，即 $U_2 = U_3$。端口 2 和端口 3 的输出功率与电压的关系为

$$\begin{cases} P_2 = \dfrac{U_2^2}{Z_2} \\[2mm] P_3 = \dfrac{U_3^2}{Z_3} \end{cases} \tag{5-7}$$

将式(5-7)代入式(5-6)，得

$$\frac{U_3^2}{Z_3} = k^2 \frac{U_2^2}{Z_2} \tag{5-8}$$

即

$$Z_2 = k^2 Z_3 \tag{5-9}$$

式中，Z_2、Z_3 分别为端口 2 和端口 3 的输入阻抗，若选

$$\begin{cases} Z_2 = kZ_0 \\[2mm] Z_3 = \dfrac{Z_0}{k} \end{cases} \tag{5-10}$$

则可以满足式(5-9)。为了保证端口 1 匹配，应有

$$\frac{1}{Z_0} = \frac{Z_2}{Z_{02}^2} + \frac{Z_3}{Z_{03}^2}$$

$$\frac{1}{Z_0} = \frac{kZ_0}{Z_{02}^2} + \frac{Z_0}{kZ_{03}^2} \tag{5-11}$$

同时考虑到

$$\frac{Z_{02}^2}{Z_2} = k^2 \frac{Z_{03}^2}{Z_3}$$

则

$$\frac{1}{Z_0} = (k^{-2} + 1) \frac{Z_3}{Z_{03}^2} = (k^{-2} + 1) \frac{Z_0}{kZ_{03}^2}$$

所以

$$\begin{cases} Z_{03} = \sqrt{\dfrac{1+k^2}{k^3}}\, Z_0 \\[3mm] Z_{02} = Z_0 \sqrt{k(1+k^2)} \end{cases} \tag{5-12}$$

为了实现端口 2 和端口 3 隔离，即端口 2 或端口 3 的反射波不会进入端口 3 或端口 2，可选

$$R = kZ_0 + \frac{Z_0}{k} = \frac{1+k^2}{k} Z_0$$

在等功率分配的情况下，即 $P_2 = P_3$，$k=1$，于是

$$\begin{cases} Z_2 = Z_3 = Z_0 \\ Z_{02} = Z_{03} = \sqrt{2} Z_0 \\ R = 2Z_0 \end{cases} \tag{5-13}$$

微带线功率分配器的实际结构可以是圆环形，便于加工和隔离电阻的安装，如图 5-9 所示。

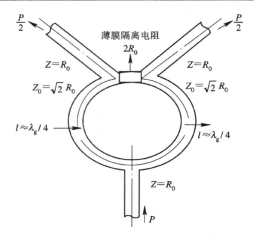

图 5 - 9　微带线功率分配器

设计实例：

设工作频率为 $f_0 = 750$ MHz，特性阻抗为 $Z_0 = 50$ Ω，功率比例为 $k = 1$，且要求在 750 ± 50 MHz 的范围内 $S_{11} \leqslant -20$ dB，$S_{21} \geqslant -4$ dB，$S_{31} \geqslant -4$ dB。

由式(5-13)可知 $Z_{02} = Z_{03} = \sqrt{2}Z_0 = 70.7$ Ω，$R = 2Z_0 = 100$ Ω。采用微波设计软件进行仿真，功率分配器电路图及仿真结果如图 5 - 10 所示。

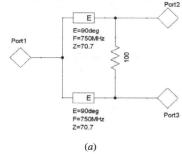

(a)

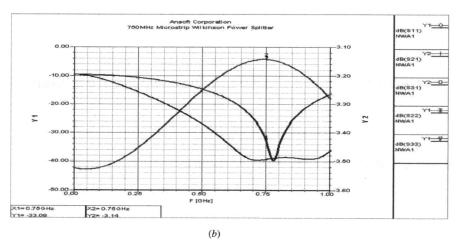

(b)

图 5 - 10　功率分配器电路图及仿真结果

(a) 电路图；(b) 仿真结果

以上对功率分配器的分析都是对中心频率而言的情形，和其他的微带电路元件一样，功率分配器也有一定的频率特性。图 5-10(b)中给出了上面讨论过的单节二等分功率分配器的频率特性。由图中可以看出，当频带边缘频率之比 $f_2/f_1=1.44$ 时，输入驻波比 $\rho<1.22$，能基本满足输出两端口隔离度大于 20 dB 的指标要求。但是当 $f_2/f_1=2$ 时，各部分指标开始下降，隔离度只有 14.7 dB，输入驻波比也达到 1.42。为了进一步加宽工作频带，可以用多节的宽频带功率分配器，即和其他一些宽频带器件一样，增加节数，即增加 $\lambda_g/4$ 线段和相应的隔离电阻 R 的数目，如图 5-11(a)所示。分析结果表明，即使节数增加不多，各指标也可有较大改善，工作频带有较大的展宽。例如，$n=2$，即对于二节的功率分配器，当 $f_2/f_1=2$ 时，驻波比 $\rho<1.11$，隔离度大于 27 dB；$n=4$，即对于二节的功率分配器，当 $f_2/f_1=4$ 时，驻波比 $\rho<1.10$，隔离度大于 26 dB；$n=7$，即对于二节的功率分配器，当 $f_2/f_1=10$ 时，驻波比 $\rho<1.21$，隔离度大于 19 dB。多节宽频带功率分配器的极限情况是渐变线型，如图 5-11(b)所示，隔离电阻用扇形薄膜结构。

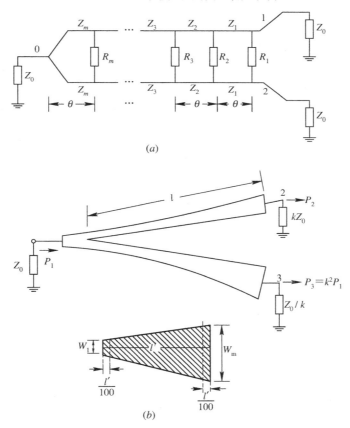

图 5-11　宽频带功率分配器
(a) 多节功率分配器；(b) 渐变线功率分配器

功率分配器的设计是在假定支路口负载相等且等于传输线特性阻抗的前提下进行的。如果负载阻抗不是这样，则必须增加阻抗匹配元件，然后再进行设计。这一点在功率合成器中尤为重要，直接影响功率合成器的合成效率，请参见第 8 章 8.4 节"射频/微波功率放大器"。

2. 多路功率分配器/合成器

有的时候需要将功率分成 n 份, 这就需要 n 路功率分配器, 如图 5-12 所示。

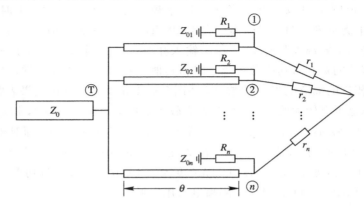

图 5-12 n 路功率分配器

与两路功率分配器相似, N 路功率分配器要满足如下条件: 输入端口要匹配无反射; 各路输出功率之比已知, $P_1 : P_2 : P_3 : \cdots : P_n = k_1 : k_2 : k_3 : \cdots : k_n$; 各路输出电压 U_1, U_2, U_3, $\cdots$、U_n 等幅同相。

与两路功率分配器的推导过程相似, 我们可得 n 路功率分配器电路的相关参数。取各路负载阻值为

$$
\begin{cases}
R_1 = \dfrac{Z_0}{k_1} \\[2mm]
R_2 = \dfrac{Z_0}{k_2} \\[2mm]
\quad \vdots \\[2mm]
R_n = \dfrac{Z_0}{k_n}
\end{cases}
\tag{5-14}
$$

从而可得各路的特性阻抗为

$$
\begin{cases}
Z_{01} = Z_0 \sqrt{\left. \displaystyle\sum_{i=1}^{n} k_i \right/ k_1} \\[3mm]
Z_{02} = Z_0 \sqrt{\left. \displaystyle\sum_{i=1}^{n} k_i \right/ k_2} \\[3mm]
\quad \vdots \\[3mm]
Z_{0n} = Z_0 \sqrt{\left. \displaystyle\sum_{i=1}^{n} k_i \right/ k_n}
\end{cases}
\tag{5-15}
$$

通过计算后可得各路的隔离电阻值。

多路功率分配器实际中常用的方法是采用两路功率分配器的级联, 即一分为二, 二分为四, 四分为八等。一分为四的结构如图 5-13 所示, 级联的设计方法有两种, 由设计任务的尺寸等因素决定采用哪个方法, 区别在于微带线段的特性阻抗和隔离电阻值不同。

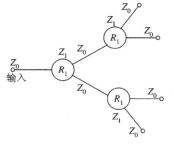

i	0	1
Z_i / Ω	50	71
R_i / Ω		100

注：阻抗Z_1的线节长度为$\lambda_g / 4$。

(a)

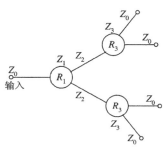

i	0	1	2	3
Z_i / Ω	50	84	50	60
R_i / Ω		100		100

(b)

图 5 - 13　一分为四的两种形式

(a) 等分；(b) 不等分

　　如果要设计输出端口为奇数的功率分配器，也可利用这种 2^n 功率分配器方案进行设计。在级联的上一级做不等分，将少部分功率直接输出，多部分功率再做等分。合理调整分配比，总可以实现任意奇数个分配口输出。

　　三等分功率分配器可以采用图 5 - 14 所示结构。图中给出了所有参数值，输入信号为中心点，可以用微带地板穿孔的方法实现，输入端与三个输出端的平面垂直。只要设计加工得当，各项指标都可以做得很好。

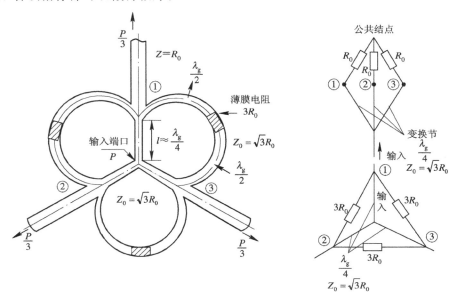

图 5 - 14　三等分功率分配器

5.3.2 其他分布参数功率分配器

其他分布参数功率分配器的基本结构包括带状线、波导、同轴结构。空气带状线是大功率微波频率低端常用结构,原理与微带线威尔金森功率分配器相同,只是每段传输线的特性阻抗的实现要用到带状线计算公式(承受大功率就是要加大各个结构尺寸)。微波高端常用到波导 T 形接头或魔 T 结构。同轴结构加工困难,尽可能少用。

第6章　定向耦合器

定向耦合器是射频/微波领域中应用广泛的元件,用于需要按一定相位和功率关系分配功率的场合,如发射机、接收机工作状态检示等,还可作为构成混频器、倍频器、衰减器、相移器以及功率放大器等微波电子电路的重要元件。

6.1　定向耦合器的基本原理

定向耦合器类似于高频电路中的变压器网络,功率按比例和相位进行分配或混合。理论上,电路应为无耗元件,包括集总参数和分布参数两大类。一般意义上的定向耦合器是平行耦合线,主要适用于检示类耦合功率小的情况。在微波电路中使用最多的是分支线型耦合器和环形桥耦合器。

6.1.1　定向耦合器的技术指标

定向耦合器的技术指标包括工作频率、插入损耗、耦合度、方向性、隔离度等。

(1)工作频带:定向耦合器的功能实现主要依靠波程相位的关系,也就是说与频率有关。工作频带确定后才能设计满足指标的定向耦合器。

(2)插入损耗:描述主路输出端和主路输入端的功率比例关系,包括耦合损耗和导体介质的热损耗。

(3)耦合度:描述耦合输出端口与主路输入端口的功率比例关系,通常用分贝表示,分贝值越大,耦合端口输出功率越小。耦合度的大小由定向耦合器的用途决定。

(4)方向性:描述耦合输出端口与耦合支路隔离端口的功率比例关系。理想情况下,方向性为无限大。

（5）隔离度：描述主路输入端口与耦合支路隔离端口的功率比例关系。理想情况下，隔离度为无限大。

描述定向耦合器特性的三个指标间有严格的关系，即方向性＝隔离度－耦合度。

6.1.2 定向耦合器的原理

定向耦合器是个四端口网络结构，如图 6-1 所示。

图 6-1 定向耦合器方框图

信号输入端 1 的功率为 P_1，信号传输端 2 的功率为 P_2，信号耦合端 3 的功率为 P_3，信号隔离端 4 的功率为 P_4。若 P_1、P_2、P_3、P_4 皆用毫瓦(mW)来表示，则定向耦合器的四大参数可定义为：

插入损耗 $\quad T(\mathrm{dB}) = -10\lg\dfrac{P_2}{P_1} = 10\lg\dfrac{1}{|S_{21}|^2}$

耦合度 $\quad C(\mathrm{dB}) = -10\lg\dfrac{P_3}{P_1} = 10\lg\dfrac{1}{|S_{31}|^2}$

隔离度 $\quad I(\mathrm{dB}) = -10\lg\dfrac{P_4}{P_1} = 10\lg\dfrac{1}{|S_{41}|^2}$

方向性 $\quad D(\mathrm{dB}) = -10\lg\dfrac{P_3}{P_4} = 10\lg\dfrac{1}{|S_{41}|^2} - 10\lg\dfrac{1}{|S_{31}|^2} = I(\mathrm{dB}) - C(\mathrm{dB})$

6.2 集总参数定向耦合器

6.2.1 集总参数定向耦合器设计方法

常用的集总参数定向耦合器是电感和电容组成的分支线耦合器。其基本结构有两种：低通 L-C 式和高通 L-C 式，如图 6-2 所示。

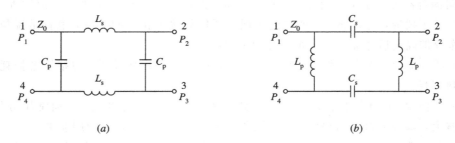

(a)   (b)

图 6-2 L-C 分支线型耦合器

(a) 低通式；(b) 高通式

集总参数定向耦合器的设计步骤如下：

步骤一：确定耦合器的指标，包括耦合系数 $C(\mathrm{dB})$、端口的等效阻抗 $Z_0(\Omega)$、电路的工作频率 f_c。

步骤二：利用下列公式计算出 k、Z_{0s} 及 Z_{0p}：

$$k = 10^{C/10}$$

$$Z_{0s} = Z_0\sqrt{1-k}$$

$$Z_{0p} = Z_0\sqrt{\frac{1-k}{k}}$$

步骤三：利用下列公式计算出元件值。

（1）低通 L-C 式：

$$L_s = \frac{Z_{0s}}{2\pi f_c}$$

$$C_p = \frac{1}{2\pi f_c Z_{0p}}$$

（2）高通 L-C 式：

$$C_s = \frac{1}{2\pi f_c Z_{0s}}$$

$$L_p = \frac{Z_{0p}}{2\pi f_c}$$

步骤四：利用模拟软件检验，再经过微调以满足设计要求。

6.2.2　集总参数定向耦合器设计实例

设计一个工作频率为 400 MHz 的 10 dB 低通 L-C 支路型耦合器。$Z_0 = 50\ \Omega$，要求 $S_{11} \leqslant -13\ \mathrm{dB}$，$S_{21} \geqslant -2\ \mathrm{dB}$，$S_{31} \leqslant -13\ \mathrm{dB}$，$S_{41} \geqslant -10\ \mathrm{dB}$。

步骤一：确定耦合器的指标，$C = -10\ \mathrm{dB}$，$f_c = 400\ \mathrm{MHz}$，$Z_0 = 50\ \Omega$。

步骤二：利用下列公式计算 k、Z_{0s}、Z_{0p}，有

$$k = 10^{C/10} = 0.1$$

$$Z_{0s} = Z_0\sqrt{1-k} = 47.43\ \Omega$$

$$Z_{0p} = Z_0\sqrt{\frac{1-k}{k}} = 150\ \Omega$$

步骤三：利用下列公式计算元件值：

$$C_1 = \frac{1}{2\pi f_c Z_{0p}} = 26.53\ \mathrm{pF}$$

$$L_2 = \frac{Z_{0s}}{2\pi f_c} = 18.87\ \mathrm{nH}$$

步骤四：进行仿真计算，如图 6-3 所示。

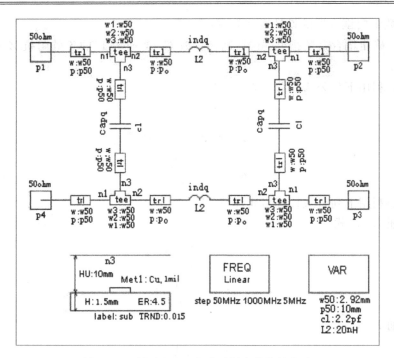

图 6-3　低通 $L\text{-}C$ 支路型耦合器等效电路

仿真结果如图 6-4 所示。

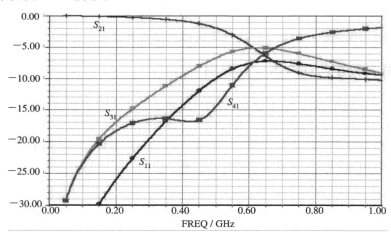

图 6-4　低通 $L\text{-}C$ 支路型耦合器仿真结果

6.3　耦合线定向耦合器

6.3.1　平行耦合线耦合器基本原理

通常，平行耦合线定向耦合器由主线和辅线构成，两条平行微带的长度为四分之一波长，如图 6-5 所示。信号由 1 口输入，2 口输出，4 口是耦合口，3 口是隔离端口。因为在辅线上耦合输出的方向与主线上波传播的方向相反，故这种形式的定向耦合器也称为"反向定向耦合器"。当导线 1—2 中有交变电流 i_1 流过的时候，由于 4—3 线和 1—2 线相互靠近，故 4—3 线中便耦合有能量，能量既通过电场(以耦合电容表示)又通过磁场(以耦合电感表示)耦合。通过耦合电容 C_m 的耦合，在传输线 4—3 中引起的电流为 i_{c4} 和 i_{c3}。

同时由于 i_1 的交变磁场的作用，在线 4—3 上感应有电流 i_L。根据电磁感应定律，感应电流 i_L 的方向与 i_1 的方向相反，如图 6 - 6 所示。所以能量从 1 口输入，则耦合口是 4 口。而在 3 口因为电耦合电流 i_{c3} 与磁耦合电流 i_L 的作用相反而使能量互相抵消，故 3 口是隔离口。

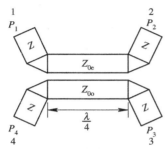

图 6 - 5 平行线型耦合器

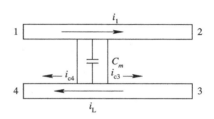

图 6 - 6 耦合线方向性的解释

6.3.2 平行耦合线耦合器设计方法

平行耦合线定向耦合器的设计步骤如下：

步骤一：确定耦合器指标，包括耦合系数 $C(\mathrm{dB})$、各端口的特性阻抗 $Z_0(\Omega)$、中心频率 f_c、基板参数(ε_r，h)。

步骤二：利用下列公式分别计算奇模阻抗 Z_{0o} 和偶模阻抗 Z_{0e}。

$$Z_{0o} = Z_0 \sqrt{\frac{1 - 10^{C/20}}{1 + 10^{C/20}}}$$

$$Z_{0e} = Z_0 \sqrt{\frac{1 + 10^{C/20}}{1 - 10^{C/20}}}$$

步骤三：依据设计使用的基板参数(ε_r，h)，利用软件 Mathcad11 计算出 Z_{0e}、Z_{0o} 的微带耦合线的宽度及间距(W，S)和四分之一波长的长度(P)。

步骤四：利用模拟 Microwave Office 软件检验，再经过微调以满足设计要求。

6.3.3 平行耦合线耦合器设计实例

设计一个工作频率为 750 MHz 的 10 dB 平行线型耦合器($Z_0 = 50 \ \Omega$)。

步骤一：确定耦合器指标，包括 $C = -10 \ \mathrm{dB}$，$f_c = 750 \ \mathrm{MHz}$，FR4 基板参数 $\varepsilon_r = 4.5$，$h = 1.6 \ \mathrm{mm}$，$\tan\delta = 0.015$，材料为铜(1 mil)。

步骤二：计算奇偶模阻抗，分别为

$$Z_{0o} = Z_0 \sqrt{\frac{1 - 10^{C/20}}{1 + 10^{C/20}}} = 36.04 \ \Omega$$

$$Z_{0e} = Z_0 \sqrt{\frac{1 + 10^{C/20}}{1 - 10^{C/20}}} = 69.37 \ \Omega$$

步骤三:电路拓扑如图 6 - 7 所示,利用 Mathcad11 软件计算,得出耦合线宽度 $W=$ 2.38 mm,间距 $S=0.31$ mm,长度 $P=57.16$ mm,且 50 Ω 微带线宽度 $W_{50}=2.92$ mm。

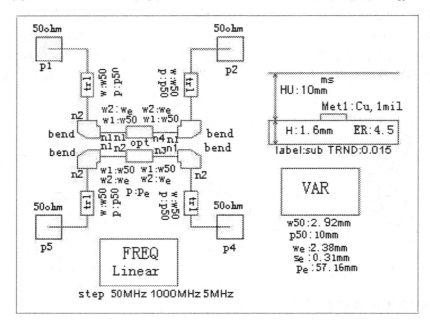

图 6 - 7 平行线型耦合器电路图

Microwave Office 软件仿真结果如图 6 - 8 所示,图中自上而下分别是 S_{21}、S_{31}、S_{41}、S_{11} 的 dB 值,这些值可以在附录 1 的实验中作测量比较。

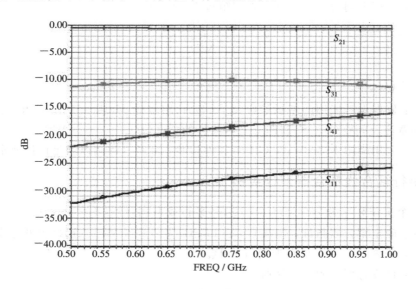

图 6 - 8 平行线型耦合器仿真结果

在上述平行耦合线定向耦合器的基础上,可以得到各种变形结构,如图 6 - 9 所示。结构越复杂,计算越困难。在正确概念的指导下,实验仍然是这类电路设计的有效方法。

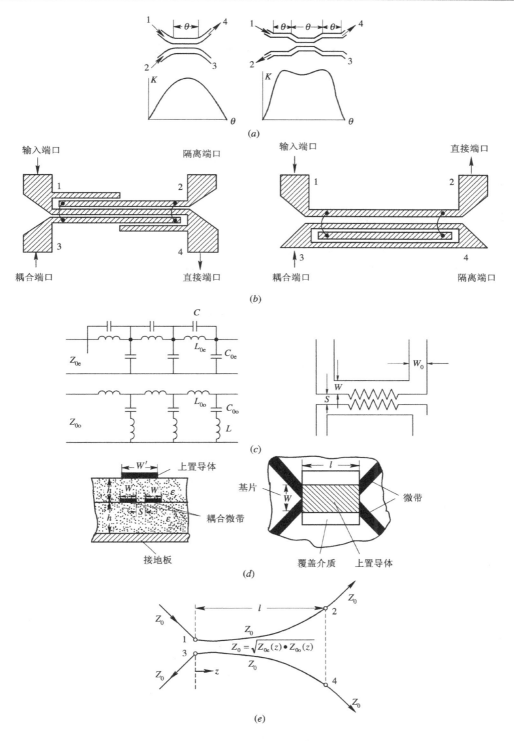

图 6 - 9　耦合线的变形

（a）单节耦合线和多节耦合线；（b）交叉指型耦合线和展开型耦合线；

（c）电路原理图和几何模型；（d）耦合线几何结构；（e）渐变耦合线

6.4 分支线型定向耦合器

分支线型耦合器在微波集成电路中有广泛的用途。尤其是功率等分的 3 dB 耦合器,不仅因为结构简单,容易制造,而且输出端口位于同一侧,方便与半导体器件结合,构成平衡混频器、倍频器、相移器、衰减器、开关等微波电子线路。不论分支线两个输出端口功率是否相等,在中心频率上两个输出信号的相位总是相差 90°。从工艺上考虑,分支线耦合器容易实现紧耦合,而实现弱耦合则比较困难。

6.4.1 分支线型定向耦合器原理

如图 6 - 10 所示分支线耦合器结构,各个支线在中心频率上是四分之一波导波长,由于微带的波导波长还与阻抗有关,故图中支线与主线的长度不等,阻抗越大,尺寸越长。

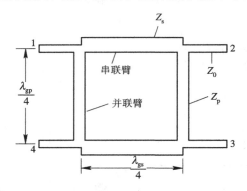

图 6 - 10 分支线耦合器

如果分支线耦合器的各个端口接匹配负载,则信号从 1 口输入,4 口没有输出,为隔离端,2 口和 3 口的相位差为 90°,功率大小由主线和支线的阻抗决定。

6.4.2 分支线型定向耦合器设计

分支线型定向耦合器的设计步骤如下:

步骤一:确定耦合器指标,包括耦合系数 $C(\mathrm{dB})$、各端口的特性阻抗 $Z_0(\Omega)$、中心频率 f_c、基板参数(ε_r, h)。

步骤二:利用下列公式计算出支线和主线的归一化导纳 a 和 b,即

$$\begin{cases} C = 20 \lg \dfrac{\sqrt{b^2-1}}{b} \\ 1 + a^2 = b^2 \end{cases}$$

步骤三:计算特性阻抗 Z_a 和 Z_b,以及相应的波导波长。

步骤四:用软件计算微带实际尺寸。

6.4.3 分支线型定向耦合器设计实例

设计 3 dB 分支线耦合器,负载为 50 Ω,中心频率为 5 GHz,基板参数为 $\varepsilon_r = 9.6$,$h = 0.8$ mm。

步骤一:确定耦合器指标(略)。

步骤二:计算归一化导纳,有

$$b = \sqrt{2}, \quad a = 1$$

步骤三:计算特性阻抗,有

$$Z_a = \frac{1}{Y_a} = \frac{1}{aY_0} = 50 \ \Omega$$

$$Z_b = \frac{1}{Y_b} = \frac{1}{bY_0} = 35.3 \ \Omega$$

步骤四:计算微带实际尺寸,有

支线 50 Ω $W = 0.83$ mm, $L = 6.02$ mm

主线 35.3 Ω $W = 1.36$ mm, $L = 5.84$ mm

6.5 环形桥定向耦合器

环形桥又称混合环,结构如图 6 - 11(a) 所示。它的功能与分支线耦合器相似,不同的是两个输出端口的相位差为 180°。当信号从端口 1 输入时,端口 4 是隔离端,端口 2 和端口 3 功率按一定比例反相输出,也就是相位差为 180°。当信号从端口 4 输入时,端口 1 是隔离端,端口 3 和端口 2 功率按一定比例反相输出。同样的,端口 2 和端口 3 也是隔离的,无论从哪个口输入信号,仅在端口 1 和端口 4 按比例反相输出。

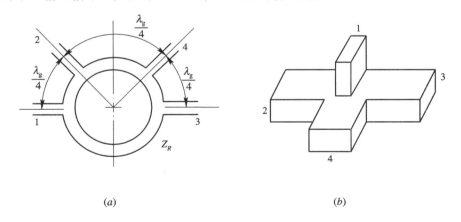

(a)   (b)

图 6 - 11 微带环形桥与波导魔 T

(a) 微带环形桥;(b) 波导魔 T

用波程相移理解这个原理比较简单:当信号从端口 1 输入时,到端口 2 为 90°,到端口 3 为 270°,故端口 3 比端口 2 滞后 180°。端口 1 的信号经端口 2 到达端口 4 为 180°,经端口 3 到达端口 4 为 360°,两路信号性质相反,在端口 4 抵消形成隔离端。

　　理论上，环形桥两个输出口的功率比值可以是任意的，实际中，各个环段上的阻抗不宜相差太大，阻抗差别过大难于实现。工程中，常用环形桥的两个输出口是等功率的。

　　等功率输出环形桥与波导魔 T 如图 6－11(b)所示，两者有相同的性质，故环形桥又称魔 T。其用途与分支线相同，频带和隔离特性比分支线更好。由于隔离口夹在两个输出口之间，输出信号要跨过隔离端，因而实现微波电子线路不如分支线方便。

　　环形桥的设计关键就是按照分配比计算阻抗值和长度。对于等分环形桥，有

$$Z_1 = Z_2 = \sqrt{2}Z_0$$

每个端口之间的距离为 $\lambda_g/4$ 或 $3\lambda_g/4$。

第 7 章　射频/微波滤波器

在射频/微波系统中需要把信号频谱进行恰当的分离，完成这一功能的元件就是滤波器。虽然滤波器的基本概念很经典，但滤波器的结构、功能日新月异，随着材料、工艺和要求的发展，滤波器永远是射频/微波领域内一种十分活跃的元件。

7.1　滤波器的基本原理

滤波器的基础是谐振电路，谐振电路的组合可用来实现滤波器。滤波器有四个基本原型，即低通、高通、带通、带阻。实现滤波器就是实现相应的谐振系统。集总参数就是电感、电容，分布参数就是各种射频/微波传输线形成的谐振器。理论上，滤波器是无耗元件。

7.1.1　滤波器的指标

滤波器的指标形象地描述了滤波器的频率响应特性。下面对这些技术指标作一简单介绍。

（1）工作频率：是指滤波器的通带频率范围，有两种定义方式。

① 3 dB 带宽：是指由通带最小插入损耗点（通带传输特性的最高点）向下移 3 dB 时所测的通带宽度。这是经典的定义，没有考虑插入损耗，易引起误解，工程中较少使用。

② 插损带宽：是指满足插入损耗时所测的带宽。这个定义比较严谨，在工程中常用。

（2）插入损耗：是指由于滤波器的介入，在系统内引入的损耗。滤波器通带内的最大损耗包括构成滤波器的所有元件的电阻性损耗（如电感、电容、导体、介质的不理想）和滤波器的回波损耗（两端电压驻波比不为 1）。插入损耗限定了工作频率，也限定了使用场合的两端阻抗。

（3）带内纹波：是指插入损耗的波动范围。带内纹波越小越好，否则，会增加通过滤波器的不同频率信号的功率起伏。

（4）带外抑制：规定滤波器在什么频率上会阻断信号，是滤波器特性的矩形度的一种描述方式。也可用带外滚降来描述，就是规定滤波器通带外每多少频率下降多少分贝。滤波器的寄生通带损耗越大越好，也就是谐振电路的二次、三次等高次谐振峰越低越好。

（5）承受功率：在大功率发射机末端使用的滤波器要按大功率设计，元件体积要大，否则，会击穿打火，发射功率急剧下降。

7.1.2　滤波器的原理

考虑图 7-1 所示的双端口网络，设从一个端口输入一具有均匀功率谱的信号，信号通过网络后，在另一端口的负载上吸收的功率谱不再是均匀的，也就是说，网络具有频率选择性，这便是一个滤波器。

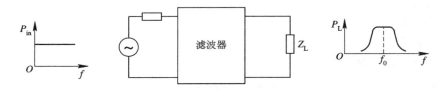

图 7-1　滤波器特性示意图

通常采用工作衰减来描述滤波器的衰减特性，即

$$L_A = 10 \lg \frac{P_{in}}{P_L} \quad \text{dB} \tag{7-1}$$

式中，P_{in} 和 P_L 分别为输出端接匹配负载时的滤波器输入功率和负载吸收功率。随着频率的不同，式（7-1）的数值也不同，这就是滤波器的衰减特性。根据衰减特性，滤波器分为低通、高通、带通和带阻四种。这四种微波滤波器的特性都可由低通原型特性变换而来。

式（7-1）仅表示某个频率的衰减。为了描述衰减特性与频率的相关性，通常使用数学多项式来逼近滤波器特性，例如，最平坦型用巴特沃士（Butterworth），等波纹型用切比雪夫（Chebyshev），陡峭型用椭圆函数（Elliptic），等延时用高斯多项式（Gaussian）。表 7-1 给出了这四种类型滤波器的基本特性。

表 7-1　四种滤波器函数

类　型	传输函数	图　形	说　明
巴特沃士	$\lvert S_{21}(j\Omega)\rvert^2 = \dfrac{1}{1+\Omega^{2n}}$		结构简单，最小插入损耗，适用于窄带场合
切比雪夫	$\lvert S_{21}(j\Omega)\rvert^2 = \dfrac{1}{1+\varepsilon^2 T_n^2(\Omega)}$		结构简单，频带宽，边沿陡峭，应用范围广

续表

类　型	传输函数	图　形	说　明
椭圆函数	$\|S_{21}(j\Omega)\|^2 = \dfrac{1}{1+\varepsilon^2 F_n^2(\Omega)}$	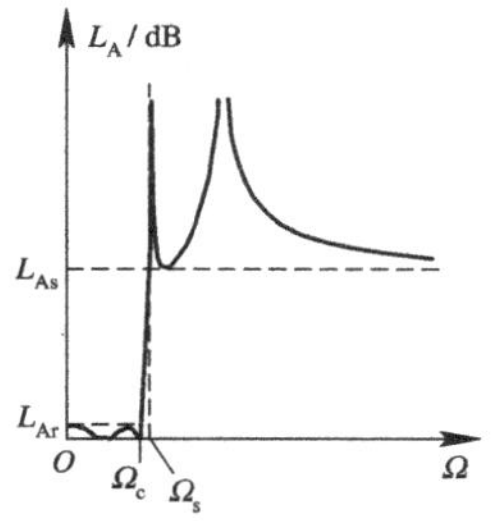	结构复杂，边沿陡峭，适用于特殊场合
高斯多项式	$S_{21}(p) = \dfrac{a_0}{\displaystyle\sum_{k=0}^{n} a_k p^k}$	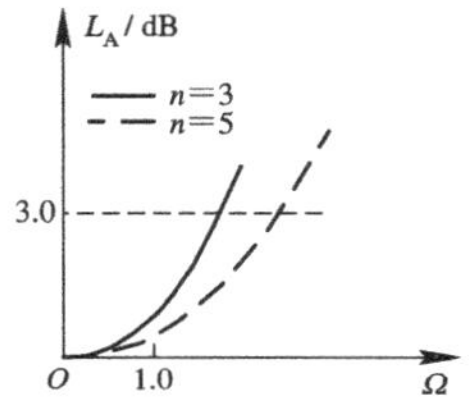	结构简单，群延时好，适用于特殊场合

7.1.3　滤波器的设计方法

滤波器的设计方法有如下两种：

(1) 经典方法：即低通原型综合法，先由衰减特性综合出低通原型，再进行频率变换，最后用微波结构实现电路元件。结合数学计算软件（如 Mathcad、MATLAB 等）和微波仿真软件（如 Ansoft、Microwave Office 等）可以得到满意的结果。下面将重点介绍。

(2) 软件方法：先由软件商依各种滤波器的微波结构拓扑做成软件，使用者再依指标挑选拓扑、仿真参数、调整优化。这些软件有 WAVECON、EAGEL 等。购得这些软件，滤波器设计可以进入"傻瓜"状态。

7.1.4　滤波器的四种低通原型

下面简要介绍表 7 - 1 中四种传输函数滤波器的设计方法。滤波器低通原型为电感电容网络，其中，巴特沃士、切比雪夫、高斯多项式的电路结构见图 7 - 2，椭圆函数的电路结构见图 7 - 3。元件数和元件值只与通带结束频率、衰减和阻带起始频率、衰减有关。设计中都采用表格而不用繁杂的计算公式。

1. 巴特沃士

已知带边衰减为 3 dB 处的归一化频率 $\Omega_c = 1$、截止衰减 L_{As} 和归一化截止频率 Ω_s，则图 7 - 2 中元件数 n 由式 (7 - 2) 给出，元件值由表 7 - 2 给出。

$$n \geqslant \frac{\lg(10^{0.1}L_{As} - 1)}{2\lg\Omega_s} \qquad (7 - 2)$$

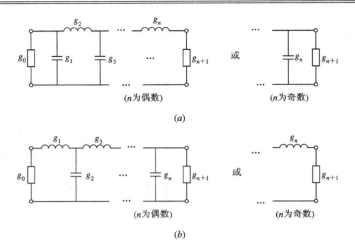

图 7 - 2　巴特沃士、切比雪夫、高斯多项式的电路结构

(a) 电容输入；(b) 电感输入

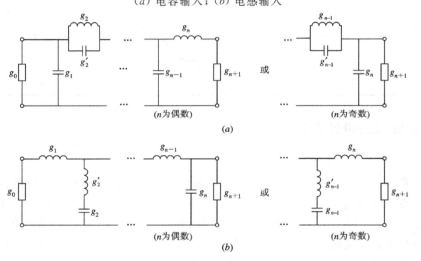

图 7 - 3　椭圆函数低通原型电路结构

(a) 并联谐振；(b) 串联谐振

表 7 - 2　巴特沃士元件值

n	g_1	g_2	g_3	g_4	g_5	g_6	g_7	g_8	g_9	g_{10}
1	2.0000	1.0								
2	1.4142	1.4142	1.0							
3	1.0000	2.0000	1.0000	1.0						
4	0.7654	1.8478	1.8478	0.7654	1.0					
5	0.6180	1.6180	2.0000	1.6180	0.6180	1.0				
6	0.5176	1.4142	1.9318	1.9318	1.4142	0.5176	1.0			
7	0.4450	1.2470	1.8019	2.0000	1.8019	1.2470	0.4450	1.0		
8	0.3002	1.1111	1.6629	1.9616	1.9616	1.6629	1.1111	0.3902	1.0	
9	0.3473	1.0000	1.5321	1.8794	2.0000	1.8794	1.5321	1.0000	0.3473	1.0

2. 切比雪夫

已知带边衰减与波纹指标 L_{Ar}、归一化频率 $\Omega_c = 1$、截止衰减 L_{As} 和归一化截止频率 Ω_s，则图 7-2 中元件数 n 由式(7-3)给出，元件值由表 7-3 给出。

$$n \geqslant \frac{\cosh^{-1}\sqrt{\dfrac{10^{0.1 L_{As}} - 1}{10^{0.1 L_{Ar}} - 1}}}{\cosh^{-1}\Omega_s} \tag{7-3}$$

表 7-3 切比雪夫元件值

$L_{Ar} = 0.01 \text{ dB}$									
n	g_1	g_2	g_3	g_4	g_5	g_6	g_7	g_8	g_9	g_{10}
1	0.0960	1.0								
2	0.4489	0.4078	1.1008							
3	0.6292	0.9703	0.6292	1.0						
4	0.7129	1.2004	1.3213	0.6476	1.1008					
5	0.7563	1.3049	1.5773	1.3049	0.7563	1.0				
6	0.7814	1.3600	1.6897	1.5350	1.4970	0.7098	1.1008			
7	0.7970	1.3924	1.7481	1.6331	1.7481	1.3924	0.7970	1.0		
8	0.8073	1.4131	1.7825	1.6833	1.8529	1.6193	1.5555	0.7334	1.1008	
9	0.8145	1.4271	1.8044	1.7125	1.9058	1.7125	1.8044	1.4271	0.8145	1.0

$L_{Ar} = 0.04321 \text{ dB}$									
n	g_1	g_2	g_3	g_4	g_5	g_6	g_7	g_8	g_9	g_{10}
1	0.2000	1.0								
2	0.6648	0.5445	1.2210							
3	0.8516	1.1032	0.8516	1.0						
4	0.9314	1.2920	1.5775	0.7628	1.2210					
5	0.9714	1.3721	1.8014	1.3721	0.9714	1.0				
6	0.9940	1.4131	1.8933	1.5506	1.7253	0.8141	1.2210			
7	1.0080	1.4368	1.9398	1.6220	1.9398	1.4368	1.0080	1.0		
8	1.0171	1.4518	1.9667	1.6574	2.0237	1.6107	1.7726	0.8330	1.2210	
9	1.0235	1.4619	1.9837	1.6778	2.0649	1.6778	1.9837	1.4619	1.0235	1.0

$L_{Ar} = 0.1 \text{ dB}$									
n	g_1	g_2	g_3	g_4	g_5	g_6	g_7	g_8	g_9	g_{10}
1	0.3052	1.0								
2	0.8431	0.6220	1.3554							
3	1.0316	1.1474	1.0316	1.0						
4	1.1088	1.3062	1.7704	0.8181	1.3554					
5	1.1468	1.3712	1.9750	1.3712	1.1468	1.0				
6	1.1681	1.4040	2.0562	1.5171	1.9029	0.8618	1.3554			
7	1.1812	1.4228	2.0967	1.5734	2.0967	1.4228	1.1812	1.0		
8	1.1898	1.4346	2.1199	1.6010	2.1700	1.5641	1.9445	0.8778	1.3554	
9	1.1957	1.4426	2.1346	1.6167	2.2054	1.6167	2.1346	1.4426	1.1957	1.0

3. 椭圆函数

已知带边衰减与波纹指标 L_{Ar}、归一化频率 $\Omega_c = 1$、截止衰减 L_{As} 和归一化截止频率 Ω_s，阻带波纹与通带波纹相同，则图 7-3 中元件数 n 和元件值由表 7-4 给出。

表 7-4　椭圆函数元件数和元件值(波纹=0.1 dB)

n	Ω_s	L_{As}/dB	g_1	g_2	g_2'	g_3	g_4	g_4'	g_5	g_6	g_6'	g_7
3	1.4493	13.5698	0.7427	0.7096	0.5412	0.7427						
	1.6949	18.8571	0.8333	0.8439	0.3252	0.8333						
	2.0000	24.0012	0.8949	0.9375	0.2070	0.8949						
	2.5000	30.5161	0.9471	1.0173	0.1205	0.9471						
4	1.2000	12.0856	0.3714	0.5664	1.0929	1.1194	0.9244					
	1.2425	14.1259	0.4282	0.6437	0.8902	1.1445	0.9289					
	1.2977	16.5343	0.4877	0.7284	0.7155	1.1728	0.9322					
	1.3962	20.3012	0.5675	0.8467	0.5261	1.2138	0.9345					
	1.5000	23.7378	0.6282	0.9401	0.4073	1.2471	0.9352					
	1.7090	29.5343	0.7094	1.0688	0.2730	1.2943	0.9348					
	2.0000	36.0438	0.7755	1.1765	0.1796	1.3347	0.9352					
5	1.0500	13.8785	0.7081	0.7663	0.7357	1.1276	0.2014	4.3812	0.0499			
	1.1000	20.0291	0.8130	0.9242	0.4934	1.2245	0.3719	2.1350	0.2913			
	1.1494	24.5451	0.8726	1.0084	0.3845	1.3097	0.4991	1.4450	0.4302			
	1.2000	28.3031	0.9144	1.0652	0.3163	1.3820	0.6013	1.0933	0.5297			
	1.2500	31.4911	0.9448	1.1060	0.2604	1.4415	0.6829	0.8827	0.6040			
	1.2987	34.2484	0.9681	1.1366	0.2352	1.4904	0.7489	0.7426	0.6615			
	1.4085	39.5947	1.0058	1.1862	0.1816	1.5771	0.8638	0.5436	0.7578			
	1.6129	47.5698	1.0481	1.2416	0.1244	1.6843	1.0031	0.3540	0.8692			
	1.8182	54.0215	1.0730	1.2741	0.0919	1.7522	1.0903	0.2550	0.9367			
	2.000	58.9117	1.0876	1.2932	0.0732	1.7939	1.1433	0.2004	0.9772			
6	1.0500	18.6757	0.4418	0.7165	0.9001	0.8314	0.3627	2.4468	0.8046	0.9986		
	1.1000	26.2370	0.5763	0.8880	0.6128	0.9730	0.5906	1.3567	0.9431	1.0138		
	1.1580	32.4132	0.6549	1.0036	0.4597	1.0923	0.7731	0.9284	1.0406	1.0214		
	1.2503	39.9773	0.7422	1.1189	0.3313	1.2276	0.9746	0.6260	1.1413	1.0273		
	1.3024	43.4113	0.7751	1.1631	0.2870	1.2832	1.0565	0.5315	1.1809	1.0293		
	1.3955	48.9251	0.8289	1.2243	0.2294	1.3634	1.1739	0.4148	1.2366	1.0316		
	1.5962	58.4199	0.8821	1.3085	0.1565	1.4792	1.3421	0.2757	1.3148	1.0342		
	1.7032	62.7525	0.9115	1.3383	0.1321	1.5216	1.4036	0.2310	1.3429	1.0350		
	1.7927	66.0190	0.9258	1.3583	0.1162	1.5505	1.4453	0.2022	1.3619	1.0355		
	1.8915	69.3063	0.9316	1.3765	0.1019	1.5771	1.4837	0.1767	1.3794	1.0358		
7	1.0500	30.5062	0.9194	1.0766	0.3422	1.0962	0.4052	2.2085	0.8434	0.5034	2.2085	0.4110
	1.1000	39.3517	0.9882	1.1673	0.2437	1.2774	0.5972	1.3568	1.0403	0.6788	1.3568	0.5828
	1.1494	45.6916	1.0252	1.2157	0.1940	1.5811	0.9939	0.5816	1.2382	0.5243	0.5816	0.4369
	1.2500	55.4327	1.0683	1.2724	0.1382	1.7059	1.1340	0.4093	1.4104	0.7127	0.4093	0.6164
	1.2987	59.2932	1.0818	1.2902	0.1211	1.7478	1.1805	0.3578	1.4738	0.7804	0.3578	0.6759
	1.4085	66.7795	1.1034	1.3189	0.0940	1.8177	1.2583	0.2770	1.5856	0.8903	0.2770	0.7755
	1.5000	72.1183	1.1159	1.3355	0.0786	1.7569	1.1517	0.3716	1.6383	1.1250	0.3716	0.9559
	1.6129	77.9449	1.1272	1.3506	0.0647	1.8985	1.3485	0.1903	1.7235	1.0417	0.1903	0.8913
	1.6949	81.7567	1.1336	1.3590	0.0570	1.9206	1.3734	0.1675	1.7628	1.0823	0.1675	0.9231
	1.8182	86.9778	1.1411	1.3690	0.0479	1.9472	1.4033	0.1408	1.8107	1.1316	0.1408	0.9616

4. 高斯多项式

在现代无线系统中，会遇到保持频带内群延时平坦的场合。也可用图 7-2 所示低通原型梯形结构实现这样的功能，但电路元件不对称。表 7-5 是这类滤波器低通原型的元件值。

表 7-5　等延时低通原型元件值

n	$\Omega_{1\%}$	$L_{\Omega1\%}/dB$	g_1	g_2	g_3	g_4	g_5	g_6	g_7	g_8	g_9	g_{10}
2	0.5627	0.4794	1.5774	0.4226								
3	1.2052	1.3365	1.2550	0.5528	0.1922							
4	1.9314	2.4746	1.0598	0.5116	0.3181	0.1104						
5	2.7090	3.8156	0.9303	0.4577	0.3312	0.2090	0.0718					
6	3.5245	5.3197	0.8377	0.4116	0.3158	0.2364	0.1480	0.0505				
7	4.3575	6.9168	0.7677	0.3744	0.2944	0.2378	0.1778	0.1104	0.0375			
8	5.2175	8.6391	0.7125	0.3446	0.2735	0.2297	0.1867	0.1387	0.0855	0.0289		
9	6.0685	10.3400	0.6678	0.3203	0.2547	0.2184	0.1859	0.1506	0.1111	0.0682	0.0230	
10	6.9495	12.188	0.6305	0.3002	0.2384	0.2066	0.1808	0.1539	0.1240	0.0911	0.0557	0.0187

保证频带内群延时平坦的代价是牺牲衰减指标。随频率的提高衰减明显增加，延时不变，如图 7-4 所示。曲线表明，元件数多比元件数少时指标要好些。

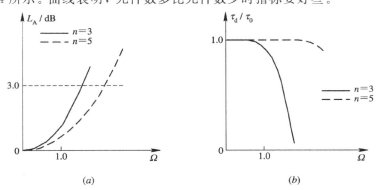

图 7-4　最平坦延时型低通原型特性

(a) 衰减特性；(b) 群延时特性

7.1.5　滤波器的四种频率变换

由低通原型滤波器经过频率变换，就可得到低通、高通、带通、带阻四种实用滤波器。定义阻抗因子为

$$\gamma_0 = \begin{cases} \dfrac{Z_0}{g_0} & g_0 \text{ 为电阻} \\[2mm] \dfrac{g_0}{Y_0} & g_0 \text{ 为电导} \end{cases}$$

1. 低通变换

低通原型向低通滤波器的变换关系如图 7-5(a) 所示，变换实例如图 7-5(b) 所示。三节巴特沃士原型的 $\Omega_c=1$，$Z_0=50\ \Omega$，边频 $f_c=2\ GHz$。

变换过程为：选择图 7-2(b) 所示原型，查表 7-2 可得，$g_0=g_4=1.0\ \Omega$，$g_1=g_3=1.0\ H$，$g_2=2.0\ F$。

已知 $\gamma_0=50$，$\omega_c=2\pi f_c$，由图 7-5(a) 中变换关系计算得 $L_1=L_3=3.979\ nH$，$C_2=3.183\ pF$。

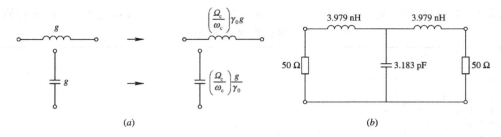

(a)　　　　　　　　　　　　　　　　　　　(b)

图 7 - 5　低通原型向低通滤波器的变换关系

(a) 低通原型；(b) 低通滤波器

2. 高通变换

低通原型向高通滤波器的变换关系如图 7 - 6(a)所示，变换实例如图 7 - 6(b)所示。三节巴特沃士原型的 $\Omega_c = 1$，$Z_0 = 50\ \Omega$，边频 $f_c = 2\ \text{GHz}$，计算结果如图 7 - 6(b)所示。

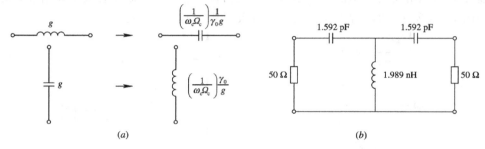

(a)　　　　　　　　　　　　　　　　　　　(b)

图 7 - 6　低通原型向高通滤波器的变换关系

(a) 低通原型；(b) 高通滤波器

3. 带通变换

低通原型向带通滤波器的变换关系如图 7 - 7(a)所示，变换实例如图 7 - 7(b)所示。三节巴特沃士原型的 $\Omega_c = 1$，$Z_0 = 50\ \Omega$，通带 FBW = 1~2 GHz。

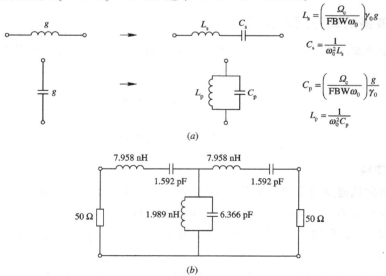

图 7 - 7　低通原型向带通滤波器的变换关系

(a) 低通原型；(b) 带通滤波器

4. 带阻变换

低通原型向带阻滤波器的变换关系如图 $7-8(a)$ 所示，变换实例如图 $7-8(b)$ 所示。三节巴特沃士原型的 $\Omega_c = 1$, $Z_0 = 50\ \Omega$，阻带 FBW $= 1 \sim 2$ GHz。

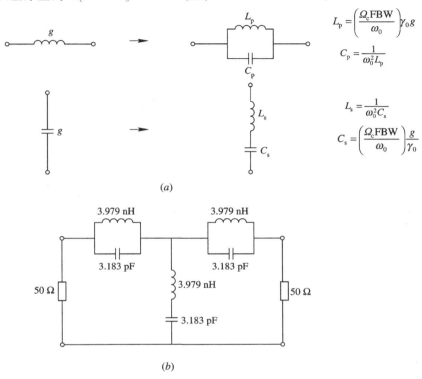

$$L_p = \left(\frac{\Omega_c \text{FBW}}{\omega_0}\right)\gamma_0 g$$

$$C_p = \frac{1}{\omega_0^2 L_p}$$

$$L_s = \frac{1}{\omega_0^2 C_s}$$

$$C_s = \left(\frac{\Omega_c \text{FBW}}{\omega_0}\right)\frac{g}{\gamma_0}$$

(a)

(b)

图 $7-8$　低通原型向带阻滤波器的变换关系
(a) 低通原型；(b) 带阻滤波器

7.1.6　滤波器的微波实现

四种射频/微波滤波器的实现方式有集总元件 $L\text{-}C$ 型和传输线型。所用微波传输线的基本结构有波导、同轴线、带状线和微带等。用这些传输线的电抗元件实现前述变换所得电感、电容值只能是近似的。加工误差、表面处理、材料损耗等因素迫使射频/微波滤波器的研发必须有实验调整。

集总参数和微带线结构是下面重点要介绍的内容。

7.2　集总参数滤波器

切比雪夫滤波器使用最广泛，下面结合实例给出低通和带通滤波器的设计步骤。

7.2.1　集总元件低通滤波器

设计一个 $L\text{-}C$ 切比雪夫型低通滤波器，截止频率为 75 MHz，衰减为 3 dB，波纹为 1 dB，频率大于 100 MHz，衰减大于 20 dB，$Z_0 = 50\ \Omega$。

步骤一：确定指标为特性阻抗 $Z_0 = 50\ \Omega$，截止频率 $f_c = 75\ \mathrm{MHz}$，阻带边频 $f_s = 100\ \mathrm{MHz}$，通带最大衰减 $L_{Ar} = 3\ \mathrm{dB}$，阻带最小衰减 $L_{As} = 20\ \mathrm{dB}$。

步骤二：计算元件级数 n，令 $\varepsilon = \sqrt{10^{0.1L_s} - 1}$，则

$$n \geqslant \left[\frac{\cosh^{-1} \sqrt{(10^{L_{As}/10} - 1)/\varepsilon}}{\cosh^{-1} \Omega_s} \right]$$

n 取最接近的整数，则 $n = 5$。

步骤三：查表求原型元件值 g_i，如表 7-6 所示。

表 7-6　原型元件值

g_1	g_2	g_3	g_4	g_5
2.2072	1.1279	3.1025	1.1279	2.2072

步骤四：计算变换后元件值，实际元件值要取整数，如表 7-7 所示。

表 7-7　实际元件值

C_1	L_2	C_3	L_4	C_5
93.658 pF	119.67 nH	131.65 pF	119.67 nH	93.658 pF
94 pF	120 nH	132 pF	120 nH	94 pF

步骤五：画出电路，如图 7-9 所示。仿真特性如图 7-10 所示。

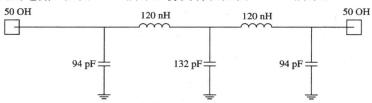

图 7-9　低通电路

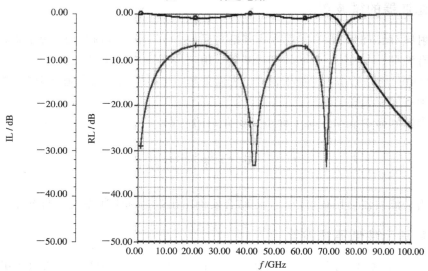

图 7-10　电路仿真结果

7.2.2　集总元件带通滤波器

设计一个 L-C 切比雪夫型带通滤波器，中心频率为 75 MHz，3 dB 带宽为 10 MHz，波纹为 1 dB，工作频带外 75 ± 15 MHz 的衰减大于 30 dB，$Z_0=50\ \Omega$。

步骤一：确定指标。

特性阻抗	$Z_0=50\ \Omega$
上通带边频	$f_1=75+5=80$ MHz
下通带边频	$f_2=75-5=70$ MHz
上阻带边频	$f_{XU}=75+15=90$ MHz
下阻带边频	$f_{XL}=75-15=60$ MHz
通带内最大衰减	$L_{Ar}=3$ dB
阻带最小衰减	$L_{As}=30$ dB

步骤二：计算相关参数。

$$f_0 = \sqrt{f_1 \cdot f_2} = 74.83 \text{ MHz}$$

$$\text{FBW} = f_2 - f_1 = 10 \text{ MHz}$$

$$\Omega_{s1} = \left| \left(\frac{f_0^2}{f_{XL}} - f_{XL} \right) \cdot \frac{1}{\text{FBW}} \right| = 3.333$$

$$\Omega_{s2} = \left| \left(f_{XU} - \frac{f_0^2}{f_{XU}} \right) \cdot \frac{1}{\text{FBW}} \right| = 2.778$$

$$\Omega_s = \text{MIN}(\Omega_{s1}, \Omega_{s2}) = 2.778$$

步骤三：计算元件节数 n。令 $\varepsilon = \sqrt{10^{0.1A_s}-1}$，$\text{Mag} = \sqrt{10^{-0.1A_r}}$，则

$$n \geqslant \frac{\cosh^{-1}\left[\sqrt{\dfrac{1-\text{Mag}^2}{\text{Mag}^2 \cdot \varepsilon^2}} \right]}{\cosh^{-1}\Omega_s}$$

n 取整数 3。

步骤四：计算原型元件值 g_i，如表 7-8 所示。

表 7-8　原型元件值

低通原型值	g_1	1.4329	g_2	1.5937	g_3	1.4329
低通原型元件值	C_{p1}	456 pF	L_s	1268 nH	C_{p3}	456 pF
带通变换元件值	L_{p1}	10 nH	C_s	3.6 pF	L_{p3}	10 nH

步骤五：画出电路，如图 7-11 所示。仿真结果如图 7-12 所示。

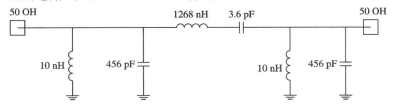

图 7-11　等效电路图

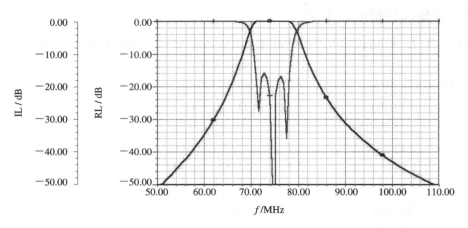

图 7 - 12　仿真结果

7.3　各种微带线滤波器

下面详细介绍几种简单微带滤波器的设计过程,简单介绍其他滤波器结构。

7.3.1　低通滤波器

1. 切比雪夫低通及相关讨论

设计一个三阶微带低通滤波器,截止频率 $f_1 = 1$ GHz,通带波纹为 0.1 dB,阻抗 $Z_0 = 50$ Ω。

步骤一:三节低通原型元件值为 $g_0 = g_4 = 1$,$g_1 = g_3 = 1.0316$,$g_2 = 1.1474$。

步骤二:进行低通变换,得到

$$L_1 = L_3 = \frac{g_1 Z_0}{2\pi f_1} = 8.2098 \times 10^{-9} \text{ H}$$

$$C_2 = \frac{g_2}{2\pi f_1 Z_0} = 3.652 \times 10^{-12} \text{ F}$$

步骤三:微带实现。

(1) 微带高、低阻抗线。高阻抗线近似于电感,低阻抗线近似于电容。

微带基板参数为 10.8/1.27,波导波长对应截止频率为 1.0 GHz,取高、低阻抗线的特性阻抗分别为 $Z_{0L} = 93$ Ω,$Z_{0C} = 24$ Ω。

微带线的参数见表 7 - 9。

表 7 - 9　微带线参数

特性阻抗	$Z_{0C} = 24$ Ω	$Z_0 = 50$ Ω	$Z_{0L} = 93$ Ω
波导波长	$\lambda_{gC} = 105$ mm	$\lambda_{g0} = 112$ mm	$\lambda_{gL} = 118$ mm
微带线宽度	$W_C = 4.0$ mm	$W_0 = 1.1$ mm	$W_L = 0.2$ mm

高、低阻抗线的物理长度可以由以下公式得到：

$$\begin{cases} l_L = \dfrac{\lambda_{gL}}{2\pi} \arcsin\left(\dfrac{\omega_1 L_1}{Z_{0L}}\right) = 11.04 \text{ mm} \\[3mm] l_C = \dfrac{\lambda_{gC}}{2\pi} \arcsin(\omega_1 C_2 Z_{0C}) = 9.75 \text{ mm} \end{cases}$$

上式中没有考虑低阻抗线的串联电抗和高阻抗线的并联电纳。考虑这些因素的影响，高、低阻抗线的长度可调整为

$$\begin{cases} \omega_C L_1 = Z_{0L} \sin\left(\dfrac{2\pi l_L}{\lambda_{gL}}\right) + Z_{0C} \tan\left(\dfrac{\pi l_C}{\lambda_{gC}}\right) \\[3mm] \omega_C C_2 = \dfrac{1}{Z_{0C}} \sin\left(\dfrac{2\pi l_C}{\lambda_{gC}}\right) + 2 \cdot \dfrac{1}{Z_{0L}} \tan\left(\dfrac{\pi l_L}{\lambda_{gL}}\right) \end{cases}$$

解上面的方程，得到 $l_L = 9.81$ mm，$l_C = 7.11$ mm。

图 7 - 13(a) 给出了微带结构尺寸，图 7 - 13(b) 是分析软件计算得出的滤波器特性曲线。

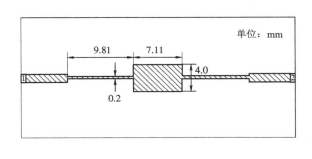

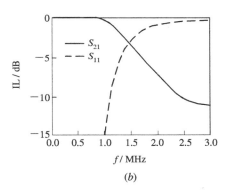

(a) (b)

图 7 - 13　高、低阻抗线低通滤波器

(a) 滤波器微带结构；(b) 特性曲线

(2) 微带枝节线。用高阻抗线实现电感，开路枝节实现电容，有

$$l_L = \frac{\lambda_{gL}}{2\pi} \arcsin\left(\frac{\omega_C L}{Z_{0L}}\right) = 11.04 \text{ mm}$$

$$l_C = \frac{\lambda_{gC}}{2\pi} \arctan(\omega_C C Z_{0C}) = 8.41 \text{ mm}$$

考虑不连续性，应满足

$$\omega_C C = \frac{1}{Z_{0C}} \tan\left(\frac{2\pi l_C}{\lambda_{gC}}\right) + 2 \cdot \frac{1}{Z_{0L}} \tan\left(\frac{\pi l_L}{\lambda_{gL}}\right)$$

解得 $l_C = 6.28$ mm，考虑开路终端缩短效应（0.5 mm），故 $l_C = 6.28 - 0.5 = 5.78$ mm。

图 7 - 14(a) 是枝节线型滤波器微带结构尺寸，图 7 - 14(b) 是仿真特性曲线。

这两种三节切比雪夫滤波器在阻带远区的特性仿真结果如图 7 - 15 所示。尽管通带内两个结构基本一致，但阻带内阶梯阻抗线特性明显不如开路枝节滤波器。在 5.6 GHz 时，开路枝节有一个衰减极值，这是因为枝节在该频率相当于四分之一波长，开路变短路，使得信号完全反射了。

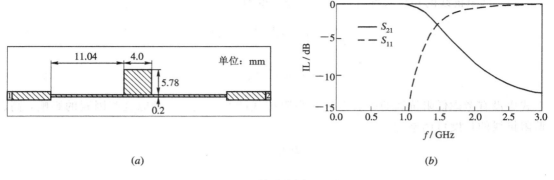

(a)　　　　　　　　　　　　　　　　　(b)

图 7 - 14　枝节线低通滤波器

(a) 滤波器微带结构；(b) 特性曲线

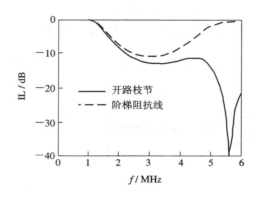

图 7 - 15　两种结构的阻带仿真

为了改善阻带特性，提高滚降指标，可用七节实现，原型变换后元件值为

$$Z_0 = 50\ \Omega, \qquad\qquad C_1 = C_7 = 3.7596\ \text{pF}$$
$$L_2 = L_6 = 11.322\ \text{nH}, \qquad C_3 = C_5 = 6.6737\ \text{pF}$$
$$L_4 = 12.52\ \text{nH}$$

图 7 - 16(a)、(b)分别是七节集总元件电路图和微带枝节电路图，图(c)是仿真结果。

表 7 - 10 给出了微带枝节设计的两组取值结果。由图 7 - 16 可以看出，L - C 低通原型的性能最好，设计 1 性能次之，设计 2 性能最差。设计 1 尺寸基本接近集总元件，设计 2 中高阻线长度在 2.86 GHz 时近似等于二分之一波导波长，发生谐振引起滤波器的寄生通带，降低了阻带指数，这是我们所不希望的。因此，微带滤波器的拓扑结构没有绝对的优劣，设计滤波器时要多方面充分比较各种参数，既要照顾电气指标，还要考虑加工可行性，才能得到一个良好的方案。

表 7 - 10　微带枝节设计的两组取值

基板($\varepsilon_r = 10.8$, $h = 1.27$ mm) $W_C = 5$ mm	$l_1 = l_7$	$l_2 = l_6$	$l_3 = l_5$	l_4
设计 1($W_L = 0.1$ mm)	5.86 mm	13.32 mm	9.54 mm	15.00 mm
设计 2($W_L = 0.2$ mm)	5.39 mm	16.36 mm	8.67 mm	18.93 mm

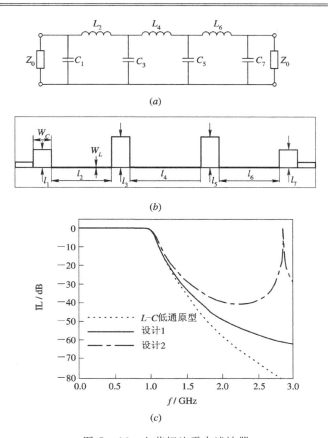

图 7 - 16　七节切比雪夫滤波器

（a）集总元件电路；（b）微带枝节电路；（c）三种结构仿真结果

2. 椭圆函数滤波器实例

图 7 - 17 所示为六节椭圆函数滤波器的原型。从概念上理解，仍然是高阻抗线近似于电感，低阻抗线近似于电容。

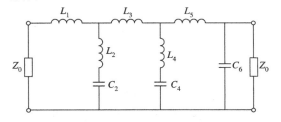

图 7 - 17　椭圆函数原型

该原型的元件值和实际值为

$$g_0 = g_7 = 1.000, \qquad g_{L1} = g_1 = 0.8214$$
$$g_{L2} = g_2' = 0.3892, \qquad g_{L3} = g_3 = 1.1880$$
$$g_{L4} = g_4' = 0.7413, \qquad g_{L5} = g_5 = 1.1170$$
$$g_{C2} = g_2 = 1.0840, \qquad g_{C4} = g_4 = 0.9077$$
$$g_{C6} = g_6 = 1.1360$$

$$L_1 = 6.53649 \text{ nH}, \qquad L_2 = 3.09716 \text{ nH}$$
$$L_3 = 9.45380 \text{ nH}, \qquad L_4 = 5.89908 \text{ nH}$$
$$L_5 = 8.88880 \text{ nH}, \qquad C_2 = 3.45048 \text{ pF}$$
$$C_4 = 2.88930 \text{ pF}, \qquad C_6 = 3.61600 \text{ pF}$$

用微带实现，元件值为

$$Z_{0C} = 14 \ \Omega, \qquad Z_0 = 50 \ \Omega, \qquad Z_{0L} = 93 \ \Omega$$
$$W_C = 8.0 \text{ mm}, \qquad W_0 = 1.1 \text{ mm}, \qquad W_L = 0.2 \text{ mm}$$
$$\lambda_{gC}(f_c) = 101 \text{ mm}, \qquad \lambda_{g0} = 112 \text{ mm}, \qquad \lambda_{gL}(f_c) = 118 \text{ mm}$$
$$\lambda_{gC}(f_{p1}) = 83 \text{ mm}, \qquad\qquad\qquad\qquad \lambda_{gL}(f_{p1}) = 97 \text{ mm}$$
$$\lambda_{gC}(f_{p2}) = 66 \text{ mm}, \qquad\qquad\qquad\qquad \lambda_{gL}(f_{p2}) = 77 \text{ mm}$$

图 7 - 18 是最后的微带结构和特性曲线。

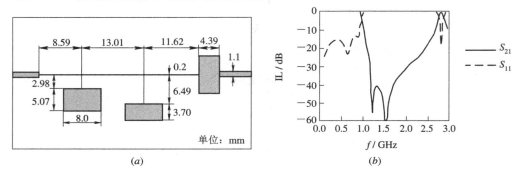

图 7 - 18　微带椭圆函数低通滤波器

(a) 滤波器微带结构；(b) 特性曲线

7.3.2　带通滤波器

由 7.1.4 节可知，低通原型向带通滤波器的变换规则是串联电感变成串联谐振器，并联电容变成并联谐振器。

可见，构成带通滤波器的元件就是许多谐振单元。实现这些谐振单元，并合理地连接这些单元是设计带通滤波器的关键。下面给出几个电路结构的实例，并不拘泥于设计计算细节。

1. 端耦合微带滤波器

如图 7 - 19 所示，每一段线就是一个半波长谐振器，亦即构成滤波器基本元件，间隙是耦合电容，相当于变换器。变换器的作用使得谐振单元可以看做串联也可看做并联，这由变换器的结构参数决定。因此，这个结构能实现带通滤波器。

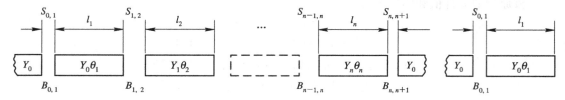

图 7 - 19　端耦合谐振单元带通滤波器

设计实例：

设计三节切比雪夫带通滤波器。设计指标为 $f_0 = 6$ GHz，FBW $= 2.8\%$，波纹为 0.1 dB。

步骤一：查表得三节原型参数为 $g_0 = g_4 = 1$，$g_1 = g_3 = 1.0316$，$g_2 = 1.1474$。

步骤二：做变换，求得谐振线长度和间隙电容为

$$\theta_1 = \theta_3 = \pi - \frac{1}{2}\left[\arctan(2 \times 0.2157) + \arctan(2 \times 0.0405)\right] = 2.8976 \text{ rad}$$

$$\theta_2 = \pi - \frac{1}{2}\left[\arctan(2 \times 0.0405) + \arctan(2 \times 0.0405)\right] = 3.0608 \text{ rad}$$

$$C_g^{0,1} = C_g^{3,4} = 0.11443 \text{ pF}$$

$$C_g^{1,2} = C_g^{2,3} = 0.021483 \text{ pF}$$

步骤三：微波实现，介质参数为 10.8/1.27，考虑边沿效应修正后，得

$$l_1 = l_3 = \frac{18.27}{2\pi} \times 2.8976 - 0.0269 - 0.2505 = 8.148 \text{ mm}$$

$$l_2 = \frac{18.27}{2\pi} \times 3.0608 - 0.2505 - 0.2505 = 8.399 \text{ mm}$$

$$S_{0,1} = S_{3,4} = 0.057 \text{ mm}$$

$$S_{1,2} = S_{2,3} = 0.801 \text{ mm}$$

步骤四：用软件仿真，微带结构尺寸和仿真结果如图 7 - 20 所示。

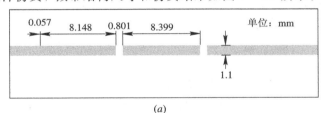

(a)

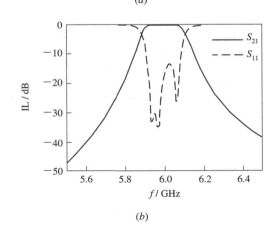

(b)

图 7 - 20　三节端耦合微带带通滤波器

(a) 微带结构尺寸；(b) 仿真结果

2. 平行耦合线滤波器

如图 7 - 21 所示，每一段线就是一个半波长谐振器（相当于滤波器元件值），平行的间

隙是耦合元件(相当于变换器),耦合间隙在谐振线边缘可以实现宽频带耦合。

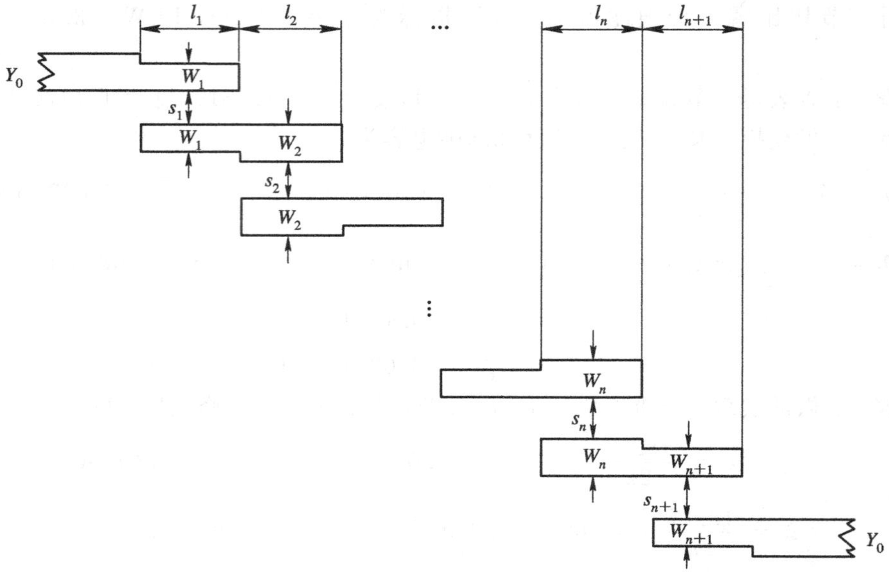

图 7 - 21　平行耦合谐振单元带通滤波器

设计实例:

设计五节切比雪夫带通滤波器。设计指标为 $f_0 = 10 \text{ GHz}$,FBW$=15\%$,波纹为 0.1 dB。

步骤一:查表得五节低通原型参数为

$$g_0 = g_6 = 1.0, \qquad g_1 = g_5 = 1.1468$$
$$g_2 = g_4 = 1.3712, \qquad g_3 = 1.9750$$

步骤二:做变换,求得谐振线元件值如表 7 - 11 所示。

表 7 - 11　元　件　值

j	$J_{j, j+1}/Y_0$	$(Z_{0e})_{j, j+1}$	$(Z_{0o})_{j, j+1}$
0	0.4533	82.9367	37.6092
1	0.1879	61.1600	42.3705
2	0.1432	58.1839	43.8661

步骤三:微波实现,介质参数为 10.2/0.635,考虑边沿效应修正后,结果如表 7 - 12 所示。

表 7 - 12　微　带　尺　寸

j	W_j/mm	S_j/mm	$(\varepsilon_{re})_j$	$(\varepsilon_{ro})_j$
1, 6	0.385	0.161	6.5465	5.7422
2, 5	0.575	0.540	6.7605	6.0273
3, 4	0.595	0.730	6.7807	6.1260

步骤四:用软件仿真,微带结构尺寸和仿真结果如图 7 - 22 所示,这种滤波器的通带较宽。

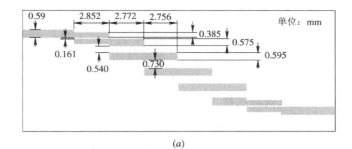

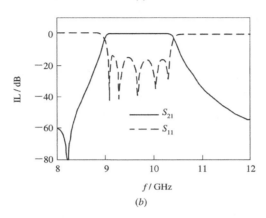

图 7 - 22　平行耦合谐振单元带通滤波器

（a）微带结构尺寸；（b）仿真结果

3. 发卡式滤波器

将平行耦合线的半波长谐振线对折，可以减小体积，如图 7 - 23 所示。设计中，要考虑对谐振线折后的间隙耦合，在长度和间隙上做适当修正。发卡式滤波器结构紧凑，指标良好，在射频、滤波工程中应用最多。

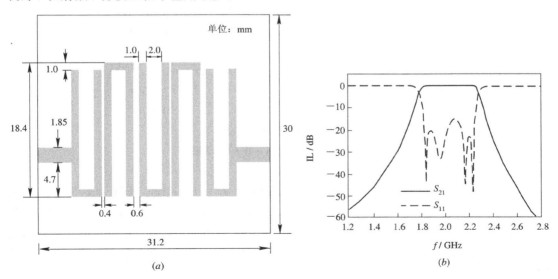

图 7 - 23　发卡式带通滤波器

（a）微带结构尺寸；（b）仿真结果

设计实例:

设计五节切比雪夫带通滤波器。设计指标为 $f_0 = 2$ GHz，FBW $= 20\%$，波纹为 0.1 dB，介质参数为 10.2/1.27。用软件仿真，微带结构尺寸和仿真结果如图 7 - 23 所示，这种滤波器的通带较宽。

4. 交指线滤波器和梳状线滤波器

上述滤波器的谐振单元都是半波长谐振器，如果改为四分之一波长谐振器也完全可行。四分之一波长谐振器的结构特点是一端短路，另一端开路，在同轴和带状线中较易实现，微带结构需要通过金属化孔接地。这类谐振器构成滤波器的最大好处是尺寸可缩短接近一半。

如果各个谐振单元的开路端和短路端交叉布局，则为交指线滤波器，如图 7 - 24 所示。如果开路端在一边，短路端在一边，则为梳状线滤波器，如图 7 - 25 所示。

这两种滤波器还有另外几种变形。最常用的变形形式是在开路端加集总参数电容器，进一步缩小尺寸，便于调试或构成可调谐滤波器。这个集总电容的实现方式也是多种多样的，如固定、空气可调、同轴可调、变容二极管等，应根据任务情况选择使用。

1) 交指线滤波器实例

设计五节切比雪夫带通滤波器。设计指标为 $f_0 = 2$ GHz，FBW $= 50\%$，波纹为 0.1 dB，介质参数为 6.15/1.27。用软件仿真，微带结构尺寸和仿真结果如图 7 - 24 所示，这种滤波器通带更宽。

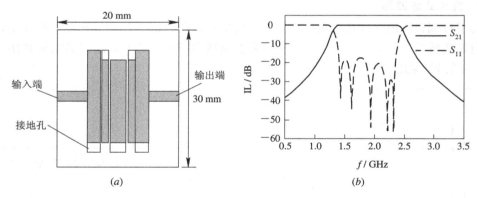

图 7 - 24　交指线滤波器
(a) 微带结构尺寸；(b) 仿真结果

2) 梳状线滤波器实例

设计五节切比雪夫带通滤波器。设计指标为 $f_0 = 2$ GHz，FBW $= 10\%$，波纹为 0.1 dB，介质参数为 10.8/1.27。用软件仿真，微带结构尺寸和仿真结果如图 7 - 25 所示。

交指线滤波器和梳状线滤波器的输入输出耦合常使用抽头耦合，就是在两端的谐振线上引出微带线。引线的位置决定端耦合系数，谐振线长度的中间耦合最强，向短路端移动则逐渐减弱。

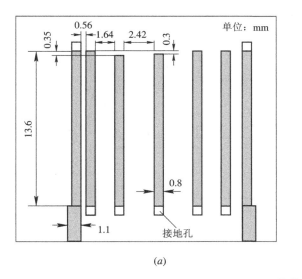

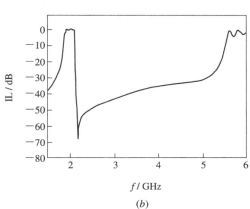

(a)　　　　　　　　　　　　　　　　(b)

图 7 - 25　梳状线滤波器

(a) 微带结构尺寸；(b) 仿真结果

7.3.3　高通滤波器

由 7.1.4 节可知低通原型向高通的变换规则为：串联电感变成串联电容，并联电容变成并联电感。

设计实例一：半集总参数微带

设计三节切比雪夫高通滤波器。设计指标为 $f_c = 1.5$ GHz，波纹为 0.1 dB，介质参数为 2.2/1.57，阻抗为 50 Ω。用软件仿真，微带结构尺寸和仿真结果如图 7 - 26 所示。

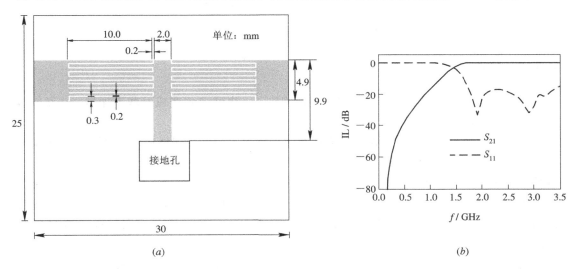

(a)　　　　　　　　　　　　　　　　(b)

图 7 - 26　高通滤波器实例一

(a) 微带结构尺寸；(b) 仿真结果

设计实例二：短路枝节

设计六节切比雪夫高通滤波器。设计指标为 $f_c = 1.5$ GHz，波纹为 0.1 dB，介质参数为 2.2/1.57,阻抗为 50 Ω。用软件仿真,微带结构尺寸和仿真结果如图 7-27 所示。

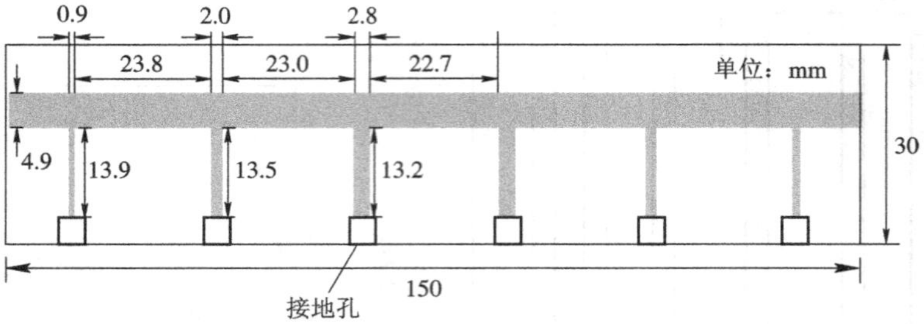

图 7-27 高通滤波器实例二
(a) 微带结构尺寸;(b) 仿真结果

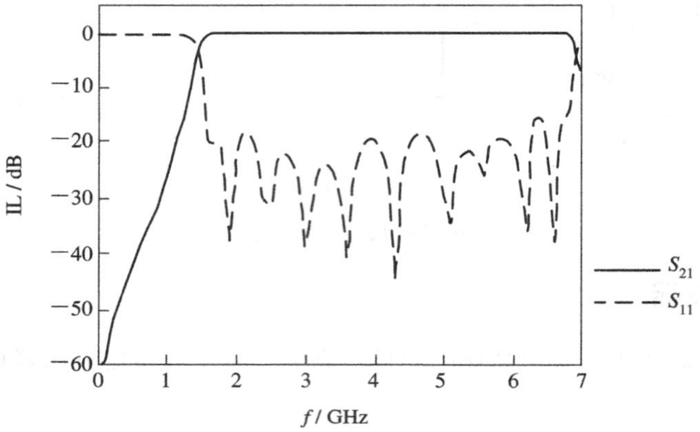

比较两种方法,实例二指标好,加工容易。

7.3.4 带阻滤波器

由 7.1.4 节可知低通原型向带阻的变换规则为:串联电感变成并联谐振器,并联电容变成串联谐振器。

与带通滤波器类似,用谐振单元实现滤波器基本元件,合理地连接这些单元是带阻滤波器的关键。下面实例给出几个电路结构,并不拘泥于设计计算细节。

设计实例一:半波长微带线带阻滤波器

图 7-28 给出了两种结构,图(a)为电耦合半波长谐振器,图(b)为磁耦合半波长谐振器。谐振时相当于信号对地短路,反射回信号源,没有信号通过。这种带阻是窄带的。

设计五节切比雪夫带阻滤波器。设计指标为 $f_0=3.3985$ GHz,FBW$=5.88\%$(即 3.3~3 GHz),波纹为 0.1 dB,基板参数为 10.08/1.27,特性阻抗为 50 Ω。

查低通原型五节元件值,求变换后元件值,考虑微带修正,进行微波实现,画图并仿真,最后得微带电路尺寸和仿真结果如图 7-29 所示。

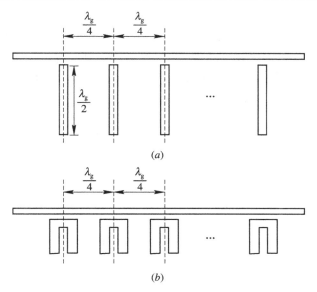

图 7 - 28　半波长谐振带阻滤波器

（a）电耦合；（b）磁耦合

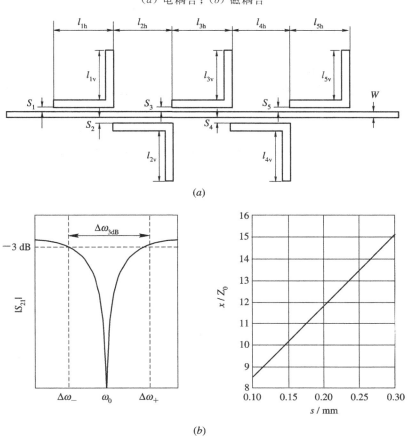

图 7 - 29　L 型带阻滤波器

（a）微带电路尺寸；（b）仿真结果

设计实例二：枝节线带阻滤波器

设计三节切比雪夫带阻滤波器。设计指标为 $f_0 = 2.5\ \mathrm{GHz}$，$\mathrm{FBW} = 10\%$（即 $1.25 \sim 3.75\ \mathrm{GHz}$），波纹为 $0.05\ \mathrm{dB}$，基板参数为 $6.15/1.27$，阻抗为 $50\ \Omega$。

查低通原型三节元件值，求变换后元件值，考虑微带修正，进行微波实现，画图并仿真，最后得微带电路尺寸和仿真结果如图 7-30 所示。

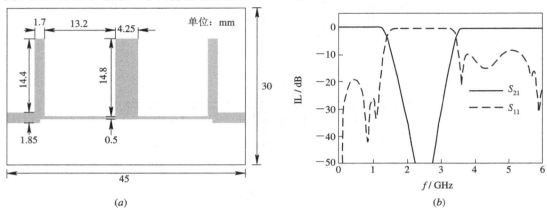

图 7-30　开路枝节带阻滤波器

(a) 微带电路尺寸；(b) 仿真结果

设计实例三：直流偏置线带阻滤波器

微波电子电路中的直流偏置引线要对微波信号通路没有影响，常用的方法是使用低通滤波器或带阻滤波器。带阻滤波器用于频率成分较多的电路中，效果良好。用于偏置电路的带阻滤波器形式多样，使用时要考虑电路的整个布局，选择恰当带阻偏置线的结构。

设计三节切比雪夫带阻滤波器直流偏置线。设计指标为阻带频率为 $3.5 \sim 5.5\ \mathrm{GHz}$，介质基板参数为 $10.8/1.27$，阻抗为 $50\ \Omega$。用软件仿真，最后得微带电路尺寸和仿真结果如图 7-31 所示。

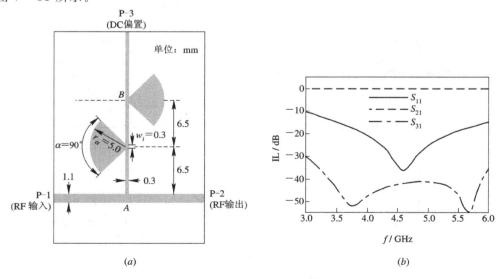

图 7-31　直流偏置带阻滤波器

(a) 微带电路尺寸；(b) 仿真结果

7.4　微带线滤波器新技术

随着射频/微波系统的多样化、小型化、大功率的快速发展，对滤波器的要求是性能指标提高，尺寸尽可能小。在双工器、多工器等滤波器组合中，为了改善隔离度，希望滤波器特性的边沿更陡峭，用交叉耦合技术是近年发展成熟的好办法。随着各种微带滤波器中谐振单元的变形，新材料和新技术不断成熟和应用，滤波器小型化是微波领域的热门话题。

7.4.1　交叉耦合技术

交叉耦合是在不相邻的谐振单元间增加耦合，使滤波器特性的特殊频率出现零极点。

对称单极点交叉耦合滤波器的设计过程与前述相同，只是低通原型的传输函数不同，可以理解为介于切比雪夫和椭圆函数之间。图 7 - 32 是这种滤波器的典型特性，并与切比雪夫带通作比较。

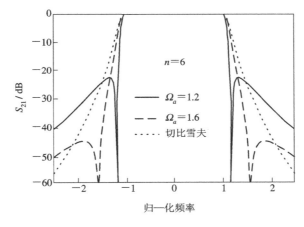

图 7 - 32　对称单极点交叉耦合滤波器特性

可以想象，交叉耦合只能在部分谐振器间实现，如图 7 - 33 所示。

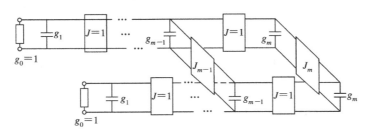

图 7 - 33　交叉耦合低通原型

下面给出几种微带交叉耦合滤波器的拓扑结构及特性，供设计选用，详细设计过程请参阅有关专著。半波长开路环谐振器四个边便于耦合，使用最多。

图 7 - 34 为交叉耦合微带线滤波器实例，图(a)是八节对称单极点滤波器，图(b)和图(c)是八节对称双极点滤波器的原理和实例，图(d)是三节单极点滤波器。

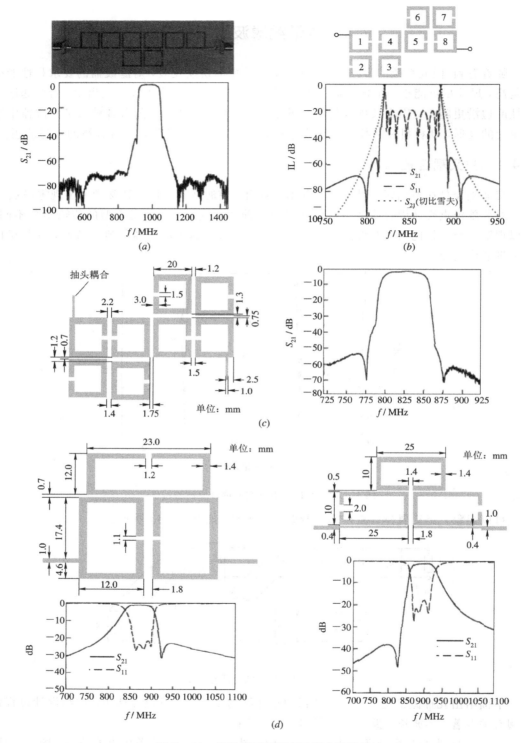

图 7 - 34　半波长谐振环交叉耦合滤波器

(a) 八节对称单极点(介质参数 10.8/1.27，环 16 mm×16 mm)；(b) 八节对称双极点；

(c) 八节对称双极点实例(介质参数 10.8/1.27)；(d) 三节单极点(介质参数 10.8/1.27)

7.4.2　滤波器的小型化

　　滤波器小型化的方法有：梯形线、交指线变形，谐振器变形，双模谐振器，多层微带板，微带慢波结构，集总参数元件，高介电常数基板等。下面给出几个实例。

　　图 7 - 35 是梯形线滤波器，图 7 - 36 是交指线的变形。图 7 - 37 是双模谐振器，可以使谐振单元尺寸减小。图 7 - 38 是微带线慢波结构。

　　微带电路也可做成多层印制板，谐振器置于背靠背的两个微带表面，夹层为公共地，地板有耦合孔，是电耦合还是磁耦合与孔开的位置有关。两层板可缩短一半长度，如图 7 - 39 所示。

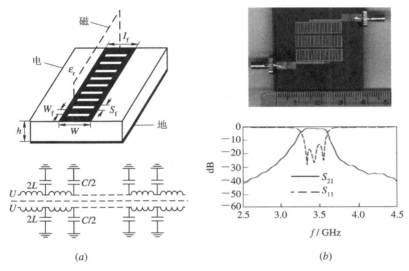

(a)　　　　　　　　　　　　　　　　　(b)

图 7 - 35　梯形线原理及三节梯形线滤波器

(a) 结构及电路图；(b) 实物及特性曲线

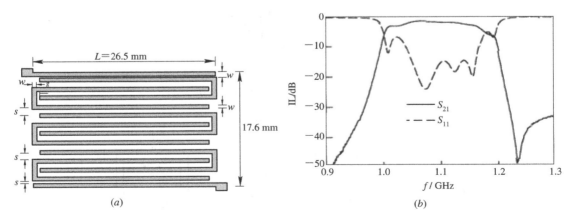

(a)　　　　　　　　　　　　　　　　　(b)

图 7 - 36　交指线的变形

(a) 滤波器微带结构；(b) 特性曲线

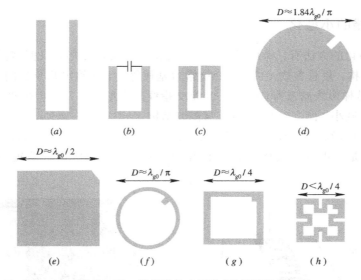

图 7 - 37 谐振器的小型化(双模谐振器)

(a) 发卡式；(b) 电容加载发卡式；(b) 变形开口环式；(d) 圆形切角式；

(e) 方形外切式；(f) 圆环内贴片式；(g) 方形环内贴片式；(h) 四方形环折叠式

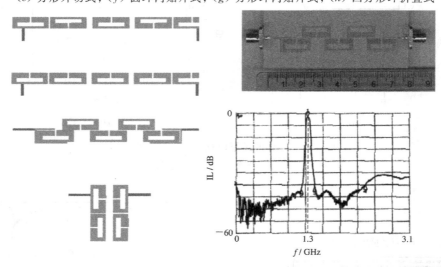

图 7 - 38 慢波结构及慢波滤波器

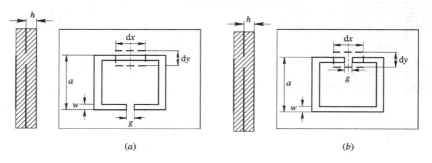

图 7 - 39 双层微带滤波器

(a) 电耦合；(b) 磁耦合

7.4.3 新材料的应用

常用的新材料有：高温超导（HTS）、铁氧体（Ferroelectics）、微电机系统（MEMS）、微波 MMIC、光带隙（PBG）材料、低温烧结陶瓷（LTCC）等。下面举例说明新材料的一些应用。

图 7 - 40 是八节高温超导滤波器，图 7 - 41 是铁氧体可调带通滤波器，图 7 - 42 是金属腔体型介质谐振器滤波器。

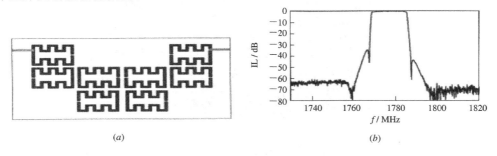

(a)   (b)

图 7 - 40 八节高温超导（HTS）滤波器（MgO，55K，39 mm×22.5 mm×0.3 mm）

(a) 滤波器微带结构；(b) 特性曲线

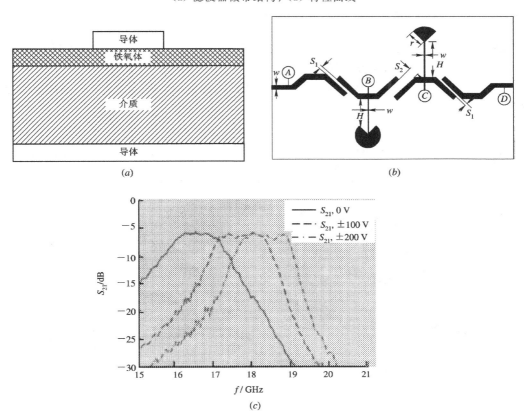

(a)   (b)

(c)

图 7 - 41 铁氧体可调带通滤波器（Au/STO/LAO，40K，L6.8 mm/H1.33 mm）

(a) 微带几何结构；(b) 滤波器微带结构；(c) 特性曲线

图 7 - 42 金属腔体型介质谐振器滤波器(2.8 GHz 和 5.6 GHz)

7.4.4 高温超导(HTS)射频子系统简介

高温超导技术的成熟,带来了射频/微波子系统的革命。下面以欧洲 DSC1800 通信基站子系统为例,简单介绍这方面的技术。

图 7 - 43、图 7 - 44 是高温超导微波子系统的实际使用情况。图 7 - 45 是高温超导滤波器的结构尺寸和性能指标。

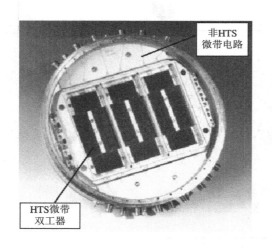
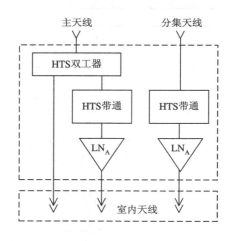

图 7 - 43 基站室外单元内 HTS 器件

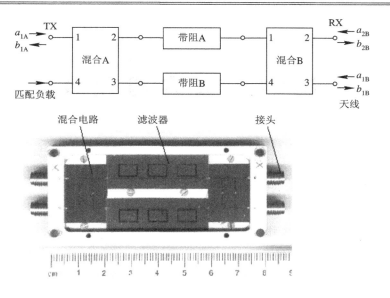

图 7 - 44　双工器原理及实物

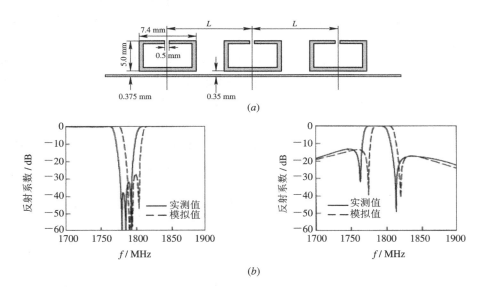

图 7 - 45　高温超导滤波器
（a）结构尺寸；（b）性能指标

第8章 放大器设计

本章内容

　放大器的基本原理

　小信号微带放大器的设计

　MMIC介绍

　射频/微波功率放大器

　　微波放大器是射频/微波系统中一种必不可少的部件。紧接接收机天线的是低噪声放大器,对微弱信号放大的同时还会产生附加干扰信号。低噪声放大器影响整机的噪声系数和互调特性。低噪声放大器的设计目标是低噪声,足够的增益,线性动态。发射机要输出足够的功率,小功率、中功率、大功率放大器的级联是基本方案,末级功率放大器是核心内容。固态功率放大器是放大器的一个攻关课题。

　　放大器可分为低噪声放大器、高增益放大器、中功率放大器和大功率放大器。电路组态按工作点的位置依次为A类、B类、C类,分别如图8-1(a)、(b)、(c)所示。A类放大器用于小信号、低噪声,通常是接收机前端放大器或功率放大器的前级放大。B类和C类放大器电源效率高,输出信号谐波成分高,需要有外部混合电路或滤波电路。由B类和C类放大器还可派生出D类、E类、F类等放大器。为了获得更大的输出功率,就要使用功率合成器,将许多功放单元组合起来。可以想像,合成的效率不可能是百分之百。

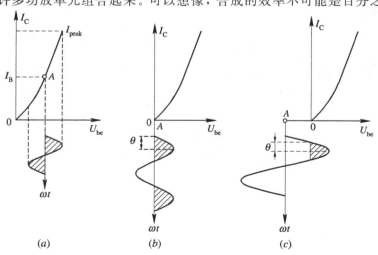

图 8 - 1　放大器电路组态

(a) A类放大器;(b) B类放大器;(c) C类放大器

本章先介绍低噪声和高增益放大器，然后介绍功率放大器和其他常用放大器。

8.1 放大器的基本原理

射频/微波放大器的关键问题是有源器件——微波晶体管。随着放大器的用途不同，器件的差别很大。放大器的设计就是选择恰当的器件，让它发挥最大的作用。

8.1.1 放大器的指标

放大器有以下性能指标：

（1）频率范围：放大器的工作频率范围是选择器件和设计电路拓扑的前提。

（2）增益：它是放大器的基本指标。按照增益可确定放大器的级数和器件类型。

（3）噪声系数：放大器的噪声系数是输入信号的信噪比与输出信号的信噪比的比值，表示信号经过放大器后信号质量的变坏程度。级联网络中，越靠前端的元件对整个噪声系数的影响越大。在接收前端，必须做低噪声设计。放大器的设计要远离不稳定区。噪声的好坏主要取决于器件和电路设计。

（4）动态范围：是指放大器的线性工作范围。放大器的最小输入功率为接收灵敏度，最大输入功率是引起 1 dB 压缩的功率。动态范围影响运动系统的作用距离范围。

8.1.2 放大器的设计原理

考虑图 8 - 2 所示的二端口网络，它代表单级放大器，其输入端接信号源，输出端接负载。

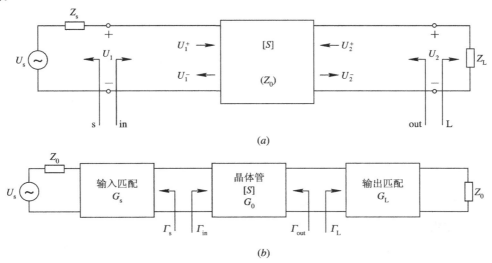

图 8 - 2 二端口网络和放大器的增益定义

（a）带有源和负载的二端口网络；（b）双端口负阻等效网络

1. 三个增益的定义

根据信号源阻抗 Z_s 和负载阻抗 Z_L 与网络的关系，可以有以下三个功率增益：

(1) 实际功率增益:是指负载吸收功率与二端口网络输入端吸收功率之比,与源阻抗无关,与负载阻抗有关,即

$$G = \frac{P_{\text{L}}}{P_{\text{in}}}$$

(2) 资用功率增益:是指二端口网络输入资用功率与输出资用功率之比,源端和负载端均共轭匹配,与源阻抗有关,与负载阻抗无关。它是放大器增益的最大潜力,即

$$G_{\text{A}} = \frac{P_{\text{avn}}}{P_{\text{avs}}}$$

(3) 转换功率增益:是指负载吸收功率与二端口网络输入端的资用功率之比,与两端阻抗都有关,即

$$G_{\text{T}} = \frac{P_{\text{L}}}{P_{\text{avs}}}$$

三个增益与电路参数的关系为

$$\begin{cases} G = \dfrac{P_{\text{L}}}{P_{\text{in}}} = \dfrac{|S_{21}|^2(1-|\Gamma_{\text{L}}|^2)}{(1-|\Gamma_{\text{in}}|^2)|1-S_{22}\Gamma_{\text{L}}|^2} \\[3mm] G_{\text{A}} = \dfrac{P_{\text{avn}}}{P_{\text{avs}}} = \dfrac{|S_{21}|^2(1-|\Gamma_{\text{s}}|^2)}{|1-S_{11}\Gamma_{\text{s}}|^2(1-|\Gamma_{\text{out}}|^2)} \\[3mm] G_{\text{T}} = \dfrac{P_{\text{L}}}{P_{\text{avs}}} = \dfrac{|S_{21}|^2(1-|\Gamma_{\text{s}}|^2)(1-|\Gamma_{\text{L}}|^2)}{|1-\Gamma_{\text{s}}\Gamma_{\text{in}}|^2|1-S_{22}\Gamma_{\text{L}}|^2} \end{cases} \tag{8-1}$$

式中

$$\begin{cases} \Gamma_{\text{L}} = \dfrac{Z_{\text{L}}-Z_0}{Z_{\text{L}}+Z_0} \\[3mm] \Gamma_{\text{s}} = \dfrac{Z_{\text{s}}-Z_0}{Z_{\text{s}}+Z_0} \end{cases} \tag{8-2a}$$

$$\begin{cases} \Gamma_{\text{in}} = \dfrac{Z_{\text{in}}-Z_0}{Z_{\text{in}}+Z_0} = S_{11} + \dfrac{S_{12}S_{21}\Gamma_{\text{L}}}{1-S_{22}\Gamma_{\text{L}}} \\[3mm] \Gamma_{\text{out}} = \dfrac{Z_{\text{out}}-Z_0}{Z_{\text{out}}+Z_0} = S_{22} + \dfrac{S_{12}S_{21}\Gamma_{\text{S}}}{1-S_{11}\Gamma_{\text{S}}} \end{cases} \tag{8-2b}$$

放大器电路中输入、输出端都匹配,$\Gamma_{\text{L}}=\Gamma_{\text{s}}=0$,单向化 $S_{12}=0$,转换功率增益变为

$$\begin{cases} G_{\text{T}} = |S_{21}|^2 \\[3mm] G_{\text{TU}} = \dfrac{|S_{21}|^2(1-|\Gamma_{\text{s}}|^2)(1-|\Gamma_{\text{L}}|^2)}{|1-S_{11}\Gamma_{\text{s}}|^2|1-S_{22}\Gamma_{\text{L}}|^2} \end{cases} \tag{8-3}$$

可以把单向转换功率增益分为输入、器件、输出三部分。

2. 稳定性判据

图 8-2 所示电路产生振荡的条件是 $|\Gamma_{\text{in}}|>1$ 或 $|\Gamma_{\text{out}}|>1$,这意味着输入口或输出口有负阻。因为 Γ_{in} 或 Γ_{out} 取决于 Γ_{s} 或 Γ_{L},故定义稳定条件为

$$\begin{cases} |\Gamma_{\text{in}}| = \left| S_{11} + \dfrac{S_{12}S_{21}\Gamma_{\text{L}}}{1-S_{22}\Gamma_{\text{L}}} \right| < 1 \\[3mm] |\Gamma_{\text{out}}| = \left| S_{22} + \dfrac{S_{12}S_{21}\Gamma_{\text{s}}}{1-S_{11}\Gamma_{\text{s}}} \right| < 1 \end{cases} \tag{8-4}$$

稳定性判据为

$$\begin{cases} K = \dfrac{1-\mid S_{11}\mid^{2}-\mid S_{22}\mid^{2}+\mid \Delta\mid^{2}}{2\mid S_{12}S_{21}\mid} > 1 \\ \mid \Delta\mid < 1 \end{cases} \tag{8-5}$$

式中，$\Delta = S_{11}S_{22} - S_{12}S_{21}$。

实际放大器设计中有两种情况：

(1) 晶体管为单向器件：$S_{12}=0$，绝对稳定，$\mid S_{11}\mid<1$，$\mid S_{22}\mid<1$。此时，对输入和输出匹配电路的设计没有限定条件，依据噪声和增益指标进行设计。

(2) 晶体管为双向器件，也就是 $S_{12}\neq0$ 时，又分两种情况：

① 满足稳定判据，是绝对稳定的。此时，对输入和输出匹配电路的设计没有限定条件，依据噪声和增益指标进行设计。

② 不满足稳定判据，是条件稳定的。此时，要用圆图找出 Γ_{s} 和 Γ_{L} 的取值范围，也就是采用稳定圆判别法，如图 8-3 所示。稳定圆可以直接计算，也可用商业软件，如 Ansoft，Microwave Office，SUPER COMPACT 等。

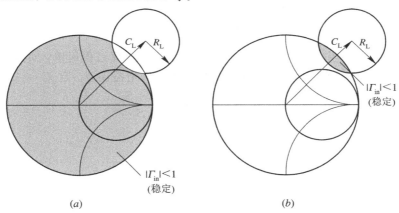

图 8-3　条件稳定下的输入平面上的输出稳定圆
(a) $\mid S_{11}\mid<1$；(b) $\mid S_{11}\mid>1$

输入平面上，输出稳定圆的圆心和半径为

$$\begin{cases} C_{L} = \dfrac{(S_{22}-\Delta S_{11}^{*})^{*}}{\mid S_{22}\mid^{2}-\mid \Delta\mid^{2}} \\ R_{L} = \left| \dfrac{S_{12}S_{21}}{\mid S_{22}\mid^{2}-\mid \Delta\mid^{2}} \right| \end{cases} \tag{8-6}$$

输出平面上，输入稳定圆的圆心和半径为

$$\begin{cases} C_{s} = \dfrac{(S_{11}-\Delta S_{22}^{*})^{*}}{\mid S_{22}\mid^{2}-\mid \Delta\mid^{2}} \\ R_{s} = \left| \dfrac{S_{12}S_{21}}{\mid S_{11}\mid^{2}-\mid \Delta\mid^{2}} \right| \end{cases} \tag{8-7}$$

绝对稳定判据的另一种形式为

$$\mu = \dfrac{1-\mid S_{11}\mid^{2}}{\mid S_{22}-S_{11}^{*}\Delta\mid+\mid S_{21}S_{12}\mid} > 1 \tag{8-8}$$

8.1.3　放大器的设计思路

1. 单向化设计 $S_{12}=0$ 或 $S_{12}\approx 0$

(1) 确定反射系数：$\Gamma_{\text{in}}=S_{11}$，$\Gamma_{\text{out}}=S_{22}$。

(2) 单向转换功率增益分为输入、器件、输出三部分，即

$$G_{\text{TU}}=G_s G_0 G_L \tag{8-9}$$

其中

$$\begin{cases} G_s=\dfrac{1-|\Gamma_s|^2}{|1-S_{11}\Gamma_s|^2} \\[2mm] G_0=|S_{21}|^2 \\[2mm] G_L=\dfrac{1-|\Gamma_L|^2}{|1-S_{22}\Gamma_L|^2} \end{cases} \tag{8-10}$$

(3) 最大增益设计：输入、输出端共轭匹配，即 $\begin{cases}\Gamma_s=\Gamma_{\text{in}}^* \\ \Gamma_L=\Gamma_{\text{out}}^*\end{cases}$，给定了两端匹配网络，则

$$G_{\text{TU max}}=\frac{1}{1-|S_{11}|^2}|S_{21}|^2\frac{1}{1-|S_{22}|^2} \tag{8-11}$$

(4) 单向化因子：由于在 $S_{12}=0$ 的情况下设计时，计算过程简单，实际设计中可以把 $|S_{12}|$ 比较小的情况按 $S_{12}=0$ 计算，最后再估计带来的增益误差。定义

$$U=\frac{|S_{12}||S_{21}||S_{11}||S_{22}|}{(1-|S_{11}|^2)(1-|S_{22}|^2)} \tag{8-12}$$

则误差满足

$$\frac{1}{(1+U)^2}<\frac{G_T}{G_{\text{TU}}}<\frac{1}{(1-U)^2} \tag{8-13}$$

2. 双向设计 $S_{12}\neq 0$

(1) 满足判据，绝对稳定。确定反射系数：

$$\begin{cases}\Gamma_{\text{in}}=S_{11}'=S_{11}+\dfrac{S_{12}S_{21}\Gamma_L}{1-S_{22}\Gamma_L} \\[3mm] \Gamma_{\text{out}}=S_{22}'=S_{22}+\dfrac{S_{12}S_{21}\Gamma_s}{1-S_{11}\Gamma_s}\end{cases} \tag{8-14}$$

$$\begin{cases}\Gamma_s=\dfrac{B_1\pm\sqrt{B_1^2-4|C_2|^2}}{2C_1} \\[3mm] \Gamma_L=\dfrac{B_2\pm\sqrt{B_2^2-4|C_2|^2}}{2C_2}\end{cases} \tag{8-15}$$

$$\begin{cases}B_1=1+|S_{11}|^2-|S_{22}|^2-|\Delta|^2 \\ B_2=1+|S_{22}|^2-|S_{11}|^2-|\Delta|^2 \\ C_1=S_{11}-\Delta S_{22}^* \\ C_2=S_{22}-\Delta S_{11}^*\end{cases} \tag{8-16}$$

(2) 最大增益设计：输入、输出端两边共轭匹配，即 $\begin{cases}\Gamma_s=\Gamma_{\text{in}}^* \\ \Gamma_L=\Gamma_{\text{out}}^*\end{cases}$，给定了两端匹配网络。

（3）低噪声时按源最佳反射系数设计输入匹配网络。放大器的噪声系数与源反射系数有关，每个器件都有一个最小噪声系数，并要求有一个最佳源反射系数。任一噪声系数都对应一系列反射系数，在输入平面上是个圆，称为等噪声系数圆，圆心和半径见式（8-17）。噪声系数圆结合稳定圆和等增益圆使用，用来分析放大器的频带特性。

$$\begin{cases} R_{\mathrm{F}} = \dfrac{\sqrt{N(N+1-|\Gamma_{\mathrm{opt}}|^2)}}{N+1} \\[2mm] C_{\mathrm{F}} = \dfrac{\Gamma_{\mathrm{opt}}}{N+1} \\[2mm] N = \dfrac{F-F_{\min}}{4R_N/Z_0}\,|1+\Gamma_{\mathrm{opt}}|^2 \end{cases} \tag{8-17}$$

（4）若不满足稳定条件，则利用圆图找出稳定区，确定 Γ_{s} 和 Γ_{L} 的取值范围。

8.1.4　放大器设计中的其他问题

1. 圆图中的五个圆

放大器设计理论中会遇到稳定判别圆、等噪声系数圆、等增益圆、等 Q 值圆、等驻波比圆等五个特殊圆。在条件稳定的放大器设计中，用这五个圆来确定输入输出匹配网络的反射系数的取值，才能满足放大器的所有指标。现在所能得到的器件基本上都是满足稳定条件的。

2. 多级放大器

单级放大器的增益无法满足指标要求时，可用多级级联，前级为低噪声，后级为高增益。级间匹配网络可以简化为两个阻抗的变换，而不是分别变换到特性阻抗。

3. 宽带放大器

宽带放大器的设计在器件确定后，要增加电抗性频率补偿网络或电阻反馈网络。在低频端失配或衰减，在高频端接高增益设计，放大器的增益在宽带内波动不大。

4. 大功率放大器

采用平衡放大器或功率合成技术，可实现大功率输出。功率合成的效率是功率合成器的关键。

5. MMIC

微波低端 MMIC 技术已经相当成熟，个人移动通信领域的放大器大量使用这种电路。其他频段各种用途的 MMIC 电路也有商品可选。直接选择 MMIC 产品，按照器件手册，合理使用，已经成为微波电路设计的一个主要途径。

8.1.5　放大器的设计步骤

放大器的设计步骤总结如下：

步骤一：在频率、增益、噪声等指标条件下选择器件，得到偏置条件下器件的[S]参数。

步骤二：若满足判据，则进入步骤三；若不满足判据，则在圆图中画出稳定区，必要时画出等增益圆和等噪声圆。

步骤三：确定输入、输出反射系数 Γ_{in} 及 Γ_{out}。

步骤四：设计输入、输出匹配网络。匹配网络拓扑参见第 3 章。

8.2　小信号微带放大器的设计

8.2.1　射频/微波晶体管

　　射频/微波放大器的核心器件是晶体管，常用的晶体管有 BJT、FET、MMIC。从前面的原理可知，设计放大器的基础是器件的[S]参数。无论器件的内部原理如何，在一定偏置下，就会呈现一组网络参数。设计微波放大器，应该关心器件的偏置和[S]参数。在偏置确定的条件下，可用网络分析仪结合专用测试夹具测量[S]参数。图 8-4 给出了常用的 BJT 和 FET 偏置电路。分压电阻值由满足[S]参数的工作点决定，表 8-1 给出了偏置点的参考值。

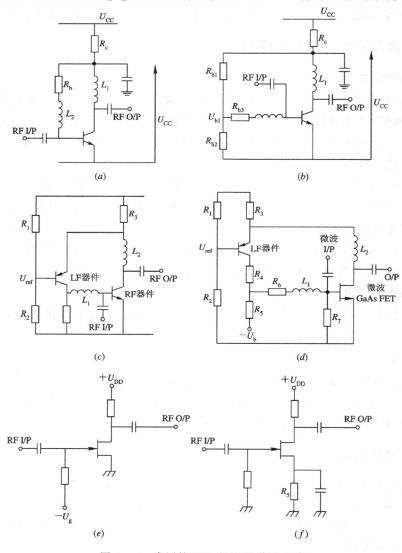

图 8-4　常用的 BJT 和 FET 偏置电路

(a) BJT 放大电路；(b) BJT 固定电压电路；(c) BJT 有源电路；
(d) BJT、FET 混合电路；(e) FET 双极性无源电路；(f) FET 单极性无源电路

表 8 - 1 偏置点参考值

应 用	硅双极型晶体管	砷化镓 MESFET($I_{DSS} \approx 80$ mA)
低噪声	$U_{CE} = 10$ V, $I_{CE} = 3$ mA	$U_{DS} = 3.5$ V, $I_{DS} = 10$ mA
高增益	$U_{CE} = 10$ V, $I_{CE} = 10$ mA	$U_{DS} = 5$ V, $I_{DS} = 80$ mA
高输出功率	$U_{CE} \geqslant 20$ V, $I_{CE} = 25$ mA	$U_{DS} \geqslant 10$ V, $I_{DS} = 40$ mA
低失真	$U_{CE} \geqslant 20$ V, $I_{CE} = 25$ mA	$U_{DS} \geqslant 10$ V, $I_{DS} = 40$ mA
B 类	$U_{CE} \geqslant 20$ V, $I_{CE} = 0$	$U_{DS} \geqslant 8$ V, $I_{DS} = 0$
C 类	$U_{CE} \geqslant 28$ V, $I_{CE} = 0$	不用

在射频/微波电路中,接地对指标的影响很大,要把该接地的点就近接地,如图 8 - 5 所示。扼流电感的大小视位置尺寸而定。

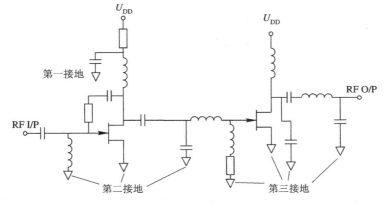

图 8 - 5 就近接地

8.2.2 三种射频/微波放大器设计原则

表 8 - 2 归纳出了低噪声放大器、高增益放大器和高功率放大器的设计条件和设计原则。

表 8 - 2 三种射频/微波放大器设计原则

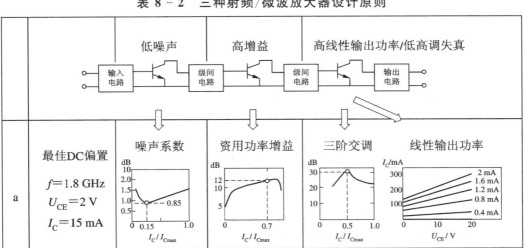

续表

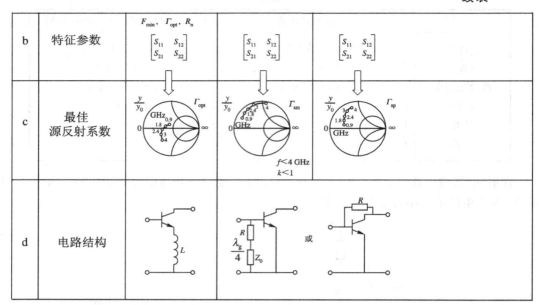

b	特征参数	F_{min}, Γ_{opt}, R_n $\begin{bmatrix} S_{11} & S_{12} \\ S_{21} & S_{22} \end{bmatrix}$	$\begin{bmatrix} S_{11} & S_{12} \\ S_{21} & S_{22} \end{bmatrix}$	$\begin{bmatrix} S_{11} & S_{12} \\ S_{21} & S_{22} \end{bmatrix}$
c	最佳 源反射系数			
d	电路结构			

8.2.3 微带放大器设计实例

下面以实例形式给出放大器的设计步骤。设计过程中使用 Mathcad 进行计算，使用 Ansoft 进行仿真图解。

设计实例一：稳定判别圆

已知 GaAs FET 散射参数如表 8-3 所示，判断晶体管的稳定性，画出稳定圆。

表 8-3 GaAs FET 的散射参数

S_{11}	S_{21}	S_{12}	S_{22}
0.894　−60.6	3.122　123.6	0.020　62.4	0.78　−27.6

由式(8-5)用 Mathcad 软件计算得出 $K=0.607<1$ 和 $|\Delta|=0.696<1$。K 值不满足稳定条件，故器件为条件稳定。由式(8-6)和式(8-7)分别计算两个变换圆的圆心和半径。

输入平面的输出圆：

圆心 $C_L=1.363\angle 46.687$，半径 $R_L=0.5$

输出平面的输入圆：

圆心 $C_s=1.132\angle 68.461$，半径 $R_s=0.199$

利用 Ansoft 软件画 SMITHC.PRN，如图 8-6 所示。

设计实例二：最大增益

已知 GaAs FET 散射参数如表 8-4 所示，按最大增益设计 4.0 GHz 放大器。

表 8-4 GaAs FET 的散射参数

S_{11}	S_{21}	S_{12}	S_{22}
0.72　−116.0	2.60　76.0	0.03　57.0	0.73　−54.0

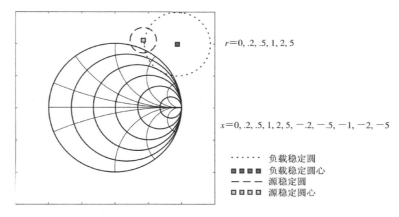

$r=0, .2, .5, 1, 2, 5$

$x=0, .2, .5, 1, 2, 5, -.2, -.5, -1, -2, -5$

······ 负载稳定圆
■■■■ 负载稳定圆心
— — 源稳定圆
□□□□ 源稳定圆心

图 8 - 6　稳定判别圆

判断稳定性：$K=1.195>1$ 和 $|\Delta|=0.488<1$，绝对稳定。

$$\Gamma_{\mathrm{s}}=\Gamma_{\mathrm{in}}^{*}, \qquad \Gamma_{\mathrm{L}}=\Gamma_{\mathrm{out}}^{*}$$

由式(8 - 14)、式(8 - 15)和式(8 - 16)求得

$$\Gamma_{\mathrm{L}}=0.872\angle 123.407, \quad \Gamma_{\mathrm{s}}=0.876\angle 61.026$$

采用开路单枝节匹配，拓扑结构和频带传输反射参数如图 8 - 7 所示。

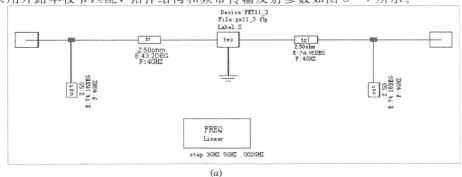

(a)

(b)

图 8 - 7　高增益放大器
(a) 拓扑结构；(b) 频带传输反射参数

由式(8-9)和式(8-10)求增益：

$$G_s = 6.17 \text{ dB}, \quad G_0 = 8.299 \text{ dB}$$

$$G_L = 2.213 \text{ dB}, \quad G_{Tmax} = 16.71 \text{ dB}$$

设计实例三：低噪声设计

已知 GaAs FET 器件参数如表 8-5 所示，设计 4.0 GHz 放大器，保证噪声为 2 dB，增益最大。

表 8-5　GaAs FET 的器件参数

散射参数	S_{11}	S_{21}	S_{12}	S_{22}
	0.6　−60.0	1.9　81.0	0.05　26.0	0.5　−60.0
噪声参量	$F_{min} = 1.6$ dB	$\Gamma_{opt} = 0.62\angle 100$	$R_N = 20\ \Omega$	

由式(8-17)计算 2 dB 噪声圆的圆心和半径：

$$F = 10^{\frac{2}{10}}$$

$$N = \frac{(F - F_{min})Z_0}{4R_N}(|1 + \Gamma_{opt}|)^2 = 0.102$$

$$C_F = \frac{\Gamma_{opt}}{N+1} \qquad (|C_F| = 0.563,\ \arg(C_F) = 100 \text{ deg})$$

$$R_F = \frac{\sqrt{N[N+1-(|\Gamma_{opt}|)^2]}}{N+1} = 0.245$$

如图 8-8 所示，当 $\Gamma_s = \Gamma_{opt}$ 时，噪声最小。

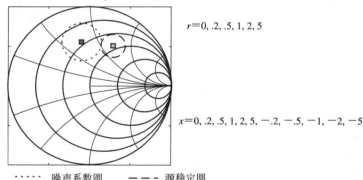

$r = 0, .2, .5, 1, 2, 5$

$x = 0, .2, .5, 1, 2, 5, -.2, -.5, -1, -2, -5$

······ 噪声系数圆　　　— — — 源稳定圆
▪▪▪▪ 噪声系数圆心　　　▫▫▫▫ 源稳定圆心

图 8-8　噪声系数圆与稳定圆

按照下式计算等增益圆，借助 Mathcad 软件，给 g_s 不同的试探值，直到与等噪声系数圆相切。

$$C_s = \frac{g_s \cdot \overline{S}_{11}}{1 - (1 - g_s) \cdot |S_{11}|^2}$$

$$R_s = \frac{\sqrt{1 - g_s} \cdot (1 - |S_{11}|^2)}{1 - (1 - g_s) \cdot |S_{11}|^2}$$

$$\text{real}C_s(\text{step}) := \text{Re}(f(R_s, 2 \cdot \pi \cdot \text{step}) + C_s)$$

$$\text{imag}C_s(\text{step}) := \text{Im}(f(R_s, 2 \cdot \pi \cdot \text{step}) + C_s)$$

相切点的源反射系数为

$$\Gamma_s = 0.141035 + j0.522189 = 0.541\angle 74.886$$

由式(8-10)计算增益：输入匹配(噪声)为 $G_s = 1.702$，输出匹配(共轭)为 $G_L = 1.249$，器件增益为 $G_0 = 5.575$，放大器增益为 $G_{TU} = 8.527$ dB。

分别用开路单枝节实现输入输出匹配网络，电路结构和仿真结果见图 8-9。

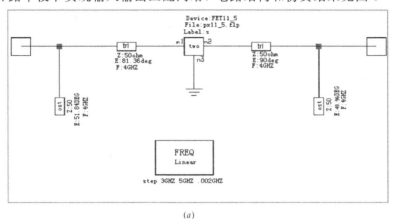

(a)

(b)

图 8-9 低噪声放大器设计结果

(a) 电路结构；(b) 仿真结果

8.3 MMIC 介绍

微电子工业的快速发展，给射频/微波技术带来了革命。单片微波集成电路的设计原则是保证各项指标，使功率消耗尽可能的少。

低噪声接收前端的 LNA 发展最为成熟。现代移动通信接收机 MMIC 不仅包含 LNA，而且包括本振、混频等。已经有整个射频前端的 MMIC，如图 8-10、图 8-11 和图 8-12 所示。

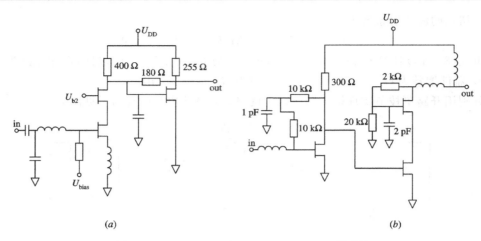

图 8 - 10　900 MHz 和 1900 MHz CMOS 低噪放

(a) 900 MHz 电路结构；(b) 1900 MHz 电路结构

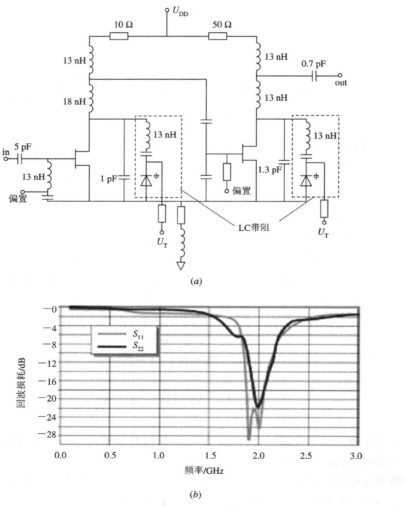

图 8 - 11　2 GHz 内置选频 LNA

(a) 电路结构；(b) 仿真结果

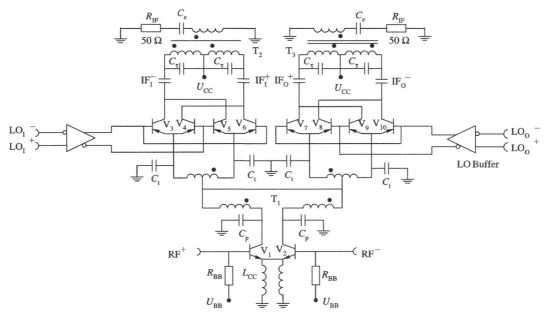

图 8 - 12　5 GHz 接收前端(低噪放＋混频)

　　掌握世界著名半导体企业的产品资料和新产品动向(各类器件厂家都有推荐电路),并合理使用是现代微波电路设计的一个重要手段。

8.4　射频 /微波功率放大器

　　大功率放大器(简称功放)的晶体管工作在非线性区,前面介绍的小信号理论就会失效,必须求得大信号参数。就半导体材料的承受功率而言,功率不可能做得太大,如 GaAs 材料的承受功率为 0.5 W/mm 左右。要实现大功率,应该在器件和电路两个途径上想办法。电路设计上大功率放大器通常采用 AB 类、B 类、C 类工作以提高电源使用效率。在此基础上发展的 D 类、E 类、F 类功率放大器各有特长,这种放大器都工作于开关状态,放大器的输出波形有很大的失真,输出回路必须增加相应的滤波器或增加高次谐波谐振网络,以改变基波信号的输出幅度。用非线性放大器组成线性放大器并结合数字技术是近年功率放大器的新进展,实质上也是音视频功率放大器向微波频段的发展。功率合成是实现大功率输出的基本方式,是微波与微电子领域共同关心的重大课题。

8.4.1　放大器的工作效率和功率压缩

　　工作效率和功率压缩是功率放大器要解决的两个十分现实的问题。

1. 工作效率

　　工作效率描述供电电源的能量转化为信号功率的程度。小信号放大器是 A 类,在没有信号时,器件的集电极(漏极)一直有电流,消耗能量。在功率放大器电路中,这种消耗是不能容忍的,电池的使用时间是任何一种设备的质量基础。放大器的效率与导通角的关系如图 8 - 13 所示。A 类线性放大器:360°全波导通,最大效率为 50%;B 类放大器:180°半

波导通,最大效率为 78.5%;C 类放大器:<180°半波导通,效率为 78.5%~100%;AB
类放大器:效率为 0~50%。可以想象,效率与输出功率有关,图 8 - 14 给出了导通角与输
出功率的关系,效率越高,输出功率越小。因此根据实际情况,放大器的导通角有一个折
中选择。

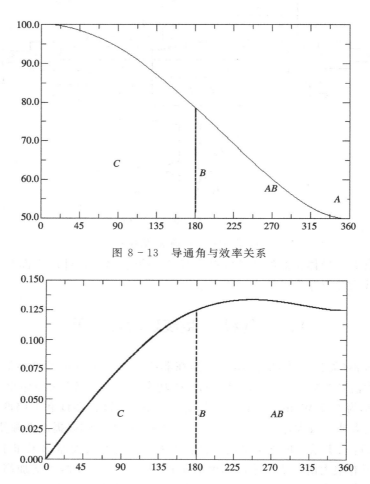

图 8 - 13　导通角与效率关系

图 8 - 14　导通角与输出功率的关系

2. 功率压缩和交调

输入功率大到一定值时,放大器就会饱和,输出功率不随输入功率线性增加,而是保
持一个定值。定义 1 dB 压缩点为描述这个特性的参数,如图 8 - 15 所示的线性增益与压缩
起点相差 1 dB 时的输入功率值。

交调也是输入大信号时的一个特性。大信号时,输出端会有干扰信号输出,尤以三阶
干扰突出。在双频信号输入时,必须考虑三阶交调。这里,三阶是功率的变换倍数,并非频
率的倍数。若直角坐标中,信号是 1∶1 线性,则三阶干扰是 1∶3 线性,干扰信号的输出就
会很快与信号的输出幅度相同并超过,由于频率靠近,输出滤波器无法抑制此干扰。如图
8 - 15 所示,用无失真动态范围描述这个特性,灵敏度门限与三阶信号的交点到信号的距
离为动态范围。从图 8 - 15 还可看出,干扰信号由背景噪声变为输出信号的过程很短,要

避免输入信号接近这一区域,否则输出信号就会有干扰。输出信号比交调干扰高的量度就是 1 dB 压缩点与三阶交调线的距离,称为交调干扰 IMD。

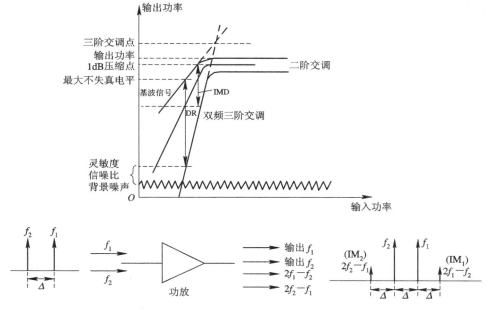

图 8 - 15 双频功率放大器的压缩和交调

设计实例:

双频放大器的增益为 10 dB,输入信号为 −10 dBm 时,干扰输出 IM3 = −50 dBm,计算输入信号为 −20 dBm 时的干扰输出 IM3 以及信号与干扰信号的差值。

$$IM3 = -50 \text{ dBm} + 3 \times [-20 \text{ dBm} - (-10 \text{ dBm})] = -80 \text{ dBm}$$

$$输出信号 = -20 \text{ dBm} + 10 \text{ dB} = -10 \text{ dBm}$$

$$信号与干扰信号的差值 = -10 \text{ dBm} - (-80 \text{ dBm}) = 70 \text{ dB}$$

图 8 - 16 是计算过程的图解。

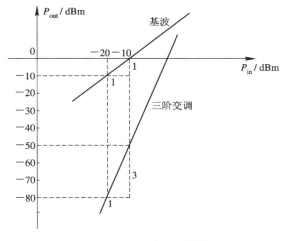

图 8 - 16 三阶交调计算

8.4.2　各类功率放大器

1. B 类功率放大器

B 类放大器的导通角为 $180°$，效率为 78.5%，半周工作。采用正负半周叠加的办法可以恢复输入信号波形。为了弥补叠加时管子开通电压带来的误差，可采用 AB 类。

1) 互补型 B 类放大器

在 NPN/PNP 互补电路中，两个管子分别工作于正、负半周，是一种成熟的实例，如图 8 - 17 所示。图(a)是互补电路的基本结构，V_3 是驱动器，V_1 和 V_2 是互补对管，两个管子的 BE 结共有 1.4 V 左右的交叉区带来信号损耗。图(b)和图(c)都可以补偿这种损耗，还可以补偿整个组件的温度特性。图(c)中的 R_1 和 R_2 分别调整正半周和负半周的大小。

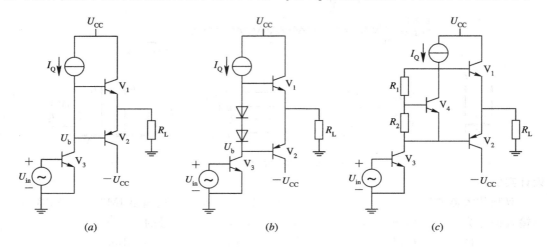

图 8 - 17　NPN/PNP 互补型 B 类放大电路

(a) 基本的放大器电路；(b) 带有补偿的放大器电路；(c) 带有倍增器的放大器电路

2) 复合晶体管

互补型电路要求有两个严格相同的晶体管，而且电路尺寸较大，可用图 8 - 18 所示复合型晶体管实现。电路中 V_1 是高功率管，V_2 是低 β 管，两个管子不会同时工作，从而实现了正、负半周的叠加。

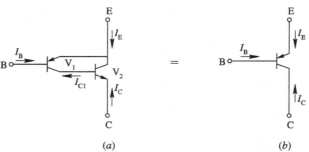

图 8 - 18　NPN/PNP 复合管 B 类放大电路

(a) 具体电路；(b) 简化电路

3) 全 NPN 晶体管 B 类放大器

要形成两个特性相同的 NPN 和 PNP 晶体管，工艺难度很大。两个管子都用 NPN 型（或 PNP）可以降低对管子的要求，采用变压器网络形成叠加电路，如图 8 - 19 所示。这种电路结构复杂，工作频率不太高。

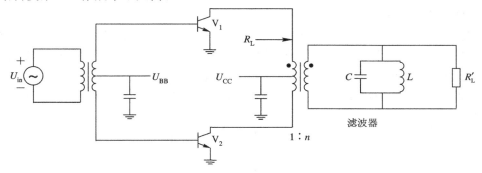

图 8 - 19 全 NPN 晶体管 B 类放大器

2. C 类功率放大器

在高功率 CW 和 FM 输出中，C 类放大器用途很广，在 AM 放大器中可以改变偏置来调整幅度的变化。由前所述知，C 类功率放大器的导通角小于 $180°$，非线性工作输出信号不是输入信号的简单倍乘，A 类放大器用一个管子，B 类放大器用两个管子，C 类放大器用一个管子，只是偏置点不同，B 类放大器输出电路中可以通过增加滤波器改进信号质量，而 C 类输出电路中必须有谐振回路来恢复基波信号，C 类放大器的最大优势是效率高。C 类功率放大器如图 8 - 20 所示，晶体管可用功率 BJT，也可用 FET，谐振回路的 Q 值影响放大器的带宽。

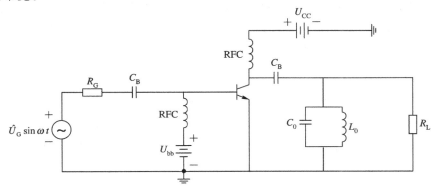

图 8 - 20 C 类功率放大器

一般地，厂家会给出一定频率和频带上放大器的最佳源阻抗和负载阻抗。这种电路的设计有两个内容：

（1）谐振回路：

$$Q = \frac{f_0}{\Delta f}$$

$$C_0 = \frac{Q}{\omega_0 R_L}$$

$$L_0 = \frac{R_L}{\omega_0 Q}$$

(2) 输入偏置:

$$U_{bb} = U_{BE} - U_G \cos\varphi$$

3. D 类功率放大器

C 类功率放大器的效率可以达到 100%,但输出功率是零。改变 B 类功率放大器的偏置,使得输出不是半周线性而是非线性削波,输出为正负方波,再经过谐振回路恢复正弦,即为 D 类功率放大器,如图 8-21 所示。在 D 类放大器中,管子接近处于开关状态。如果开关时间为零,则漏源电压为零时,漏电流为最大,理论上可以得到 100% 的效率。事实上,BJT 可工作到几兆赫,FET 可工作到几十兆赫,不可能无限快。

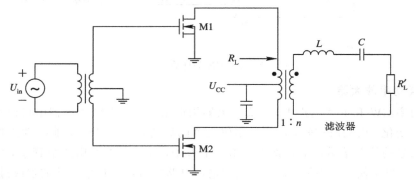

图 8-21 D 类功率放大器

4. E 类功率放大器

前述功率放大器可称为开关功率放大器。为了避免开关器件的并联电容放电,降低开关瞬间的功率损耗,可以给放大器设计一个负载网络,决定关断后器件两端的电压,这就是 E 类功率放大器,如图 8-22 所示。

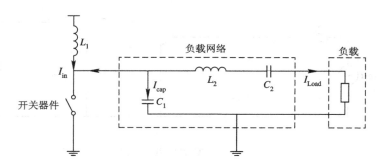

图 8-22 E 类功率放大器基本结构

设计 E 类功率放大器的原则是:

(1) 电压关断后缓慢上升,关断瞬间不消耗功率。

(2) 电压在后半周末降为零,保证开通瞬间器件的并联寄生电容上没有电荷,这样电容就不会放电。

(3) 后半周末的变化率为零。当开通时,保证器件上的电压为零可以缓慢降低开通瞬间的功率损耗。

图 8-22 中，负载网络中 C_1 的部分或全部是器件的并联寄生电容。谐振回路的频率低于工作频率，在工作频率上可以看做一个与外部电抗负载串联的调谐回路。调谐电路通过正弦波负载电流时，电抗性负载导致了这个电流与电压基波分量相移。输入电流与正弦波负载电流的差在器件导通时通过器件，在关断时通过 C_1，这个电流差也是正弦波，但是它与负载电流有 180°相差，且含有通过扼流电感的直流成分。电流的关系见图 8-23。开关电压是 C_1 电流的积分，相移量可以用谐振回路调整，这样就可以保证满足上述三个原则。

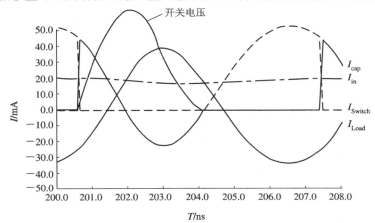

图 8-23　E 类功率放大器负载回路的电流关系

上述基本结构是窄频带的，宽带结构的负载回路可以做成多级的。

5. F 类功率放大器

在 C 类放大器中，输出网络谐振于输入信号的基波和一个或多个高次谐波上就是 F 类放大器。图 8-24 为一个三次谐波峰值功率放大器，串联谐振器为三次谐波振荡，并联谐振器谐振于基波频率。连续波激励放大器后，放大器近似为半周通断状态。串联谐振回路阻断三次谐波，使其返回放大器 C 极。如果相位和幅度合适，可以使 C 极方波电压比 U_{CC} 的平均值高两倍，增强开关效果，增大基波的幅度。三次谐波是基波幅度的 1/9 时，效果最好，效率可达 88%。

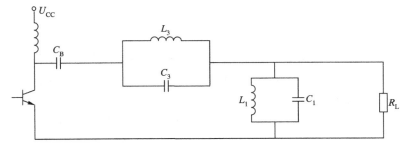

图 8-24　三次谐波反射的 F 类功率放大器

方波的傅立叶分析为奇次项，要想在 C 极形成好的方波，负载必须对偶次成分呈现低阻，对奇次成分呈现高阻。图中，C_B 对二次谐波起短路作用，同时有隔直流作用。

F 类放大器的设计也是从 Q 值入手。Q 由 R_L 以及基波谐振回路的 L_1 和 C_1 决定，有

$$Q = \frac{f_0}{\Delta f} = \omega_0 C_1 R_L$$

$$C_1 = \frac{1}{\Delta \omega R_L}$$

$$L_1 = \frac{1}{\omega_0^2 C_1}$$

输出回路对 $2f_0$ 呈现短路,有

$$-\frac{1}{2\omega_0 C_B} + \frac{2\omega_0 L_3}{1 - (2\omega_0)^2 L_3 C_3} + \frac{2\omega_0 L_1}{1 - (2\omega_0)^2 L_1 C_1} = 0$$

考虑两个谐振回路的参数与谐振频率的关系,C_B 和串联谐振回路对基波是短路,可得

$$C_B = 8C_3, \quad C_3 = \frac{81}{160}C_1$$

而 L_3、L_1 由 $3f_0$ 和 f_0 与上述两个电容的关系决定。

串联谐波谐振器可以用基频四分之一波长传输线取代,对射频/微波功率放大器的设计和加工都是比较方便的。传输线对偶次谐波而言,是四分之一波长的偶次倍,是半波长谐振器,相当于短路;对奇次谐波而言,是四分之一波长的奇次倍,是四分之一波长谐振器,相当于开路,符合形成良好方波的要求。

仿真实例:

中心频率为 900 MHz,18 MHz 带宽 F 类功率放大器如图 8-25 所示。计算后电路中 $C_B = 1\ \mu F$,$Z_0 = 20\ \Omega$,$C_1 = 936.6\ pF$,$L_1 = 33.39\ pH$,$R_L = 42.37\ \Omega$,$U_{CC} = 24\ V$,$R_1 = 5\ k\Omega$,$R_2 = 145\ k\Omega$。

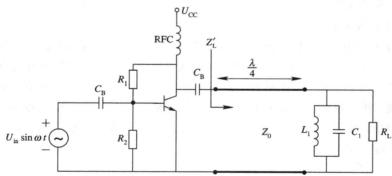

图 8-25 传输线 F 类功率放大器

集电极电流、电压的结果见图 8-26。输入功率为 2.363 mW,电压为 0.11 V,输出功率为 5.5 W,这是最好情况。这类放大器的输出功率对输入功率十分敏感,有个最佳值。

6. 线性功率放大器

为了改善前述开关类功率放大器的线性特性,目前也有两种方法:LINC 和 S 类放大器。

LINC(Linear Amplification with Non Linear Components)是用非线性元件实现线性放大,把大功率调幅信号分成两路相位固定的信号送入开关高效率放大器,然后再组合。每个放大器都是深度开关状态,整体放大器线性非常好,与 C 类效率相当,线性比 A 类还好,电路结构如图 8-27 所示。

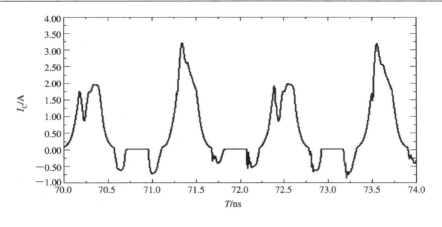

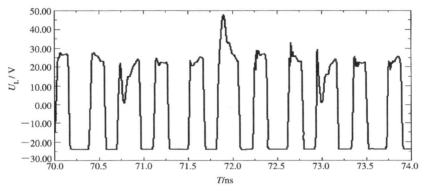

图 8 - 26　900 MHz F 类功率放大器的输出信号

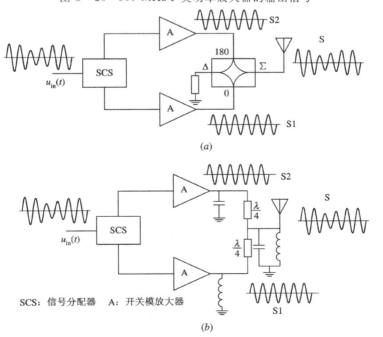

SCS：信号分配器　　A：开关模放大器

图 8 - 27　LINC 功率放大器

(a) 一型；(b) 二型

　　S 类是用带通 $\Sigma - \Delta$ 调制输入信号，这是音视频功率放大器向微波技术的发展。图 8 - 28(a) 为经典 S 类放大器，图(b)为微波 S 类放大器。微电子技术使得这类微波功率放大器得到突破性进展。

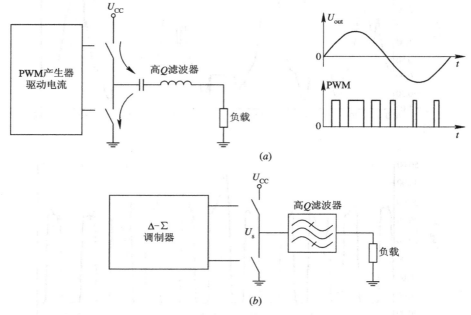

(a)

(b)

图 8 - 28　S 类放大器结构

(a) 经典 S 类放大器；(b) 微波 S 类放大器

7. 前馈式功率放大器

　　前馈放大器的思想是抵消发射机中产生的杂波。发射机的失真主要来源于功率放大器的谐波、交调和噪声。图 8 - 29 给出了前馈放大器的结构。延迟线和耦合器调整误差放大器输出信号的幅度和相位，使得输出端能够抵消主路的杂波。

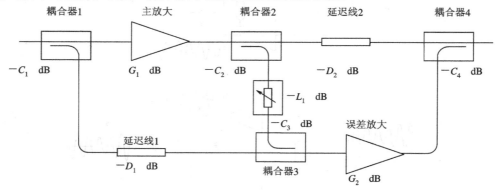

图 8 - 29　前馈式功率放大器

　　到达误差放大器的输入信号幅度应该调到零，剩下的信号就是主放大器产生的误差信号。调整第二个延迟线、第四个耦合器、误差放大增益可以使整个输出无失真。误差放大器也会带来新的失真，但小信号放大器的线性度要好一些。对于要求更高的场合，还可再增加一个更小信号的误差放大器来控制第一个误差放大器。

8. 分布式功率放大器

分布式功率放大器又称为行波放大器。如图 8 - 30 所示，晶体管的寄生电容和电感作为传输线的组成部分，好像用晶体管构成的传输线，传输线在很宽频带内与所要求的终端匹配。这种放大器的最大好处是频带极宽，可以达到几个倍频程。

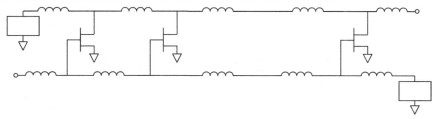

图 8 - 30 分布式功率放大器

9. 功率合成器

更大功率的输出可用前述各种功率放大器作为基本单元进行功率合成。功率合成的四种方案如图 8 - 31 所示。并联结构是大功率合成器的理想方式，单元功率放大器的功率不会进入其他单元。每个单元要特性一致，叠加后线性输出。在设计和调试中，要掌握每个单元的输入输出阻抗(反射系数)，才能设计出分支网络，并预留调试小岛。在并行结构中，如果某个单元损坏，整机还可继续工作。各种功率合成器中的混合网络设计参见第 5、6 章，每个放大器单元的核心是选择合适的器件。

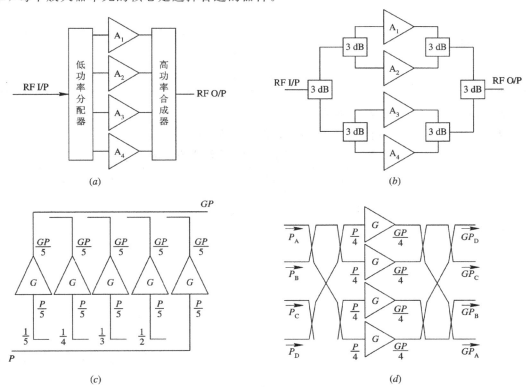

图 8 - 31 功率合成的四种方案

(a) 平行合成器；(b) 功分器/合成器；(c) 串馈结构；(d) 混合矩阵合成

平行合成器和功分器方案已经用于 MMIC 电路中。

8.4.3 对功率放大器的几点说明

1. 现有器件的比较

表 8-6 给出了现有功率放大器所用器件的特性比较,以供设计功率放大器时选择器件参考。

表 8-6 现有功率放大器器件的比较

器 件	成 本	特 点	用 途
MMIC 塑料封装	廉价	外围元件改善性能,使体积增大,特性与电路板有关	到 3 GHz 量大,用途广
MMIC 芯片	尺寸小	价格高	到毫米波
MMIC 陶瓷封装	环境适应性好	多种陶瓷技术,成本高,设计面广	性能稳定,易于快速仿真
MMIC 模块积压	非常小,环境性好	中等价格,性能不如陶瓷,分布参数元件影响大	到 3 GHz 量大、用途广,便于使用
分立塑料封装	廉价	外围元件,调试量大	到 3 GHz 人工参与量大
分立陶瓷封装	小型	多种陶瓷技术,成本高,设计面广,外围元件多	到 20 GHz 后要仔细设计外围
分立模块积压	小型,易使用	没有陶瓷好	到 3 GHz

2. 几种功率放大器器件的参数

表 8-7 给出了几个功率放大器场效应管的具体指标,供参考。

表 8-7 几种功率放大器器件的参数

f/GHz	器件	P_{out}/mW	G_{sat}/dB	PAE/%	参考值	备 注
0.5	CLY5	550	15.3	80(83)	12	
1.0	CLY5	940	14.7	73(75)	12	
2.0	CLY5	530	9.1	56(62)	12	$f_{opt}=1.4$ GHz
2.5	FLK052	100		70	13	
4.5	FLK052	150	15	75(80)	14	$U_d=1$ V
4.5	FLK052	100	10	86(95)	14	$U_d=3$ V
5.0	FLK052	610	9.8	72(81)	15	$U_d=3$ V
5.0	FLK202	1800	7.6	60(73)	15	
8.4	FLK052	685	7.4	60(72)	16	F 类($f_{opt}=1.5$ GHz)
8.35	FLK202	1700	5.3	48(69)	16	
10.0	AFM042	100	10	62(74)	17	

3. 功率放大器的几点说明

对功率放大器有以下几点说明：

（1）大功率放大器的效率与系统要求的发射功率的变化和效率有关，也就是与调制方式有关。

（2）对于调制引起的功率大幅度变化，系统最好采用功率可变的电源。

（3）开关放大器的高效率依赖于晶体管高频特性的提高。开关瞬间必须快，与微波信号频率相适应。

（4）线性开关放大器要求有信号处理功能，为了获得高性能功率放大，有必要与数字信号处理相结合。

（5）为了优化发射机系统，放大模块小信号并与天线结合是发展趋势。

第 9 章　射频/微波振荡器

本章内容

振荡器的基本原理
集总参数振荡器
微带线振荡器
压控振荡器
变容管倍频器

　　射频/微波振荡器用来产生射频/微波信号，是所有微波系统中必不可少的一个部件。虽然在许多场合已大量使用频率合成器，但频率合成器本身也是由参考源和 VCO 两个振荡器构成的。振荡器的核心部分是一个有源器件和一个谐振电路。小信号振荡器用于接收机的本振和测量系统，大信号振荡器用于发射机，功率再大就需要大功率放大器。全固态化振荡器已经广泛使用，在个别场合还用到大功率电真空器件。本章重点介绍各种常用固态振荡器的结构、原理、设计方法，以及振荡器领域的新近技术。

9.1　振荡器的基本原理

　　无论技术如何发展，有源器件和谐振电路是振荡器的两个基本组成单元。设法实现这两个单元并合理搭配就能构成振荡器。振荡器的技术发展集中在指标提高和小型化方面。

9.1.1　振荡器的指标

　　射频/微波振荡器的主要技术指标是工作频率和输出功率，其他指标还有调谐范围、供电电源、结构尺寸等。

1. 工作频率

　　振荡器的输出信号基本上就是一个正弦信号。要做到振荡频率绝对准确，是不可能的。频率越高，误差越大。影响频率的因素很多，如环境温度、内部噪声、元件老化、机械振动、电源纹波等。在实际设计中，应针对指标侧重点，采取相应的补偿措施。在调试中，也要有经验和技巧，才能达到一定的频率指标。关于频率经常会遇到下列概念。

　　(1) 频率精度。频率精度有绝对精度(Hz)和相对精度(ppm)两种表示方式。相对精度是最大频偏和中心频率的比值。绝对精度是给定环境条件下的最大频偏。

　　(2) 频率温漂。随着温度的变化，物质材料的热胀冷缩引起的尺寸变化会导致振荡器的频率偏移，这种频偏是不可避免的，只能采取恰当的方法降低。常用的方法有：温度补偿（数字或模拟微调）、恒温措施等，用指标 MHz/℃或 ppm/℃描述。

（3）年老化率。随着时间的推移，振荡器的输出频率也会偏移，用 ppm/年描述。

（4）电源牵引。电源的纹波或上电瞬间会影响振荡器的频率精度，也可看做电源的频率调谐，用 Hz/V 表示。在振荡器内部增加稳压电路和滤波电容能改善这一指标。

（5）负载牵引。在振荡器与负载紧耦合的情况下，振荡频率会受到负载的影响。使负载与振荡器匹配，增加隔离器或隔离放大器，可以减小负载的牵引作用。

（6）振动牵引。振荡器内谐振腔或晶振等频率敏感元件随机械振动的形变，会影响振荡器的输出频率。振动敏感性与元件的安装和固定有关，用 Hz/g 表示。

（7）相位噪声。相位噪声是近代振荡器和微波频率合成器的关键指标。它是输出信号的时域抖动的频域等效。相位噪声、调频噪声和抖动是同一问题的不同表达方式，因为振荡器含有饱和增益放大器和正反馈环路，故幅度噪声增益和相位噪声增益都有限。幅度和相位变化与平均振荡频率有关。用足够分辨率的频谱仪测量振荡器，噪声会使窄谱线的下端变宽，噪声按照 $1/f^3$ 或 $1/f^2$ 下降。振荡器的反馈环的环增益按 $1/f^2$ 而不是按谐振频率下降。$1/f$ 因子与器件和谐振器的低频调制有关。相位噪声用 $L(f_m)=(P_{SSB}(f_m)/\text{Hz})/P_C$ 表示，可用频谱仪或相位噪声分析仪测量。$P_{SSB}(f_m)/\text{Hz}$ 是 1 Hz 带宽内的相位噪声功率。无论相位噪声接近噪声本底还是一个噪声包络，都能清晰地表征噪声功率的值。f_m 表示离开载频的边频，也是对载频的调制频率，故有时称作调频噪声。

在数字系统中，通常用时域抖动而不是相位噪声测量零交叉时间的偏离，给出峰峰值和有效值。其单位是皮秒或 UI（Unit Intervals），UI 是时钟的一部分，即 UI＝抖动皮秒/时钟一周。因为相位噪声给出了每一个频率调制载频的相位偏移，我们可以累加 360°内所有的相位偏移，即得到 UI。这与计算一个频率或时间的功率是等效的。通信系统对某个频率的抖动更敏感，所以相位噪声与边频的关系就是抖动。从抖动的频域观点看，PLL 就是一个"频率衰减器"。PLL 反馈环的滤波器频带越窄，调制频率越高，但这种频率和频带依赖关系是有限的。相位噪声的估算公式为

$$L(\omega_m)=\frac{1}{8}\frac{FKT}{P_{sav}}\frac{\omega_0^2}{\omega_m^2}\left(\frac{P_{in}}{\omega_0 W_e}+\frac{1}{Q\omega_{un1}}+\frac{P_{sig}}{\omega_0 W_e}\right)^2\left(1+\frac{\omega_c}{\omega_m}\right)\omega$$

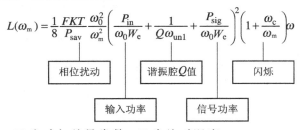

式中，F 为噪声因子，K 为玻尔兹曼常数，T 为绝对温度。

2. 输出功率

输出功率是振荡器的又一重要指标。如果振荡器有足够的功率输出，就会降低振荡器内谐振器的有载 Q 值，导致功率随温度变化而变化。因此，选用稳定的晶体管或采用补偿的办法，也可增加稳幅电路。这样，又会增加成本和噪声。为了降低振荡器的噪声，让振荡器输出功率小一些，可降低谐振器的负载，增加一级放大器，以提高输出功率。通常，振荡器的噪声比放大器的噪声大，故功率放大器不会增加额外噪声。如果振荡器是可调谐的，还要保证频带内功率平坦度。

3. 调谐范围

对于可调谐振荡器，还有个调谐带宽指标，通常是指调谐的最大频率和最小频率，而不谈中心频率，对于窄带可调振荡器(如 10%)，也有用中心频率的。调谐范围对应变容管的电压范围或 YIG 的电流范围。为了维持振荡范围内的高 Q 特性，变容管的最小电压大于 0。调谐灵敏度的单位是 MHz/V，一般地，调谐灵敏度不等于调谐范围/电压范围。近似地，调谐灵敏度可在中心频率的小范围内测量。调谐灵敏度比是最大调谐灵敏度/最小调谐灵敏度。在 PLL 的压控振荡器中，由于这个参数会影响到环路增益，因而特别重要。在低电压时，变容管电容最大，随着电压的增加，电容很快达到最大值。低电压时，电容的大范围变化会引起频率的大范围变化，意味着频率低端灵敏度高，频率高端灵敏度低。由图 9-1 所示的变容管的调谐特性可知，超突变结比突变结变容管调谐线性好，设计中要选线性好的一段并使调谐电压放大到合适的范围。调谐时间是

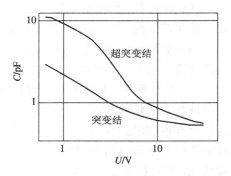

图 9-1　变容管的调谐特性

最大调谐范围所用的时间。变容管的调谐速度比 YIG 的调谐速度快得多。

4. 供电电源

供电电源是保证振荡器安全工作时所需的电源电压和电流。直流功率要有足够余量。

5. 结构尺寸

振荡器的外形结构和安装尺寸受使用场合的限制。在给定的安装条件下，应合理布局电路，考虑散热，使振荡器能稳定工作。

9.1.2　振荡器的原理

振荡器设计与放大器设计很类似。可以将同样的晶体管、同样的直流偏置电平和同样的一组[S]参数用于振荡器设计，对于负载来说，并不知道是被接到振荡器，还是被接到放大器，如图 9-2 所示。

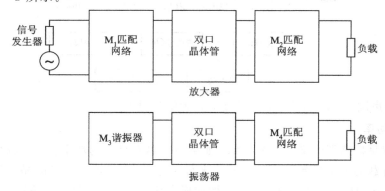

图 9-2　放大器和振荡器设计方框图

对于放大器设计来说，S_{11}' 和 S_{22}' 都小于 1，可以用圆图来设计 M_1 和 M_2；而对于振荡器设计来说，为了产生振荡，S_{11}' 和 S_{22}' 均大于 1。

振荡器的振荡条件可以表示为

$$K < 1 \tag{9-1}$$

$$\Gamma_G S_{11}' = 1 \tag{9-2}$$

$$\Gamma_L S_{22}' = 1 \tag{9-3}$$

首先应该保证稳定系数都小于 1，如果不满足这个条件，则应该改变公共端或加正反馈；其次，必须加无源终端 Γ_G 和 Γ_L，以便使输入端口和输出端口谐振于振荡频率。我们可以证明，如果式(9-2)得到满足，则式(9-3)亦必定满足，反之亦然。换句话说，如果振荡器在一个端口振荡，它必然在另一个端口同时振荡。通常，因为仅接一个负载，所以大部分功率只供给一个端口。由于 $|\Gamma_G|$ 和 $|\Gamma_L|$ 均小于 1，因此式(9-2)和式(9-3)就意味着 $|S_{11}'| > 1$ 和 $|S_{22}'| > 1$。

假定端口 1 满足振荡条件

$$\frac{1}{S_{11}'} = \Gamma_G \tag{9-4}$$

则有

$$S_{11}' = S_{11} + \frac{S_{12} S_{21} \Gamma_L}{1 - S_{22} \Gamma_L} = \frac{S_{11} - D\Gamma_L}{1 - S_{22}\Gamma_L} \tag{9-5}$$

$$D = S_{11} S_{22} - S_{12} S_{21}$$

$$\frac{1}{S_{11}'} = \frac{1 - S_{22}\Gamma_L}{S_{11} - D\Gamma_L} = \Gamma_G \tag{9-6}$$

将式(9-6)展开，可得

$$\Gamma_G S_{11} - D\Gamma_L \Gamma_G = 1 - S_{22}\Gamma_L$$

$$\Gamma_L(S_{22} - D\Gamma_G) = 1 - S_{11}\Gamma_G$$

$$\Gamma_L = \frac{1 - S_{11}\Gamma_G}{S_{22} - D\Gamma_G} \tag{9-7}$$

同理，有

$$S_{22}' = S_{22} + \frac{S_{12} S_{21} \Gamma_G}{1 - S_{11} \Gamma_G} = \frac{S_{22} - D\Gamma_G}{1 - S_{11}\Gamma_G} \tag{9-8}$$

$$\frac{1}{S_{22}'} = \frac{1 - S_{11}\Gamma_G}{S_{22} - D\Gamma_G} \tag{9-9}$$

比较式(9-7)和式(9-9)，得

$$\frac{1}{S_{22}'} = \Gamma_L \tag{9-10}$$

这就意味着，在端口 2 也满足振荡条件。如两端口中任一端口发生振荡，则另一端口必然同样振荡，负载可以出现在两个端口中的任一端口或同时出现在两个端口，但一般负载是在输出终端。

根据上述理论，可以依下列步骤利用 [S] 参数来设计一个振荡器。

步骤一：确定振荡频率与输出负载阻抗。一般射频振荡器的输出负载阻抗为 50 Ω。

步骤二：根据电源选用半导体元件，设定晶体管的偏压条件 (U_{CE}, I_C)，确定振荡频率下的晶体管的 S 参数 $(S_{11}, S_{21}, S_{12}, S_{22})$。

步骤三：将所获得的 S 参数代入下列公式以计算出稳定因子 K 的值。

$$K = \frac{1 - |S_{11}|^2 - |S_{22}|^2 + |\Delta|^2}{2|S_{12}S_{21}|} \qquad (9-11)$$

其中

$$\Delta = S_{11}S_{22} - S_{12}S_{21}$$

步骤四：检查 K 值是否小于 1。若 K 值不够小，可使用射极或源极增加反馈电路来降低 K 值，如图 9-3 所示。图中，

$$[Z_m] = [Z_a] + [Z_f] \qquad (9-12)$$

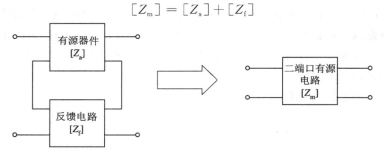

图 9-3　有源器件与反馈电路的串联

步骤五：利用下列公式计算出负载稳定圆的圆心 A 与半径 b，并绘出以 Γ_L 为参量的史密斯圆，如图 9-4 所示。同理，亦可计算出振源稳定圆的圆心 C 与半径 d。

负载稳定圆：$|\Gamma - A| = b$

$$\begin{cases} \text{圆心} \quad A = \dfrac{\overline{(S_{22} - \Delta S_{11}^*)}}{|S_{22}|^2 - |\Delta|^2} \\[4mm] \text{半径} \quad b = \dfrac{|S_{12}S_{21}|}{||S_{22}|^2 - |\Delta|^2|} \end{cases} \qquad (9-13)$$

振源稳定圆：$|\Gamma - C| = d$

$$\begin{cases} \text{圆心} \quad C = \dfrac{\overline{(S_{11} - \Delta S_{22}^*)}}{|S_{11}|^2 - |\Delta|^2} \\[4mm] \text{半径} \quad d = \dfrac{|S_{12}S_{21}|}{||S_{11}|^2 - |\Delta|^2|} \end{cases} \qquad (9-14)$$

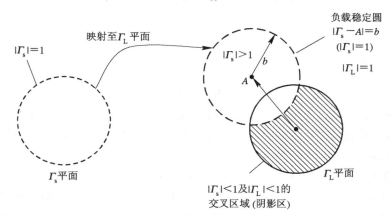

图 9-4　$|\Gamma_s| = 1$ 映射至 Γ_L 平面的负载稳定圆

步骤六：设计一个谐振电路，一般使用并联电容 Z_s，将其反射系数 Z_s 转换成 Γ_{L1}，并

将其标记到 $|\Gamma_{L1}|=1$ 的圆图上。

$$\Gamma_{L1} = \frac{1}{S'_{22m}} = \frac{1}{S_{22m} + \dfrac{S_{12m}S_{21m}\Gamma_{s1}}{1 - S_{11m}\Gamma_{s1}}}$$

步骤七：检查 Γ_{L1} 的值是否落在负载稳定圆外部与 $|\Gamma_L|=1$ 的单位圆内部的交叉斜线区域，如图 9-5 所示。若没有，则重选谐振电路的电容值，并重复步骤六直到符合步骤七的要求。

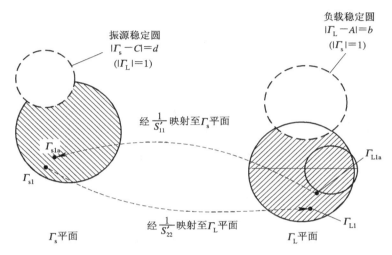

图 9-5 振荡器设计图示

步骤八：根据计算得到的 Γ_{L1} 值，选择一个接近新值 Γ_{L1a}，使其对应的阻抗值（Z_{L1a}）的实数部分（$\mathrm{Re}[Z_{L1a}]$）等于输出负载阻抗（R_L）。

步骤九：将新值 Γ_{L1a} 经 $1/S'_{11}$ 映射转换成新值 Γ_{s1a}，并检查其绝对值是否小于所选定的 Γ_{s1} 的绝对值，即较接近 $|\Gamma_s|=1$ 的圆心，如果符合起振条件 $|\Gamma_{s1}| > |\Gamma_{s1a}|$，如图 9-5 所示，则取

$$\Gamma_{s1a} = \frac{1}{S'_{11m}} = \frac{1}{S_{11m} + \dfrac{S_{12m}S_{21m}\Gamma_{L1a}}{1 - S_{22m}\Gamma_{L1a}}}$$

步骤十：振荡器电路的实现分别将 Z_f、Z_s、$\mathrm{Im}[Z_{L1a}]$ 转成实际元件值，可选用电容、电感或传输线实现这些元件值。

（1）反馈电路。

① 若选用电容，则公式为

$$C_f = \frac{1}{2\pi f_0 |Z_f|}$$

若选用等效传输线（阻抗 Z_0），则长度为

$$\theta = \mathrm{arccot}\left(\frac{|Z_f|}{Z_0}\right)$$

② 若选用电感，则公式为

$$L_f = \frac{|Z_f|}{2\pi f_0}$$

若选用等效传输线(阻抗 Z_0),则长度为

$$\theta = \arctan\left(\frac{\mid Z_{\mathrm{f}} \mid}{Z_0}\right)$$

(2) 谐振电路。

① 若选用电容,则公式为

$$C_{\mathrm{s}} = \frac{1}{2\pi f_0 \mid Z_{\mathrm{s}} \mid}$$

若选用等效传输线(阻抗 Z_0),则长度为

$$\theta = \operatorname{arccot}\left(\frac{\mid Z_{\mathrm{s}} \mid}{Z_0}\right)$$

② 若选用电感,则公式为

$$L_{\mathrm{s}} = \frac{\mid Z_{\mathrm{s}} \mid}{2\pi f_0}$$

若选用等效传输线(阻抗 Z_0),则长度为

$$\theta = \arctan\left(\frac{\mid Z_{\mathrm{s}} \mid}{Z_0}\right)$$

(3) 输出负载匹配电路。

① 若 $\mathrm{Im}[Z_{\mathrm{L1a}}] < 0$,则选用串联电容或等效匹配传输线:

$$C_{\mathrm{L}} = \frac{1}{2\pi f_0 \mid \mathrm{Im}[Z_{\mathrm{L1a}}] \mid}$$

② 若 $\mathrm{Im}[Z_{\mathrm{L1a}}] > 0$,则选用并联电感或等效匹配传输线:

$$L_{\mathrm{L}} = \frac{\mid \mathrm{Im}[Z_{\mathrm{L1a}}] \mid}{2\pi f_0}$$

9.1.3　振荡器常用元器件

1. 有源器件

用于射频/微波振荡器的有源器件及使用频段见表 9-1。

表 9-1　用于射频/微波振荡器的有源器件及使用频段

器件名称	英文简写	频　段	说　明
双极结晶体管	HBT	5 GHz 以下	用途广,噪声低
场效应管	MOSFET	1 GHz 以下	特殊要求时,比 HBT 噪声低
	JFET		
	MESTET	100 GHz 以下	用途广,噪声低
	HEMIT		
负阻二极管	GUNN	100 GHz 以下	结构简单,噪声大
	IMPATT		
倍频器		所有频率	稳定,现多用

2. 谐振器

用于射频/微波振荡器的谐振器及使用频段见表 9-2。一般以振荡器的成本、指标来选择谐振器。

表 9 - 2 用于射频/微波振荡器的谐振器及使用频段

谐振器类型	频率范围	品质因数 Q	说 明
LC	1 Hz~100 GHz	0.5~200	Q 低,平面,成本高
变容管	1 Hz~100 GHz	0.5~100	Q 低,非线性,噪声大,可调
带状线、微带线	1 MHz~100 GHz	100~1000	尺寸大,平面,成本低,Q 高
波导	1~600 GHz	1000~10 000	尺寸大,成本高,Q 高
YIG	1~50 GHz	1000	需外加磁场,成本高,速度低,Q 高,调谐线性好
TL	0.5~3 GHz	200~1500	成本高,Q 高,温度稳定
蓝宝石	1~10 GHz	50 000	成本高,Q 高,温度稳定
介质 DR	1~30 GHz	5000~30 000	成本和体积大,Q 高
晶振	1 kHz~0.5 GHz	100 000~2 500 000	频率低,Q 高,温度稳定
声表 SAW	1 MHz~2 GHz	500 000	频率低,成本高,Q 高

3. 振荡器

要把 9.1.2 节中的基本原理变成实际电路,应该了解振荡器的基本拓扑结构。图 9 - 6 给出了振荡器的四种基本连接形式。图(a)是射频/微波振荡器原始等效电路,振荡器供出能量等效为负阻,负载吸收能量是正电阻,这个电路对于各种振荡器都是有效的,只是在二极管振荡器中概念更直观。图(b)和图(c)用途最广,技术成熟。图(b)是栅极反馈振荡器,常用于变容管调谐和各种传输线谐振器振荡器,工作于串联谐振器的电感部分。图(c)是源极反馈振荡器,常用于 YIG 调谐、介质谐振器和传输线谐振器振荡器,工作于并联谐振器的电容部分。在微波频段,反馈电容 C_1 就是器件的结等效电容。图(b)和图(c)实质上是相同的,只是调谐的位置不同。栅极起到谐振器与负载的隔离作用。图(d)是交叉耦合反馈电路。近代集成电路的发展使得低频电路的振荡器结构向射频/微波领域移植。

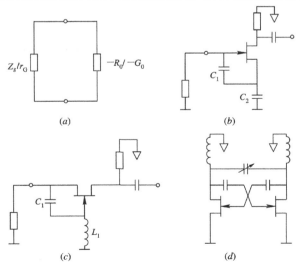

图 9 - 6 振荡器电路

(a) 振荡器原始等效电路;(b) 栅极反馈振荡器;(c) 源极反馈振荡器;(d) 交叉耦合反馈电路

为了保证振荡器的输出功率和频率不受负载影响，同时也使振荡器有足够的功率输出，通常振荡器要加隔离放大器，如图 9 - 7 所示。

图 9 - 7 振荡器的实际结构框图

4. 振荡器的设计步骤

振荡器的设计步骤如下：

步骤一：选管子，要求在工作频率上有足够的增益和输出功率（以手册为基础）。

步骤二：选拓扑结构，要求有适当反馈，保证 $K<1$。

步骤三：选择输出匹配网络，保证在 $50\ \Omega$ 负载时 $|S_{11}'|>1$。

步骤四：输入端谐振，使 $\Gamma_G S_{11}'=1$，保证 $|S_{22}'|>1$。

还要注意，晶体管的偏置对特性影响很大，无论什么管子（HBJT、FET、MMIC 等），电路拓扑结构都一样。

9.2 集总参数振荡器

对于匹配电路和振荡电路都是集总元件的振荡器，我们称为集总参数振荡器。由于元件的小型化和新材料的不断出现，在微波低端大量使用的集总参数电路的频率一直在向高端推移，微波微封装电路已经在厘米波段普及。

9.2.1 设计实例

设计一个 800 MHz 振荡器。电源为 12 V DC，负载阻抗为 $50\ \Omega$。晶体管 AT41511 的 S 参数如表 9 - 3 所示（$U_{CE}=8\ V$，$I_C=25\ mA$，$Z_0=50\ \Omega$，$T_A=25\ ℃$）。

表 9 - 3 参 数 表

f/GHz	S_{11}		S_{21}		S_{12}		S_{22}	
0.5	0.49	−153	12.7	98	0.030	50	0.42	−35
0.6	0.48	−159	10.7	94	0.034	52	0.39	−35
0.7	0.48	−163	9.3	90	0.037	53	0.38	−35
0.8	0.47	−167	8.2	87	0.040	55	0.37	−36
0.9	0.47	−170	7.3	85	0.044	56	0.36	−37
1.0	0.47	−171	6.6	82	0.047	57	0.37	−38
1.5	0.44	177	4.9	71	0.065	59	0.40	−42
2.0	0.41	163	3.4	61	0.083	58	0.42	−45

设计过程如下：

（1）计算可得有源器件的原始 K 值为 1.021，大于 1，需设计反馈电路。选用一个

18 pF的电容做反馈电路，经公式计算后可得修正后的 K 值为-0.84，远小于 1。设计可行。

（2）选用 11.5 pF 电容做谐振电路，设其内电阻为 2.5 Ω，将其反射系数 Γ_{s1} 经 $1/S'_{22}$ 映射公式转换成 Γ_{L1}，并标记到 $|\Gamma_L|=1$ 的史密斯圆图上，可得确实落于 $|\Gamma_s| < 1$ 及 $|\Gamma_L| < 1$ 的交叉区域，即稳定振荡区内，故可用。

（3）选定一接近值 Γ_{L1a}，以使得其对应的阻抗值 $Z_{L1a} = 50 + j250$ Ω 的实数部分 $Re[Z_{L1a}] = 50$ Ω 等于输出负载阻抗 $R_L = 50$ Ω。

（4）将新值 Γ_{L1a} 经 $1/S'_{11}$ 映射转换成新值 Γ_{s1a}，其绝对值（$=0.878$）确实小于原先选定的 Γ_{s1} 的绝对值（$=0.914$），符合起振条件，$|\Gamma_{s1}| > |\Gamma_{s1a}|$。

（5）选用电感来设计输出负载匹配电路，经公式计算可得其值为 50 nH。

（6）代入射频模拟软件分析验证。经 Mathcad 分析，Microwave Office 仿真结果如图 9-8 所示。

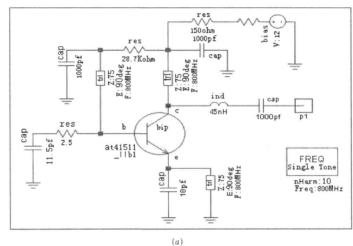

（a）

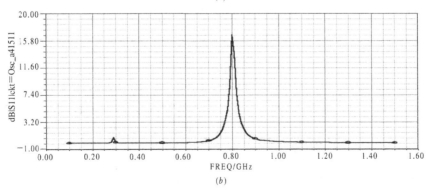

（b）

图 9-8 800 MHz 振荡器设计结果

（a）电路结构；（b）仿真结果

9.2.2 电路拓扑结构举例

从上例可以看出，振荡器的设计有许多元件是根据经验预选的，可代入公式验证。图 9-9、图 9-10 和图 9-11 给出了几个典型电路供参考。

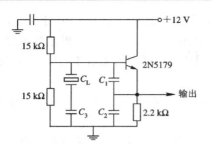

	3 MHz	6 MHz	10 MHz	20 MHz	30 MHz
C_1/pF	330	270	180	82	43
C_2/pF	430	360	220	120	68
C_3/pF	39	43	43	36	32
C_L/pF	32	32	30	20	15

图 9 - 9　晶体振荡器

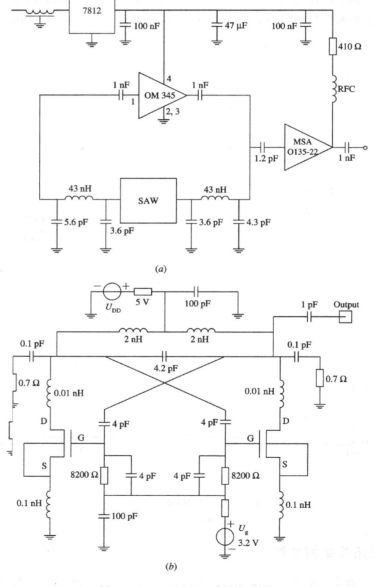

图 9 - 10　1.04 GHz 集成振荡器

(a) 模型；(b) 原理图

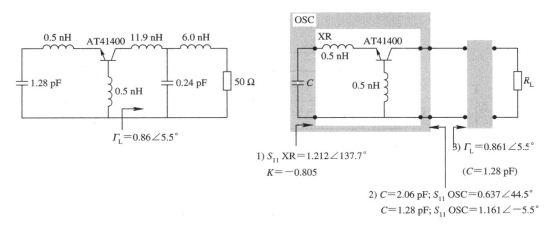

1) S_{11} XR$=1.212\angle 137.7°$
　$K=-0.805$

2) $C=2.06$ pF; S_{11} OSC$=0.637\angle 44.5°$
　$C=1.28$ pF; S_{11} OSC$=1.161\angle -5.5°$

3) $\Gamma_L=0.861\angle 5.5°$
　($C=1.28$ pF)

图 9 - 11　4 GHz 振荡器

9.3　微带线振荡器

分布参数振荡器的常用结构是微带线型平面结构，便于元器件的安装。常用谐振器有微带线谐振器、同轴型介质谐振器和圆（方）柱介质谐振器。下面结合实例介绍电路拓扑，并给出微带与介质谐振器的布局。

1. 2 GHz 振荡器

双极结晶体管的参数和电路设计结果如图 9 - 12 所示。电感 L_B 的加入，可保证振荡稳定。可以验算，$|S_{11}'|>1$，$|S_{22}'|>1$。电容 C 与管子引线电感构成谐振回路，电容 C 可以用变容管、YIG 或介质谐振器代替，来构成不同功能的振荡器。微带线谐振器是阻抗变换网络。

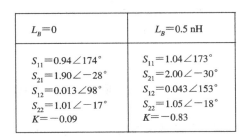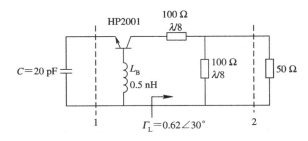

图 9 - 12　2 GHz 振荡器的管子参数和设计结果

2. 同轴型介质谐振器振荡器

在微波低端，近年来大量使用同轴型介质谐振器制作振荡器。图 9 - 12 所示振荡器中电容 C 的位置可以用介质谐振器代替，通过重新设计其他元件，能提高振荡器的频率稳定性。

如图 9 - 13 所示是四分之一波长的内圆外方同轴谐振器。圆柱套型高介电常数的陶瓷介质内外表面有金属导体，引脚端开路，另一端短路。谐振器的边长与内径满足高 Q 条件。表 9 - 4 给出了不同介电常数的使用频段。

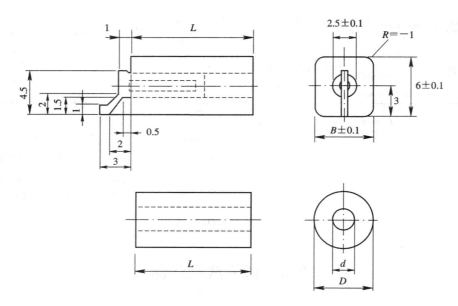

图 9 - 13　同轴介质谐振器

表 9 - 4　常用同轴介质谐振器

相对介电常数	21	38	88
长度/mm	$16.6/f$	$12.6/f$	$8.8/f$
温度系数/(ppm/℃)	10	6.5	8.5
温度系数(可能值)	$-3\sim+12$	$-3\sim+12$	$-3\sim+12$
典型 Q 值	800	500	400
适应频率/GHz	$1\sim4.5$	$0.8\sim2.5$	$0.4\sim1.5$

同轴型介质谐振器等效为一个并联谐振回路。谐振时的等效电阻为

$$R_{\mathrm{p}} = \frac{2Z_0^2}{R^* l}$$

式中，Z_0 为谐振器的特性阻抗，R^* 为导体损耗，l 为谐振器长度。如在频率为 450 MHz、介电常数为 88 的条件下，可得 $R_{\mathrm{p}}=2.5$ kΩ。

图 9 - 14 给出了使用这种谐振器的振荡器典型电路。变换谐振器尺寸，振荡器可以工作在0.5～2.5 GHz频率范围。变容管调谐可以在一定范围内实现压控振荡器(VCO)。

3. 圆柱(方柱)介质谐振器 FET 振荡器

如图 9 - 15 所示，圆柱型介质谐振器可以等效为一个并联谐振器。将这个振荡器放入前述 4 GHz 振荡器中，可得图 9 - 16 所示介质振荡器。

介质谐振器与微带电路的耦合参见图 9 - 17。调节谐振器的三维位置就可改变耦合量。

图 9 - 18 给出各种介质谐振器的安装拓扑。微波场效应振荡器的技术成熟于 20 世纪 80 年代，目前已在各类微波系统中得到使用。

图 9 - 19 是一个 14 GHz 微波振荡器实例，微封装后就像普通晶振一样使用。

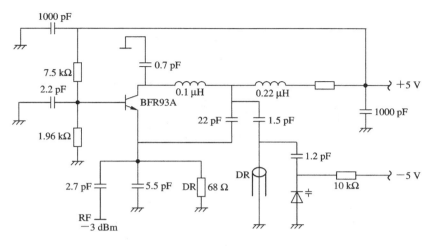

图 9 - 14 介质谐振器振荡器典型电路(0.5~2.5 GHz)

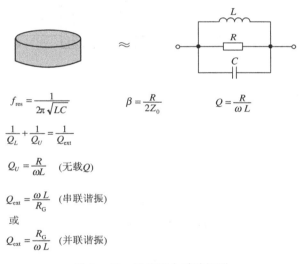

$$f_{\text{res}} = \frac{1}{2\pi\sqrt{LC}} \qquad \beta = \frac{R}{2Z_0} \qquad Q = \frac{R}{\omega L}$$

$$\frac{1}{Q_L} + \frac{1}{Q_U} = \frac{1}{Q_{\text{ext}}}$$

$$Q_U = \frac{R}{\omega L} \quad (\text{无载}Q)$$

$$Q_{\text{ext}} = \frac{\omega L}{R_G} \quad (\text{串联谐振})$$

或

$$Q_{\text{ext}} = \frac{R_G}{\omega L} \quad (\text{并联谐振})$$

图 9 - 15 圆柱型介质谐振器

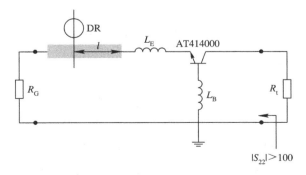

图 9 - 16 4 GHz 介质振荡器

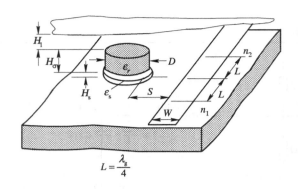

$$L = \frac{\lambda_g}{4}$$

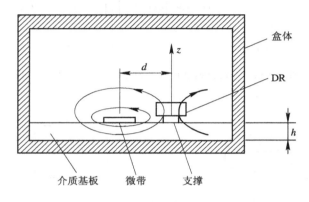

图 9 - 17　介质谐振器与微带线的耦合

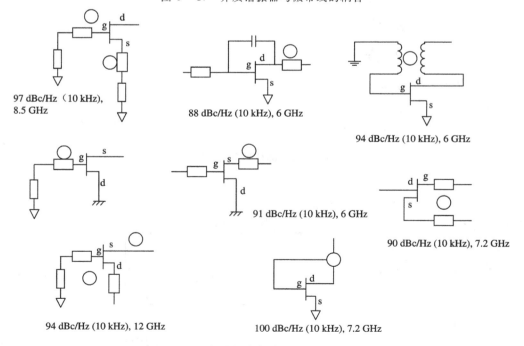

97 dBc/Hz（10 kHz），
8.5 GHz

88 dBc/Hz (10 kHz), 6 GHz

94 dBc/Hz (10 kHz), 6 GHz

91 dBc/Hz (10 kHz), 6 GHz

90 dBc/Hz (10 kHz), 7.2 GHz

94 dBc/Hz (10 kHz), 12 GHz

100 dBc/Hz (10 kHz), 7.2 GHz

图 9 - 18　各种微波介质振荡器的安装拓扑

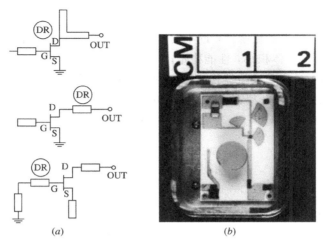

图 9 - 19　14 GHz 介质场效应振荡器

(a) 振荡器电路；(b) 实物

4. 圆柱(方柱)介质谐振器二极管振荡器

图 9 - 20 是介质谐振器与体效应二极管振荡器结合的实际结构，这是一种成熟振荡器，用途广泛。

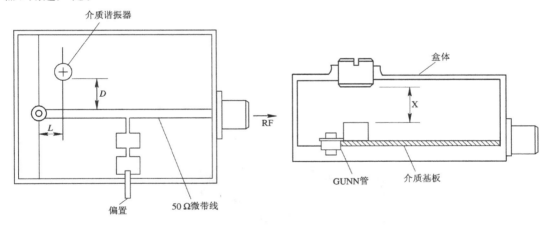

图 9 - 20　X 波段介质谐振器 GUNN 振荡器

图 9 - 21 是介质谐振器与雪崩管振荡器结合的实例，这是一个频带反射式振荡器。

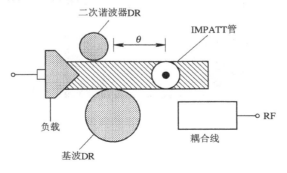

图 9 - 21　X 波段介质谐振器 IMPATT 振荡器

5. 微机械振荡器

为了实现 K 波段以上的振荡器，近年发展起来一种微机械谐振器。它把微带谐振线做在一种特制材料薄膜上，体积小，性能稳定。

将图 9-22(a) 中的介质谐振器换成图(b)所示的结构就得到微机械谐振器。图(c)是微机械谐振器电路的尺寸，电路外形尺寸为 $6.8\ \text{mm} \times 8\ \text{mm} \times 1.4\ \text{mm}$。HEMT 器件 FHR20X 的 $U_{\text{GS}} = -0.3\ \text{V}$，$U_{\text{DS}} = 2\ \text{V}$，$I_{\text{DS}} = 10\ \text{mA}$，$f_0 = 28.7\ \text{GHz}$，$P_0 = 0.6\ \text{dBm}$。

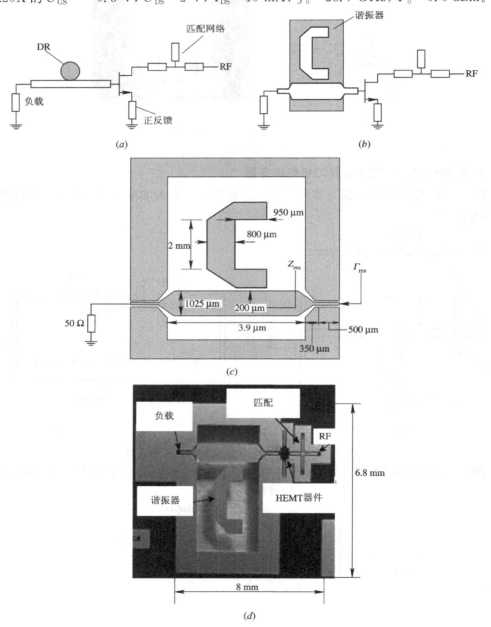

图 9-22 微机械振荡器结构示意

(a) 介质谐振器；(b) 微机械谐振器；(c) 电路尺寸；(d) 实物

9.4　压控振荡器(VCO)

　　射频/微波压控振荡器电路与上述振荡器形式相同，只是在谐振电路中增加了可变电抗以调谐输出信号的频率。变容二极管和 YIG 是两种基本方案。

9.4.1　集总元件压控谐振电路

　　用变容二极管取代谐振回路中的部分电容，即可将振荡器修改成压控振荡器，这是常用的方法。修改后的谐振电路如图 9-23 所示。其设计步骤如下：

　　步骤一：选用电路结构。首先，计算 $K = f_{max}/f_{min}$：若 $K < 1.4$，则变容二极管与一个固定值电容串联；若 $K > 1.4$，则两个变容二极管并联。

　　步骤二：确定 VCO 电路使用场合。若单独应用，则需要使用微调电容来调整 f_{max} 和固定值电容来增加温度补偿；若用于锁相环，一般情况下，可以不用微调电容与固定电容。

　　步骤三：估算等效谐振电容 C_r。

$$C_r = 固定电容 + 可调电容 + 有源元件等效电容 + 离散电容$$

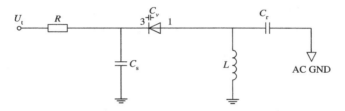

图 9-23　VCO 谐振电路

等效谐振电容也可以利用表 9-5 估算。

表 9-5　等效谐振电容估算表

VCO 输出频率 /MHz	有源元件与离散等效电容的 估算值/pF	常用可调电容 /pF
0.1~0.5	15	10
0.5~30	10	5
30~100	5	5
100~200	4	3
200~1000	1~3	1~2

　　步骤四：计算最大调整电容 C_{Tmax}。

$$C_{Tmax} = (K^2 - 1) \cdot C_r + K^2 \cdot C_{min}$$

其中，K、C_r 的值可分别由步骤一和步骤三获得，而 C_{min} 可由厂商提供的变容二极管的元件资料中获得，且其对应的最大电容值 C_{max} 必须比最大调整电容 C_{Tmax} 稍大些。

　　步骤五：计算谐振电感 L。

$$L = \frac{1}{4\pi^2 f_{\max}^2 \cdot (C_r + C_{\min})}$$

也可以参考表 9 - 6 来选定谐振电感值，以避免选用的变容二极管的 $C_{\min}$ 值过小，不实际。

表 9 - 6　估算谐振电感值

VCO 输出频率/MHz	谐振电感值/μH
0.2~1.0	10~1500
0.5~2.0	10~1000
2~15	0.1~1000
10~100	0.08~25
50~200	40~400
200~1000	8~40

步骤六：决定 R 与 C_s 值。

电阻 R 与旁路电容 C_s 的主要作用是阻隔调谐电路与射频电路的耦合干扰。R 值太小，则不能达到去耦效果；R 值太大，则会因变容二极管的漏电流的交流成分而造成噪声调制。在特殊情况下，可以用射频扼流圈替代。一般地，R 值约为 30 kΩ 左右，而 C_s 值则视振荡频段而不同，约在 10~1000 pF 之间。

9.4.2　压控振荡器电路举例

图 9 - 24、图 9 - 25、图 9 - 26、图 9 - 27 给出了几个压控振荡器电路实例，供参考。

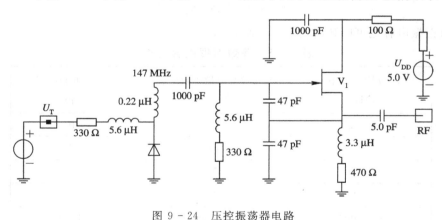

图 9 - 24　压控振荡器电路

图 9 - 25　变容管的两种连接方式

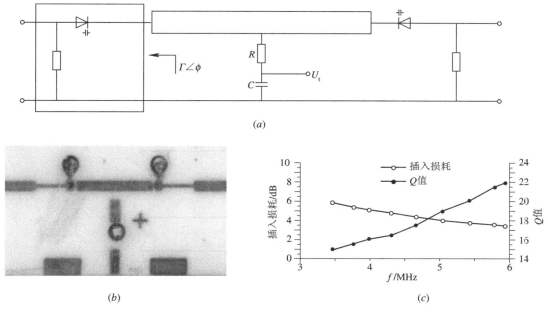

图 9 - 26 3～6 GHz 宽带微波压控振荡器

（变容管 CVE7900D，$C_{j0}=1.5$ pF，$Q=7000(-4$ V，50 MHz)，$U_B=45$ V，$K=6$）

（a）原理图；（b）微带板；（c）频带特性

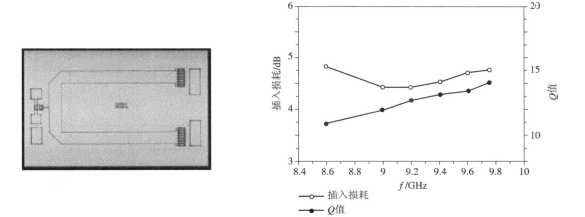

图 9 - 27 X 波段 MMIC 宽带微波压控谐振器

（a）微带板；（b）频带特性

9.5 变容管倍频器

采用倍频方案，可以在高频段得到低频段的频率精确度。现在有很多射频/微波系统中采用"倍频器＋功放"实现发射机，其基本原理和应用参见第 11、13 章。

倍频器的原理是基于变容管的能量与频率的关系，详细内容在第 11 章介绍。这里给出一个电路实例。图 9 - 28 是 100 MHz→1700 MHz 的倍频器原理图。

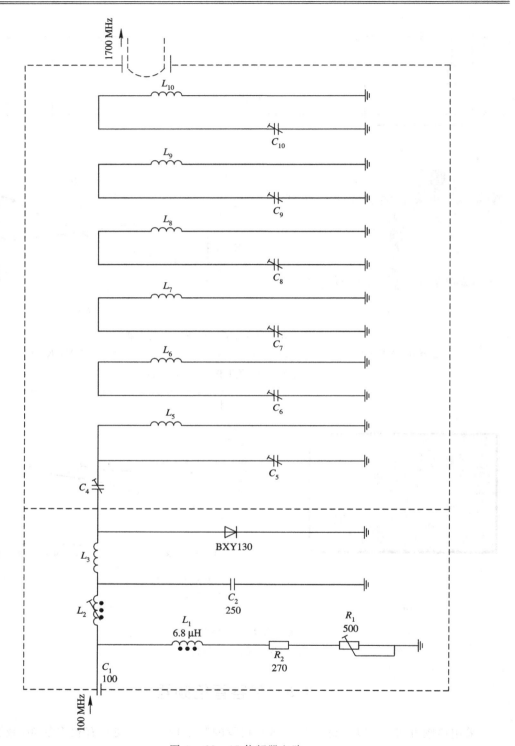

图 9 - 28 17 倍频器电路

第10章　频率合成器

┌─ 本章内容 ┐

　　　频率合成器的基本原理
　　　锁相环频率合成器
　　　直接数字频率合成器 DDS
　　　PLL＋DDS 频率合成器

　　频率合成器是近代射频/微波系统的主要信号源。例如，跳频电台、捷变频雷达、移动通信等核心无线系统都采用的是频率合成器。即使点频信号源用锁相环实现，频率稳定度和相位噪声指标也比自由振荡的信号指标好。现代电子测量仪器的信号源都是频率合成器。

　　广阔的市场需求推动了频率合成器技术的快速发展。各种新型频率合成器和频率合成方案不断涌现，集成化、小型化是频率合成器发展的主题。大量产品已迅速达到成熟的阶段。

10.1　频率合成器的基本原理

　　将一个高稳定度和高精度的标准频率信号经过加、减、乘、除等四则算术运算，产生有相同稳定度和精确度的大量离散频率，这就是频率合成技术。根据这个原理组成的电路单元或仪器称为频率合成器。虽然只要求对频率进行算术运算，但是，由于需要大量有源和无源器件，使频率合成系统相当复杂，因此这项技术一直发展缓慢。直到电子技术高度发达的今天，由于微处理器和大规模集成电路的大量使用，才使频率合成技术迅速发展，并得到了广泛应用。

10.1.1　频率合成器的主要指标

　　除了振荡器的基本指标外，频率合成器还有其他一些指标。经常需要考查的指标有频率、功率、相位噪声等。

1. 频率有关指标

　　频率稳定度：与振荡器的频率稳定度相同，频率合成器的频率稳定度包括时间频率稳定度和温度频率稳定度。

　　频率范围：是指频率合成器的工作频率范围，由整机工作频率确定，输出频率与控制码一一对应。

　　频率间隔：是指输出信号的频率步进长度，可等步进或不等步进。

　　频率转换时间：是指频率变换的时间，通常关心最高和最低频率的变换时间，即最长时间。

2．功率有关指标

　　输出功率：是指频率合成器的输出功率，通常用 dBm 表示。

　　功率波动：是指在频率范围内，各个频点的输出功率最大偏差。

3．相位噪声

　　相位噪声是频率合成器的一个极为重要的指标，与频率合成器内的每个元件都有关。降低相位噪声是频率合成器的主要设计任务。

4．其他

　　控制码对应关系：表示指定控制码与输出频率的对应关系。

　　电源：通常需要有两组以上电源。

10.1.2　频率合成器的基本原理

　　频率合成器的实现方式有四种：直接频率合成器、锁相环频率合成器（PLL）、直接数字频率合成器（DDS）和 PLL＋DDS 频率合成器。其中，第一种已很少使用，第二、三、四种都有广泛的使用。实际中，要根据频率合成器的使用场合、指标要求来确定使用哪种方案。下面分别简单介绍。

1．直接频率合成器

　　直接频率合成器是早期的频率合成器。基准信号通过脉冲形成电路产生谐波丰富的窄脉冲，经过混频、分频、倍频、滤波等进行频率的变换和组合，产生大量离散频率，最后取出所需频率。

　　例如，为了从 10 MHz 的晶体振荡器获得频率为 1.6 kHz 的标准信号，需先将 10 MHz 信号经 5 次分频后得到 2 MHz 的标准信号，然后经 2 次倍频、5 次分频得到 800 kHz 的标准信号，再经 5 次分频和 100 次分频就可得到 1.6 kHz 的标准信号。同理，如果想获得标准的 59.5 MHz 信号，除经倍频外，还将经两次混频、滤波。

　　直接频率合成方法的优点是频率转换时间短，并能产生任意小数值的频率步进。但是它也存在缺点，用这种方法合成的频率范围将受到限制。更重要的是由于采用了大量的倍频、混频、分频、滤波等电路，给频率合成器带来了庞大的体积和重量，而且输出的谐波、噪声和寄生频率均难以抑制。

2．锁相环频率合成器（PLL）

　　锁相环频率合成器是利用锁相环路实现频率合成的方法，将压控振荡器输出的信号与基准信号比较、调整，最后输出所要求的频率。它是一种间接频率合成器。

　　1）基本原理

　　锁相环频率合成器的基本原理如图 10-1 所示。压控振荡器的输出信号与基准信号的谐波在鉴相器里进行相位比较，当振荡频率调整到接近于基准信号的某次谐波频率时，环路就能自动地把振荡频率锁到这个谐波频率上。这种频率合成器的最大优点是结构简单，指标可以做得较高。由于它是利用基准信号的谐波频率作为参考频率的，故要求压控振荡器的精度必须在 $\pm 0.5 f_R$ 以内，如超出这个范围，就会错误地锁定在邻近的谐波上，因此，选择频道比较困难。另外，它对调谐机构性能要求也较高，倍频次数越多，分辨率就越差，因此，这种方法提供的频道数是有限的。

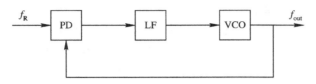

图 10 - 1　锁相环频率合成器

2) 数字式频率合成器

数字式频率合成器是锁相环频率合成器的一种改进形式，即在锁相环路中插入一个可变分频器，如图 10 - 2 所示。这种频率合成器采用了数字控制的部件，压控振荡器的输出信号进行 N 次分频后再与基准信号相位进行比较，压控振荡器的输出频率由分频比 N 决定。当环路锁定时，压控振荡器的输出频率与基准频率的关系是 $f_{out} = N f_R$。从这个关系式可以看出，数字式频率合成器是一种数字控制的锁相压控振荡器，其输出频率是基准频率的整数倍。通过控制逻辑来改变分频比 N，压控振荡器的输出频率将被控制在不同的频率上。

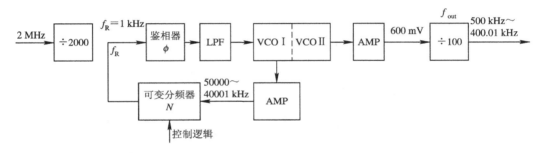

图 10 - 2　数字式频率合成器

例如，基准频率 $f_R = 1$ kHz，控制可变分频比 $N = 50\ 000 \sim 40\ 001$，则压控振荡器的输出频率将为 $500.00 \sim 400.01$ kHz(频率间隔为 10 Hz)。因此，数字式频率合成器可以通过可变分频器的分频比 N 的设计，提供频率间隔小的大量离散频率。这种频率合成法的主要优点是锁相环路相当于一个窄带跟踪滤波器，具有良好的窄带跟踪滤波特殊性和抑制输入信号的寄生干扰能力，节省了大量滤波器，有利于集成化、小型化。另外，它有很好的长期稳定性，从而使数字式频率合成器有高质量的信号输出。因此，数字锁相合成法已获得越来越广泛的应用。

3. 直接数字频率合成器(DDS)

直接数字频率合成技术是从相位概念出发，直接合成所需要波形的一种新的频率合成技术。近年来技术和器件水平的不断发展，使 DDS 技术得到了飞速的发展，它在相对带宽、频率转换时间、相位连续性、正交输出、高分辨率以及集成化等一系列性能指标方面已远远超过了传统的频率合成技术，是目前应用最广泛的频率合成方法。

DDS 以有别于其他频率合成方法的优越性能和特点而成为现代频率合成技术中的佼佼者。具体体现在相对带宽宽，频率转换时间短，频率分辨率高，输出相位连续，可产生宽带正交信号及其他多种调制信号,可编程和全数字化,控制灵活方便等方面,并具有极高的性价比。

　　1) DDS 的工作原理

　　实现直接数字频率合成的办法是用一通用计算机或微型计算机求解一个数字递推关系式,也可以在查询表上存储正弦波值。现代微电子技术的发展,已使 DDS 能够工作在高达 500 MHz 的频率上。这种频率合成器的体积小,功耗低,几乎可以实现实时的、相位连续的频率变换,具有非常高的频率分辨率,可产生频率和相位可控的正弦波。电路一般包括基准时钟、频率累加器、相位累加器、幅度/相位转换电路、D/A 转换器和低通滤波器等。

　　DDS 的结构有很多种,其基本的电路原理可用图 10 - 3 来表示,图(a)是图(b)的简单形式。

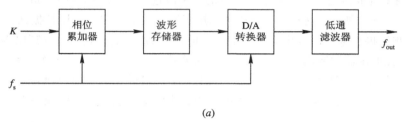

(a)

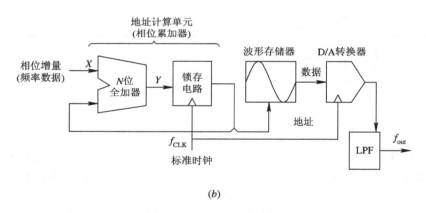

(b)

图 10 - 3　DDS 基本结构

(a) 简单模型;(b) 复杂模型

　　相位累加器由 N 位全加器与 N 位累加寄存器级联构成。每来一个时钟脉冲 f_s,全加器将控制字 K 与累加寄存器输出的累加相位数据相加,把相加后的结果送到累加寄存器的数据输入端,以使全加器在下一个时钟脉冲的作用下继续与频率控制字相加。这样,相位累加器在时钟作用下,不断对频率控制字进行线性相位累加。可以看出,相位累加器在每一个时钟输入时,把频率控制字累加一次,相位累加器输出的数据就是合成信号的相位,相位累加器的输出频率就是 DDS 输出的信号频率,相位累加器输出的数据作为波形存储器(ROM)的相位取样地址。可把存储在波形存储器内的波形抽样值(二进制编码)经查表查出,完成相位到幅值的转换。波形存储器的输出送到 D/A 转换器,D/A 转换器将数字形式的波形幅值转换成所要求合成频率的模拟量形式信号。低通滤波器用于滤除不需要的取样分量，以便输出频谱纯净的正弦波信号。改变 DDS 输出频率，实际上改变的是每一个时钟周期的相位增量，相位函数的曲线是连续的，只是在改变频率的瞬间其频率发生了突变，因而保持了信号相位的连续性。这个过程可以简化为三步：

（1）频率累加器对输入信号进行累加运算，产生频率控制数据或相位步进量。

（2）相位累加器由 N 位全加器和 N 位累加寄存器级联而成，对代表频率的二进制码进行累加运算，产生累加结果 Y。

（3）幅度/相位转换电路实质上是一个波形存储器，以供查表使用。读出的数据送入 D/A 转换器和低通滤波器。

2）DDS 的优点

（1）输出频率相对带宽较宽。输出频率带宽为 $50\% f_s$（理论值），但考虑到低通滤波器的特性和设计难度以及对输出信号杂散的抑制，实际的输出频率带宽仍能达到 $40\% f_s$。

（2）频率转换时间短。DDS 是一个开环系统，无任何反馈环节，这种结构使得 DDS 的频率转换时间极短。事实上，在 DDS 的频率控制字改变之后，需经过一个时钟周期之后按照新的相位增量累加，才能实现频率的转换。因此，频率转换时间等于频率控制字的传输，也就是一个时钟周期的时间。时钟频率越高，转换时间越短。DDS 的频率转换时间可达纳秒数量级，比使用其他的频率合成方法都要短数个数量级。

（3）频率分辨率极高。若时钟 f_s 的频率不变，则 DDS 的频率分辨率就由相位累加器的位数 N 决定。只要增加相位累加器的位数 N，即可获得任意小的频率分辨率。目前·大多数 DDS 的分辨率在 1 Hz 数量级，有许多小于 1 mHz 甚至更小。

（4）相位变化连续。改变 DDS 输出频率，实际上改变的是每一个时钟周期的相位增量，相位函数的曲线是连续的，只是在改变频率的瞬间其频率发生了突变，因而保持了信号相位的连续性。

（5）输出波形的灵活性。只要在 DDS 内部加上相应控制（如调频控制 FM、调相控制 PM 和调幅控制 AM），即可方便灵活地实现调频、调相和调幅功能，产生 FSK、PSK、ASK 和 MSK 等信号。另外，只要在 DDS 的波形存储器存放不同波形的数据，就可以实现各种波形输出，如三角波、锯齿波和矩形波甚至任意的波形。当 DDS 的波形存储器分别存放正弦和余弦函数表时，可得到正交的两路输出。

（6）其他优点：由于 DDS 中几乎所有部件都属于数字电路，易于集成，功耗低，体积小，重量轻，可靠性高，且易于程控，使用相当灵活，因此性价比极高。

3）DDS 的局限性

（1）最高输出频率受限。由于 DDS 内部 DAC 和波形存储器（ROM）工作速度的限制，使得 DDS 输出的最高频率有限。目前市场上采用 CMOS、TTL、ECL 工艺制作的 DDS 芯片工作频率一般在几十 MHz 至 400 MHz 左右，采用 GaAs 工艺的 DDS 芯片工作频率可达 2 GHz 左右。

（2）输出杂散大。由于 DDS 采用全数字结构，不可避免地引入了杂散。其来源主要有三个：相位累加器相位舍位误差造成的杂散、幅度量化误差（由存储器有限字长引起）造成的杂散以及 DAC 非理想特性造成的杂散。

4. PLL＋DDS 频率合成器

DDS 的输出频率低，杂散输出丰富，这些因素限制了它的使用。间接 PLL 频率合成虽然体积小，成本低，但各项指标之间的矛盾也限制了其使用范围。可变参考源驱动的锁相频率合成器对于解决这一矛盾是一种较好的方案。而可变参考源的特性对这一方案是至关重要的。作为一个频率合成器的参考源，首先应具有良好的频谱特性，即具有较低的相位噪声和较小的杂散输出。虽然 DDS 的输出频率低，杂散输出丰富，但是它具有频率转换速度快，频率分辨率高，相位噪声低等优良性能，通过采取一些措施可以减少杂散输出。用 DDS 作为 PLL 的可变参考源是理想方案。

10.2　锁相环频率合成器

由于微电子技术的快速发展，使得 PLL 锁相环频率合成器有了很高的集成化程度。图 10-2 所示的数字式频率合成器可以简化为图 10-4 所示电路。频率合成器的组成元器件有标准晶振频率源、频率合成器芯片、滤波器、压控振荡器、单片机等。

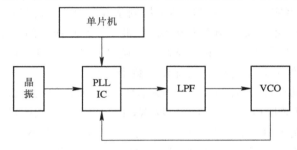

图 10-4　现代 PLL 的基本结构

10.2.1　锁相环频率合成器各个部件的选购和设计

图 10-4 中，可以购买的专业生产厂家的产品有晶体振荡器、PLL 集成电路、单片机和压控振荡器 VCO，需要设计的部分是低通滤波器 LPF 和单片机的程序。

1. 晶体振荡器

目前，使用最多的标准频率源是晶体振荡器。专业生产厂家的产品指标越来越高，体积越来越小。常用的有恒温晶振 OCXO、温补晶振 TCXO、数字温补晶振 DCXO。常用标准频率有 10 MHz、20 MHz、40 MHz 等。频率稳定度可以达到 $\pm 1 \times 10^{-6}$，各种标准封装都有。

国内技术已经比较成熟，北京、西安、深圳等地都有厂家生产，价格也不贵，可根据 PLL 集成电路的情况和频率合成器整机的设计要求选购。

2. PLL 集成电路

PLL 集成电路以国外公司生产为主，性能稳定可靠，工作频率涵盖 VCO 频率。芯片内包括参考标准频率源的分频器、VCO 输出信号频率的分频器、鉴相器、输出电荷泵等。两个分频器可以将标准频率和输出频率进行任意分频，满足频率合成器的频率分辨率要求，不同信号经不同分频后，得到两路同频率信号，再进行比相，相位差送入电荷泵，电荷泵的输出电流与相位差成比例。进一步，输出给 LPF，控制 VCO。

国外几个厂家，如 AD、PE、HITTITE、MOTOROLA 等公司的产品在国内市场占有较大份额。重庆等地已有国产化的 PLL 集成电路产品。每个型号的 PLL 芯片都有相应的设计软件，选定参考标频、输出信号的频率范围和步进等设计条件，可以方便地得出芯片的控制逻辑关系。

3. 单片机

单片机用来调整频率合成器的输出频率，也就是控制 PLL 芯片的逻辑关系。控制码对应关系可以是依据整机给定的控制码，也可以是芯片内部软件给出的控制码。总之，单片机提供一个变换输出频率的指令。

单片机可选用许多公司的 51 系列，也可以用可编程控制器件 FPGA 或 CPLD，如 MICROCHIP 公司 PIC18 系列。使用时应依据编程习惯来选择。

4. 压控振荡器（VCO）

压控振荡器输出所需要的射频/微波信号。VCO 的基本原理在第 9 章有介绍，它就是一个变容管调谐振荡器。为了实现宽范围调谐，通常要求较高的电压，供电电源为 12 V 或更高。在频率合成器中，VCO 的压控电压来自低通滤波器，与 PLL 芯片的输出电流有关。

VCO 也有大量产品可供选购。在射频/微波频段，VCO 已经成为微封装电路，指标稳定可靠，使用方便。国内石家庄十三所的产品与国外产品指标基本一致。国外 MINI‐CIRCUITS、SYNERGY、HITIITE 等公司的 VCO 在国内有许多代理商。

5. 低通滤波器（LPF）

现代频率合成器的设计中，硬件的主要工作就是低通滤波器的设计，它直接影响到频率合成器的相位噪声和换频速度。因为其他元件在选购时，特性指标已经确定，所能调整的就是低通滤波器。低通滤波器在频率合成环路中又被称为环路滤波器。低通滤波器通过对电阻电容进行适当的参数设置，使高频成分被滤除。由于鉴相器 PD 的输出不但包含直流控制信号，还有一些高频谐波成分，这些谐波会影响 VCO 电路的工作。低通滤波器就是要把这些高频成分滤除，以防止对 VCO 电路造成干扰。这个低通滤波器是低频滤波器。滤波器的结构可以是无源 RC 滤波器，也可以是有源运放低通，其原理简单，但调试较困难。

图 10‐5 给出了三种低通滤波器结构，图(a)为运放积分器，有一定的直流增益，称为二类 PLL；图(b)也有增益，为一类 PLL；图(c)是无源的，输出电流而不是电压，属二类 PLL。尽管电路简单，但对环路的影响很大。设计或调试不当，会引起环路不稳或难于锁相。滤波器的转换函数为

$$F(s) = \frac{s+a}{s^n(s+b)(s+c)} \tag{10-1}$$

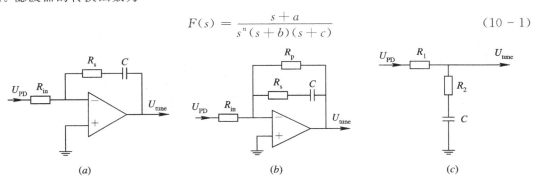

图 10‐5　三种低通滤波器
(a) 二类 PLL；(b) 一类 PLL；(c) 无源二类 PLL

滤波器的设计就是 R 和 C 的选定。后面将详细讨论如何选取 R 和 C 的值，才能得到比较理想的 PLL 频率合成器。

10.2.2　PLL 的锁定过程

举个简单的锁相环例子来说明上述部件的配合过程。假定最初环没有被锁定，参考频率是 100 MHz。把 VCO 的电压调到 5 V，输出频率为 100 MHz。鉴相器能产生 1 V 峰-峰值的余弦波。

使用一类环路滤波器，如图 10 - 6 所示，它在低频时增益为 100，在高频时增益为 0.1。环路没有锁定时，VCO 的工作频率可能在工作范围内的任何位置。假定工作频率为 101 MHz，在参考频率工作的前提下，在鉴相器输出端有 1 MHz 的差频，对环路滤波器而言，这个频率是高频，滤波器的增益只有 0.1。在 VCO 的电压上有鉴相器输出的 0.1 V 的峰-峰值的调制，但这个电压对 VCO 频率影响不大。

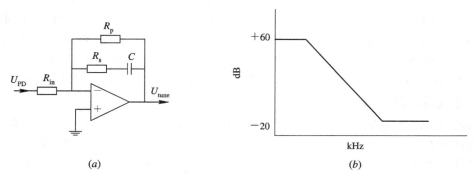

图 10 - 6　一类环路滤波器及其响应特性

(a) 电路结构；(b) 响应特性

如果 VCO 频率距离参考频率越来越远，环内就没有足够的增益将环锁定。如果 VCO 频率是 100.1 MHz，差频就是 100 kHz，使环路滤波器处在高增益频率范围是恰当的。调节 VCO 频率可增大差频电压。随着 VCO 的频率接近参考频率，差频变得更低，它进入了环路滤波器的高增益范围，加速了 VCO 频率的改变，直到它和参考频率相同。此时，差频是 0。锁定后，锁相环成为一个稳定的闭合环路系统，VCO 频率与参考频率相同。鉴相器输出瞬时电压与 VCO 输出瞬时电压如图 10 - 7(a)和(b)所示。

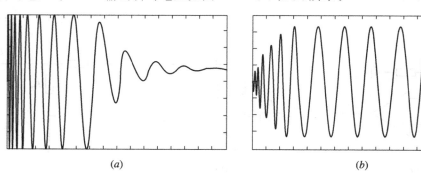

图 10 - 7　鉴相器和 VCO 输出电压瞬时值

(a) 鉴相器输出电压瞬时值；(b) VCO 输出电压瞬时值

鉴相器的输出电压与两路输入电压的关系为

$$2U_e = kU_aU_b\cos(\Delta\varphi) \tag{10-2}$$

当锁相环频率锁定时，VCO 输入电压达到 5 V。因为环路滤波器的增益为 100，故鉴相器输出的电压为 $U_e = -50$ mV，鉴相器最大电压是 1 V 峰-峰值，由式(10-1)得鉴相器的输出相位为 95.7°，环路滤波器保持 VCO 输出为 100 MHz，并维持鉴相器两端信号有 95.7°的相位差。

振荡器在一个周期的相位移为 360°，在一个特定的时间，如果频率增大，会积累更多的相位移。如果 VCO 的频率改变的更多，将快速地积累更多的相位移。鉴相器输出电压上升，环路滤波器会增强这个改变量并且降低 VCO 的控制电压，VCO 输出频率会降到 100 MHz，VCO 频率偏低的情况与此类似。这个控制过程是能够维持下去的。

对于温度、噪音、地心引力等外部因素引起的 VCO 频率微小改变，锁相环也能够稳定地输出。鉴相器输出一个误差电压，环路滤波器将使它增强，VCO 频率和相位将回到正确值。环的矫正作用就是保持频率和相位为恒量。

10.2.3　PLL 环的分类

锁相环是一个受负反馈控制的闭环系统。闭环增益 $H(s)$ 为

$$H(s) = \frac{G(s)}{1 + \dfrac{G(s)}{N}} \tag{10-3}$$

式中，$G(s)$ 是开环增益，$\dfrac{G(s)}{N}$ 是环增益。开环增益是鉴相器增益、环路滤波器增益和 VCO 增益的产物，N 是分频比。

式(10-3)分母多项式的整数个数(或频率极点数)决定系统的种类，可以用直流增益无限大的运放积分器来实现。显然，最大增益为 1 的无源滤波器难以实现这个功能。VCO 是一个纯相位积分器，为分类提供一个极点，所以，PLL 至少为一类。如果环路滤波器为有限直流增益，将不会改变 PLL 的类型。用无限增益积分器，就会得到二类 PLL。

锁相环的阶数是式(10-3)分母多项式的幂次数。环路滤波器的运放至少有两个重要的节点，一个在 1~100 kHz 之间，另一个在 10 MHz 以上。在压控范围内，VCO 有频率滚降，可在鉴相器输出端加一个低通滤波器，进一步降低不必要的高频信号。

前述例子使用了一类环，唯一的纯相位积分器是 VCO，因此只有一个极。环路滤波器增益为 100。如果 VCO 增益是 1 MHz/V，参考频率改变到 103 MHz，VCO 调谐电压将是 8 V。考虑 -100 的增益，鉴相器电压就是 $U_e = \dfrac{8}{-100} = -80$ mV。

当参考频率为 100 MHz 时，相位差为 99.7°，比 95.7° 更超前。VCO 与参考频率的相位差是 95.7°。如果参考频率继续改变，VCO 也会改变来匹配它，鉴相器输出电压也改变。这是一个重要的特性，有时需要，有时则不需要，实际中要灵活掌握。

如果环路滤波器的增益为 1000，要使 100 MHz 时锁定，鉴相器的输出电压只能是 -5 mV，要使 103 MHz 时锁定，鉴相器输出电压是 -8 mV，对应的相位差分别为 90.57° 和 90.92°。如果直流增益进一步增大，伴随频率的相位差变化将进一步减小。如果增益增

加到极限直流反馈电阻，R_p 将接近开路，并且环路滤波器直流增益将是无穷大，图 10 - 5 (b)所示的环路滤波器将变成图 10 - 5(a)所示的环路滤波器，此时，环路滤波器是一个独立的积分器。包含环路滤波器的锁相环积分器总数是两个：一个是 VCO，另一个是环路滤波器。环路滤波器用在锁相环内产生二类环。这个环的特性是随着频率的变化在 VCO 与参考频率间仍保持一个恒定的相位移。

目前，大量使用的是一类环和二类环。三类环和更高的环用于解决特殊情况下的频率改变问题。如卫星发射的各个阶段引起频率变化的因素不同，要保证卫星的微波源频率稳定，就应对各个阶段的情况进行控制，这时需用到三类以上的锁相环。

10.2.4 PLL 设计公式

通过前面了解的锁相环原理可知，环路滤波器和其他部分的元件值必须仔细地选择，才能组成一个稳定的环路。这些元件值都可以用基本闭环等式来分析和综合。

锁相环系统模型由鉴相器、环路滤波器、VCO 和分频器组成。每一部分可用一个恒定的增益或者频率函数的增益值来描述，如图 10 - 8 所示。闭合回路频率响应的预期特性是：最小频率为 1 Hz，最大频率在 10 kHz 和 10 MHz 之间。

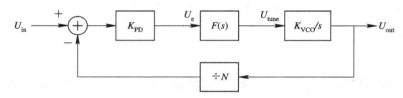

图 10 - 8 锁相环回路频域分析

通过计算节点 U_e 和 U_{out} 的电压关系，可得出负反馈系统闭合回路增益的表达式。图中，K_{PD} 为鉴相器增益，$F(s)$ 是放大器环路滤波器表达式，K_{VCO}/s 是 VCO 增益，可得误差电压和输出电压为

$$U_e = \left(U_{in} - \frac{U_{out}}{N}\right)K_{PD} \tag{10-4}$$

$$U_{out} = \left(U_{in} - \frac{U_{out}}{N}\right) \cdot \left(K_{PD}F(s)\frac{K_{VCO}}{s}\right) \tag{10-5}$$

所以，电压转移函数为

$$H(s) = \frac{U_{out}}{U_{in}} = \frac{K_{PD}F(s)K_{VCO}/s}{1+[K_{PD}F(s)K_{VCO}/s]/N} = \frac{G(s)}{1+G(s)/N} \tag{10-6}$$

如果 $G(s)$ 很大时，有

$$|H(s)| \approx N$$

这些闭环增益的表达式可用来决定环路滤波器的带宽和阻尼比。首先假定使用二类环，因为频率最高，容易得出滤波器转移函数为

$$F(s) = \frac{R_p \,/\!/\, (R_s + 1/sC)}{R_{in}} = \frac{(R_p R_s/R_{in})sC + R_p/R_{in}}{(R_p + R_s)sC + 1} \tag{10-7}$$

开环增益为

$$G(s) = \frac{F(s)K_{PD}K_{VCO}}{s} \tag{10-8}$$

对于一类锁相环，$R_p \to \infty$，则

$$F(s) = \frac{R_s sC + 1}{R_{in} sC} \tag{10-9}$$

把式(10-7)和式(10-8)代入闭环锁相环的增益公式(10-6)，得

$$H(s) = \frac{\dfrac{K_{PD}K_{VCO}(R_p + sCR_s)R_p}{R_{in}C(R_p + R_s)}}{s^2 + s\left[\dfrac{1}{C(R_p + R_s)} + \dfrac{K_{PD}K_{VCO}}{NR_{in}} \cdot \dfrac{R_p R_s}{R_p + R_s}\right] + \dfrac{K_{PD}K_{VCO}R_p}{NR_{in}C(R_p + R_s)}} \tag{10-10}$$

分母可改成控制理论中常见的形式：$s^2 + 2\zeta\omega_n s + \omega_n^2$，其中 ω_n 是系统的特征频率，ζ 是阻尼因数，即

$$\omega_n = \sqrt{\frac{K_{PD}K_{VCO}R_p}{NR_{in}C(R_p + R_s)}} \tag{10-11}$$

$$\zeta = \frac{\dfrac{1}{C} + \dfrac{K_{PD}K_{VCO}R_p R_s}{NR_{in}}}{2\omega_n(R_p + R_s)} \tag{10-12}$$

当 $R_p \to \infty$ 时，二类锁相环的特征频率和阻尼因子分别为

$$\omega_n = \sqrt{\frac{K_{PD}K_{VCO}}{NR_{in}C}} \tag{10-13}$$

$$\zeta = \frac{K_{PD}K_{VCO}R_s}{2\omega_n NR_{in}} \tag{10-14}$$

阻尼因子 ζ 和特征频率 ω_n 确定以后，即可决定电路元件。为了简单，定义

$$K_t = \frac{K_{PD}K_{VCO}}{N} \tag{10-15}$$

滤波器在直流的响应为

$$F_{dc} = -\frac{R_p}{R_{in}} \tag{10-16}$$

重新整理，得出

$$R_p + R_s = -\frac{K_t F_{dc}}{C\omega_n^2} = \frac{1}{2C\omega_n\zeta} - \frac{K_t F_{dc}R_s}{2\omega_n\zeta} \tag{10-17}$$

调整式(10-17)，得

$$-\frac{K_t F_{dc}}{C\omega_n^2} = \frac{1}{2C\omega_n\zeta} - \frac{K_t F_{dc}}{2\omega_n\zeta}\left(-\frac{K_t F_{dc}}{C\omega_n^2} - R_p\right) \tag{10-18}$$

有了阻尼比和特征频率，选定 C 和直流增益的值后，就可以得出阻抗值

$$R_{\mathrm{p}} = \frac{1}{K_{\mathrm{t}}C}\left(-\frac{2\zeta K_{\mathrm{t}}}{\omega_{\mathrm{n}}} - \frac{K_{\mathrm{t}}F_{\mathrm{dc}}}{N\omega_{\mathrm{n}}^2} - \frac{1}{F_{\mathrm{dc}}}\right) \tag{10-19}$$

$$R_{\mathrm{s}} = -\frac{K_{\mathrm{t}}F_{\mathrm{dc}}}{C\omega_{\mathrm{n}}^2} - R_{\mathrm{p}} \tag{10-20}$$

$$R_{\mathrm{in}} = -\frac{R_{\mathrm{p}}}{F_{\mathrm{dc}}} \tag{10-21}$$

令 $R_{\mathrm{p}} \to \infty$，可以得出二类环的计算公式。

可以想象，阻尼因子 ζ 和特征频率 ω_{n} 有一个最佳配合。先选定特征频率，以阻尼因子为参变量，计算出不同的衰减曲线，如图 10-9 所示。可以看出，特征频率为 1 Hz，当 ζ 小于 1 时，锁相环是欠阻尼且产生最高点，衰减慢；当 ζ 大于 1 时，锁相环是过阻尼，衰减快。如果要求 ζ 等于 1.0，衰减为 -3 dB，则特征频率是 2.4 Hz。如果要求 50 kHz 有 -3 dB 衰减，且 ζ 等于 1.0，则特征频率为 20.833 kHz。

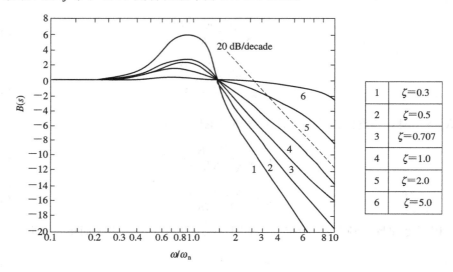

图 10-9　以阻尼因子为参变量的 PLL 响应曲线

这些设计过程可以使用计算软件 Mathcad 或其他 PLL 相关成熟软件。

10.2.5　环路设计实例

设计实例一：

锁相环输出频率为 1600 MHz，参考频率为 100 MHz。电路如图 10-10 所示，构成单元有分频器、鉴相器和二类环路滤波器。VCO 的调谐斜率为 1 MHz/V，鉴相器输出余弦波，最高点是 100 mV。滤波器的频率为 100 kHz，3 dB 带宽时，阻尼因子是 1。

(1) 用 100 pF 的电容器，找出环路滤波器其他元件的值。

(2) 用一个 10 kΩ 电阻 R_{in}，找出环路滤波器其他元件的值。

由前述公式，阻尼因子是 1，带宽为 3 dB 的特征频率是 2.45 Hz。如果需要 3 dB 时频率为 100 kHz，特征频率可以用缩比法得出，$f_{\mathrm{n}} = 100$ kHz/2.45 $= 41$ kHz。输出

频率是输入频率的 16 倍，即 $N = 16$，K_{VCO} 的值是 1 MHz/V。鉴相器的输出是余弦波。如果环锁定在 90°或 270°，鉴相器的输出电压是 0 V。对于正电阻 R_{in}，在 270°时，斜率 $K_{PD} = 50$ mV/rad。

（1）取 C 为 100 pF，则

$$K_t = \frac{1 \times 50}{16} \times 2\pi \times 1000$$

由式(10 – 13)可推导出 $R_{in} = 2.96$ kΩ，由式(10 – 14)可推导出 $R_s = 77.6$ kΩ。

（2）$R_{in} = 10$ kΩ。同样方法求得 $C = 29.6$ pF，$R_s = 162.4$ kΩ。

设计结果如图 10 – 10 所示。

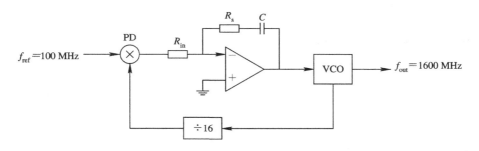

图 10 – 10　锁相环设计

设计实例二：

设计图 10 – 11 所示的频率合成器。输出频率为 900～920 MHz。输出频率可以通过改变阻尼因子而改变，步进为 1 kHz 级。集成电路合成器的鉴相器输出为 5 mA/rad，VCO 调谐斜率是 10 MHz/V。

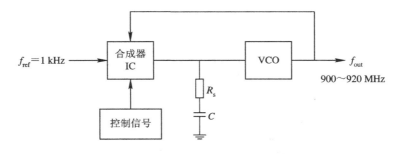

图 10 – 11　合成器设计

输出频率必须是参考频率的整数倍，因此参考频率是 1 kHz。分频比从 900 MHz/1 kHz 到 920 MHz/1 kHz。用中点值 910 MHz/1 kHz 进行设计。当分频比改变时，选择阻尼因子为 1。环路滤波器的作用是对工作在 1 kHz 的鉴相器的输出脉冲进行衰减。由图 10 – 11 可以看出，10 倍特征频率上衰减是 14 dB，100 倍特征频率上衰减是 34 dB。参考频率为 1 kHz，选择 $f_n = 10$ Hz，K_t 的值用 V/A 表示：

$$K_t = \frac{K_{VCO} K_{PD}}{N}$$

得出 $K_t=0.345$ V/A,为解出 R_s 和 C,K_t 必须是 R_{in} 的整数倍。从前述设计公式可得 $R_s=364$ Ω , $C=87.45$ pF。

设计实例三:

观察出一个频率合成器的环路滤波器是一类放大器结构,鉴相器指标为 100 mV/rad, VCO 输出频率是 3 GHz,调谐斜率是 100 MHz/V,参考源是 100 MHz。如果 $R_{in}=620$ Ω, $R_p=150$ Ω,$R_p=56$ kΩ 且 $C=1$ nF,那么锁相环的 3 dB 带宽和阻尼因子是多少?

输出频率为 3 GHz,参考频率为 100 MHz,分频比 N 是 30,所以 $K_t=2.094\times10^6$, 代入到分析公式得出 $f_n=293.1$ kHz,且阻尼比 $\zeta=0.709$,$\zeta=0.709$ 的曲线没有画出,但 $\zeta=0.5$ 的 3 dB 频率是 1.8 Hz,$\zeta=1$ 的 3 dB 频率是 2.45 Hz,故 $\zeta=0.709$ 的线性近似值 是 2.07 Hz,3 dB 频率约等于 2.07 Hz,$f_n=608$ kHz。

10.2.6　PLL 集成电路介绍

PLL 集成电路是现代频率合成器的核心部件,世界许多著名半导体公司都有此类产品。下面给出 SB3236(PE3236、Q3236)芯片的例子供参考,以使用户了解其内部结构和使用方法。

SB3236 是一种高性能 PLL 频率综合器集成电路,内含 10/11 双模前置分频器、模/数选择电路、M 计数器、R 计数器、数据控制逻辑、鉴相器和锁相检测电路。R 计数器和 M 计数器的控制字可串行或并行接口在数据控制逻辑中编程,也可直接接口输入。该产品具有工作频率宽(前置分频器有源时,工作频率为 200 MHz~2.2 GHz;前置分频器无源时,工作频率为 20~220 MHz)、工作电压低(3(±5%) V)、功耗小(75 mW)、工作温度范围宽(−55~+125℃)、相位噪声特性好和体积小(44 线方形扁平外壳封装)等特点。它主要应用于通信、电子、航空航天、蜂窝/PCS 基站、LMDS/MMDS/WLL 基站和地面系统等。

SB3236 的原理框图如图 10 - 12 所示,其外形引脚如图 10 - 13 所示。

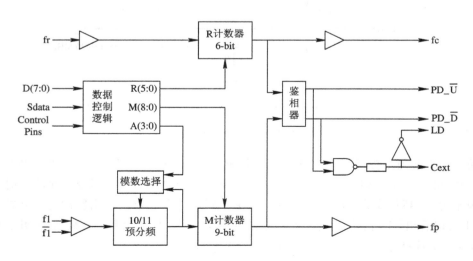

图 10 - 12　SB3236 的原理框图

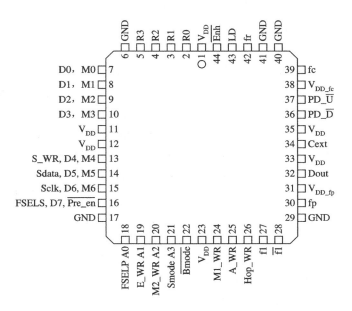

图 10 - 13 SB3236 的外形引脚图

SB3236 的对外接口包括参考频率输入和信号输入、鉴相器输出、控制口和电源。下面简要介绍内部主要器件的工作原理。

1. 主分频器通道

主分频器通道由 10/11 双模前置分频器、模/数选择电路、9-bit M 计数器组成，按照用户所定义的"M"和"A"计数器的整数值除以输入频率 f_i。$\overline{\text{Pre\_en}}$ 设置为"0"时 10/11 前置分频器有源，$\overline{\text{Pre\_en}}$ 设置为"1"时前置分频器无源。主分频器的输出频率 f_p 与 VCO 频率 f_i 的关系为

$$f_p = \frac{f_i}{10(M+1)+A} \qquad (10-22)$$

式中，$A \leqslant M+1$，$M \neq 0$。

环路被锁定时，f_i 与参考频率 f_r 的关系为

$$f_i = [10(M+1)+A] \cdot \frac{f_r}{R+1} \qquad (10-23)$$

由上面 A 的限制可知：若要获得连续信道，f_i 必须大于或等于 $90 \cdot [f_r/(R+1)]$。M 计数器的数据输入为最小值"1"时，M 计数器的分频比为 2。直接接口时 M 计数器的输入 M7 和 M8 置为"0"。

2. 参考分频器通道

参考分频器通道对参考频率 f_r 分频获得鉴相器的比较频率 f_c，f_c 是 6-bit R 计数器的输出。

$$f_c = \frac{f_r}{R+1} \qquad (10-24)$$

式中，$R \geqslant 0$。

R 计数器的数据输入等于"0"时,将使参考频率 f_r 直通到鉴相器。直接接口时,R 计数器的输入 R4 和 R5 置为"0"。

3. 鉴相器

鉴相器由主分频器输出 f_p 和参考分频器输出 f_c 的上升沿触发,它有 PD_$\overline{\text{U}}$ 和 PD_$\overline{\text{D}}$ 两个输出。如果 f_p 的频率或相位超前 f_c,则 PD_$\overline{\text{D}}$ 输出负脉冲,如果 f_c 的频率或相位超前 f_p,则 PD_$\overline{\text{U}}$ 输出负脉冲,脉宽与 f_p 和 f_c 两信号之间的相差成正比。PD_$\overline{\text{U}}$ 和 PD_$\overline{\text{D}}$ 脉冲信号驱动有源低通滤波器,且产生控制 VCO 频率的调谐电压。PD_$\overline{\text{U}}$ 脉冲导致 VCO 频率增高,PD_$\overline{\text{D}}$ 脉冲导致 VCO 频率降低。通过 Cext 可获得锁相检测输出 LD。PD_$\overline{\text{U}}$ 和 PD_$\overline{\text{D}}$ 两输出进行逻辑"与非"且串接 2 kΩ 电阻,得到 Cext,Cext 外接旁路积分电容。在器件内部,Cext 还驱动一个带有开路漏极输出的倒相器,因而 LD 是 PD_$\overline{\text{U}}$ 和 PD_$\overline{\text{D}}$ 的逻辑"与"。

4. 寄存器编程

$\overline{\text{Enh}}$=1 时电路处于工作模式,$\overline{\text{Enh}}$=0 时电路处于测试工作状态。数据输入有三种模式:并行接口、串行接口和直接接口。

(1) 在工作模式下,$\overline{\text{Enh}}$=1。

① 并行接口。当 $\overline{\text{Bmode}}$=0 和 Smode=0 时,采用并行接口模式。在并行接口模式下,并行输入数据 D[7:0] 在 M1_WR、M2_WR、A_WR 上升沿分别将八位并行输入数据 D[7:0] 锁入主寄存器(Primary Register)中。在 Hop_WR 上升沿,将主寄存器的值锁入从寄存器(Slave Register)。选用主或者从寄存器的值可迅速改变 VCO 的频率。FSELP 用于选择程控分频器使用主寄存器还是从寄存器的值,FSELP=1 时使用主寄存器,FSELP=0 时使用从寄存器。

② 串行接口。$\overline{\text{Bmode}}$=0 和 Smode=1 时为串行接口模式。当 E_WR=0 和 S_WR=0 时,串行数据输入端 Sdata 输入的数据在时钟输入 Sclk 的上升沿逐次移入主寄存器,MSB(B0) 最先输入,LSB(B19) 最后输入。在 S_WR 上升沿(Hop_WR=0)或者 Hop_WR 上升沿(S_WR=0)将主寄存器的值锁入从寄存器。选用主或者从寄存器的值可迅速改变 VCO 的频率。FSELS 用于选择程控分频器使用主寄存器还是从寄存器的值,FSELS=1 时使用主寄存器,FSELS=0 时使用从寄存器。

③ 直接接口。$\overline{\text{Bmode}}$=1 时采用直接接口模式。这时,计数器控制直接通过引脚输入。在直接接口模式下,M 计数器的 M7 与 M8 和 R 计数器的 R4 与 R5 在器件内部设置为 0。

(2) 在测试模式下,$\overline{\text{Enh}}$=0。

① 并行接口。并行输入数据 D[7:0] 在 E_WR 的上升沿锁入测试寄存器(Enhance Register)。

② 串行接口。当 E_WR=1 和 S_WR=0 时,串行数据输入端 Sdata 输入的数据在时钟输入 Sclk 的上升沿逐次移入测试寄存器,MSB(B0) 最先输入,LSB(B7) 最后输入。测试寄存器也采用主从寄存器,可防止在串行输入时改变电路状态。在 E_WR 的下降沿将测试寄存器中主寄存器的值锁入从寄存器,所有控制字只有在 Enh=0 时才有效。

5. 参考电路图

控制信号有三种连接形式:并行、串行、直接,如图 10 - 14 所示。

频率合成器电路如图 10 - 15 所示。

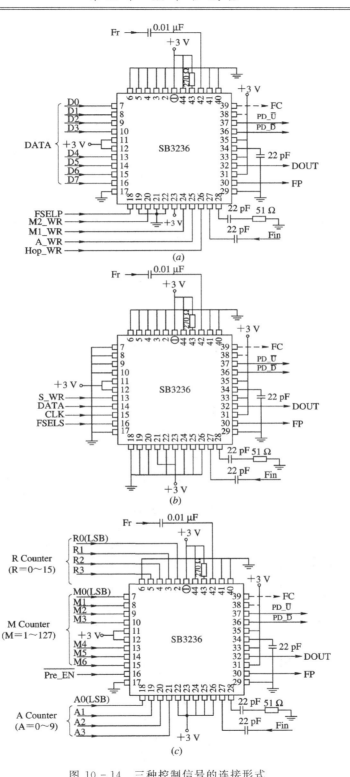

图 10 - 14 三种控制信号的连接形式

(a) 并行；(b) 串行；(c) 直接

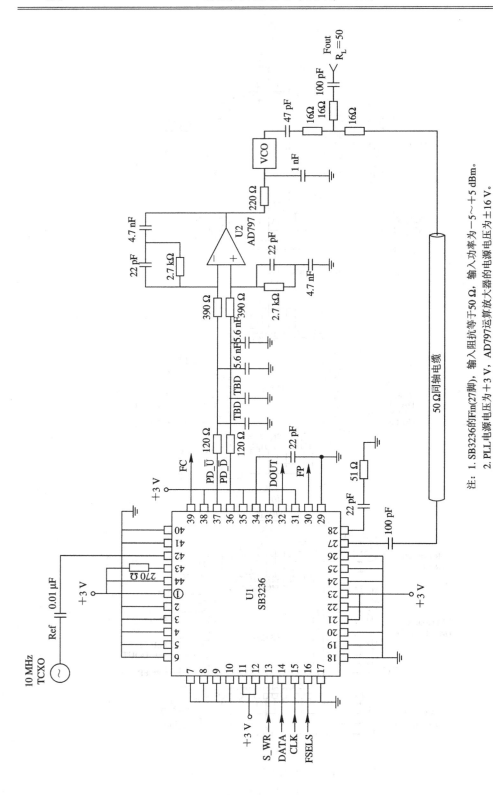

注: 1. SB3236的Fin(27脚)、输入阻抗等于50 Ω、输入功率为−5～+5 dBm。
2. PLL电源电压为+3 V，AD797运算放大器的电源电压为±16 V。
3. 电源电压需良好的滤波。

图 10-15 采用SB3236 PLL芯片的频率合成器

6. 设计工具

PEREGRINE 公司给出了系列芯片设计频率合成器的计算软件，该软件界面直观，使用方便，主要是研究三个计数器 M、A、R 的设置与 VCO 输出频率的关系。设计工具界面如图 10 - 16 所示。

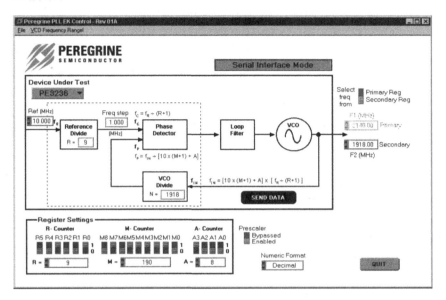

图 10 - 16 设计工具界面

软件使用方法介绍如下：

步骤一：开启程序，选择 PE3236。

步骤二：设置参考频率，如 10 MHz 或 20 MHz 等。

步骤三：设置 R 计数器数值，输入十进制数即可。

步骤四：设置频率步长。

步骤五：设置 VCO 输出频率。

步骤六：检查频谱仪输出频率是否锁定在步骤五的频率上。

10.3 直接数字频率合成器 DDS

随着微电子技术的飞速发展，性能优良的 DDS 产品不断推出，主要生产企业有 Qualcomm、AD、Sciteg 和 Stanford 等公司。Qualcomm 公司推出的 DDS 系列（Q2220、Q2230、Q2334、Q2240、Q2368）中 Q2368 的时钟频率为 130 MHz，分辨率为 0.03 Hz，杂散控制为 −76 dBc，变频时间为 0.1 μs。AD 公司推出的 DDS 系列 AD9850、AD9851、可实现线性调频的 AD9852、两路正交输出的 AD9854 以及以 DDS 为核心的 QPSK 调制器 AD9853、数字变频器 AD9856 和 AD9857，AD 公司的 DDS 系列产品以其较高的性能价格比，目前得到了极为广泛的应用。以下介绍高集成度频率合成器 AD9850 的主要特性、工作原理、应用电路和应用考虑。

1. 概述

图 10-17 是 AD9850 内部结构。正弦查询表是一个可编程只读存储器(PROM),储存有一个或多个完整周期的正弦波数据,在时钟 f_c 驱动下,地址计数器逐步经过 PROM 存储器的地址,地址中相应的数字信号输出到 N 位数/模转换器(DAC)的输入端,DAC 输出的模拟信号经过低通滤波器(LPF),可得到一个频谱纯净的正弦波。

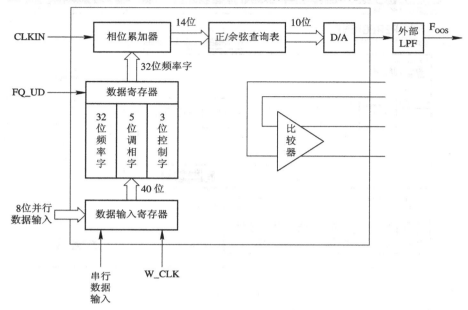

图 10-17 AD9850 内部结构

DDS 系统编程控制输出频率的核心是相位累加器,由一个加法器和一个 N 位相位寄存器组成,N 一般为 24~32 位。每来一个时钟 f_c,相位寄存器以步长 M 增加。相位寄存器的输出与相位控制字相加,然后输入到正弦查询表地址上。正弦查询表包含一个周期正弦波的数字幅度信息,每个地址对应正弦波 0°~360°范围的一个相位点。查询表把输入的地址相位信息映射成正弦波幅度信号,驱动 DAC,输出模拟量。相位寄存器每经过 $2N/M$ 个 f_c 时钟后回到初始状态,相应地,正弦查询表经过一个循环回到初始位置,整个 DDS 系统输出一个正弦波。输出的正弦波周期为 $T_0 = T_c 2N/M$,频率为 $f_{out} = M f_c/2N$。相位累加器输出 N 位并不全部加到查询表,而要截断,仅留高端 13~15 位。相位截断减小了查询表长度,但并不影响频率分辨率,对最终输出仅增加一个很小的相位噪声。DAC 分辨率一般比查询表长度小 2~4 位。AD9850 输出频率分辨率接口控制简单,可以用 8 位并行口或串行口直接输入频率、相位等控制数据。

先进的 CMOS 工艺使 AD9850 不仅性能指标一流,而且功耗少,在 3.3 V 供电时,功耗仅为 155 mW。扩展工业级温度范围为 −40~+85℃,其封装是 28 引脚的 SSOP 表面封装,引脚排列见图 10-18。

AD9850 内部有高速比较器,接到 DAC 滤波输出端,就可直接输出一个抖动很小的脉冲序列,此脉冲输出可用作 ADC 器件的采样时钟。AD9850 用 5 位数据字节控制相位,允许相位按增量 180°,90°,45°,22.5°,11.25°移动或对这些值进行组合。

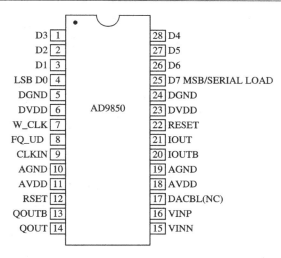

图 10 - 18 AD9850 引脚图

AD9850 有 40 位寄存器，其中，32 位用于频率控制，5 位用于相位控制，1 位用于电源休眠（Powerdown）功能，2 位用于厂家保留测试控制。这 40 位控制字可通过并行方式或串行方式装入到 AD9850。在并行装入方式中，通过 8 位总线 D7…D0 将数据装入寄存器，全部 40 位需重复 5 次。在 FQ_UD 上升沿把 40 位数据从输入寄存器装入到频率和相位及控制数据寄存器，从而更新 DDS 输入频率和相位，同时把地址指针复位到第一个输入寄存器。接着在 W_CLK 上升沿装入 8 位数据，并把指针指向下一个输入寄存器，连续 5 个 W_CLK 上升沿后，W_CLK 的边沿就不再起作用，直到复位信号或 FQ_UD 上升沿把地址指针复位到第一个寄存器。在串行装入方式中，W_CLK 上升沿把 25 引脚（D7）的一位数据串行移入，移动 40 位后，用一个 FQ_UD 脉冲就可以更新输出频率和相位。图 10 - 19 是 AD9850 高速 DDS 内部细化及其各部分波形。

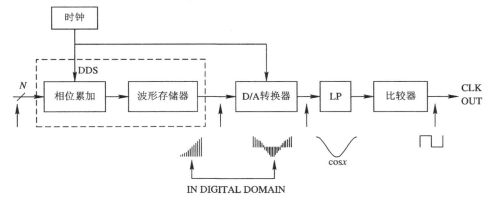

图 10 - 19 DDS 内部波形关系

2. 应用电路

1）构成时钟发生器

图 10 - 20 是用 AD9850 构成的基本时钟发生器电路。图中 DAC 输出 IOUT 驱动 200 Ω、42 MHz 低通滤波器，而滤波器后面又接了一个 200 Ω 负载，使等效负载为 100 Ω。滤波器除去了高于 42 MHz 的频率，滤波器输出接到内部比较器输入端。DAC 互补输出电

流驱动 100 Ω 负载,DAC 两个输出间的 100 kΩ 分压输出被电容去耦后,用作内部比较器的参考电压。在 ADC 采样时钟频率由软件控制锁定到系统时钟时,AD9850 构成的时钟发生器可以方便地提供这样的时钟。

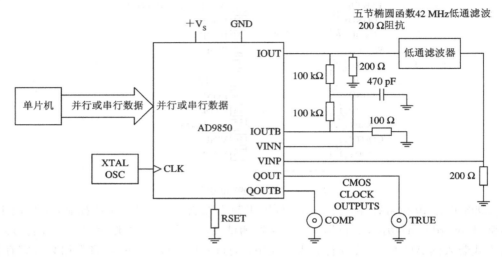

图 10 - 20 AD9850 构成时钟发生器电路

2) 频率和相位可调的本地振荡器

图 10 - 21 所示电路利用 AD9850 产生一个频率和相位可调的正弦信号。DDS 与一个输入频率信号 f_{in} 进行混频,选择适当的带通滤波器,就可以得到频率和相位可调的射频输出。利用 DDS 系统频率分辨率高的特点,在输入频率 f_{in} 一定时,射频输出可达到与 DDS 系统一样的频率分辨率,且频率和相位调节方便。其输出频率为

$$f_{out} = f_{in} + f_{DDS} = f_{in} + M \times \frac{f_{REF}}{2^{32}} = f_{in} + 0.0291 \times M$$

频率分辨率为

$$\Delta f_{omin} = \frac{f_{REF}}{2^{32}} = 0.0291 \text{ Hz}$$

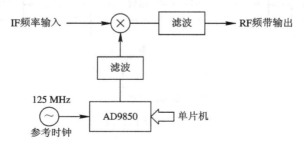

图 10 - 21 频率和相位可调的本地振荡器

3) 用于扩频通信

将基本时钟发生器电路的时钟信号用于扩频通信接收机,如图 10 - 22 所示。

除此之外,AD9850 还可构成 DDS+PLL 频率合成器。

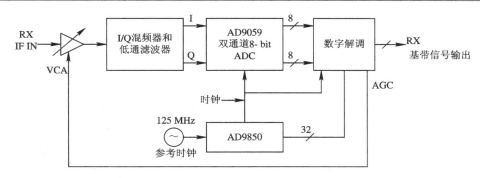

图 10 - 22　扩频通信接收机示意图

3. 几点说明

（1）AD9850 作为时钟发生器使用时，输出频率要小于参考时钟频率的 33%，以避免谐波信号落入有用输出频带内，减少对外部滤波器的要求。

（2）AD9850 参考时钟频率最低为 1 MHz。如果低于此频率，则系统自动进入电源休眠方式；如果高于此频率，则系统恢复正常。

（3）含有 AD9850 的印制线路板应是多层板，要有专门的电源层和接地层，且电源层和接地层中没有引起层面不连续的导线条。在多层板的顶层应留有带一定间隙的接地面，为表面安装器件提供方便。为得到最佳效果，在 AD9850 中模拟接地和数字接地连接在一起。

（4）避免在 AD9850 器件下面走数字线，以免把噪声耦合进芯片。避免数字线和模拟线交叉。印制板相对面的走线应该相互正交。在可能的条件下，采用微带技术。

（5）像时钟这样的高速开关信号应该用地线屏蔽，避免把噪声辐射到线路板上其他部分。

（6）要考虑用良好的去耦电路。AD9850 电源线应尽可能宽，使阻抗低，减少尖峰影响。模拟电源和数字电源要独立，分别把高质量的陶瓷去耦电容接到各自的接地引脚。去耦电容应尽可能靠近器件。

（7）AD9850 有两种评估板，可作为 PCB 布局布线参考用。AD9850/FSPCB 评估板主要用于频率合成器，AD9850/CGPCB 评估板主要用于时钟发生器。这两种评估板都可与 PC 机并行打印口相连，软件在 Windows 界面下进行。

10.4　PLL＋DDS 频率合成器

由前述分析可知，数字直接综合 DDS 和锁相环频率综合器可以结合起来使用，有众多优良特性。但是 DDS 与 PLL 的结合也存在一个主要的缺点，就是频率转换的时间长。DDS 本身频率转换很快，但是 DDS 的输出频率低，杂散多。所以要依靠 PLL 实现倍频和跟踪滤波。而 PLL 在频率转换时需要一定的捕获时间，这个捕获时间与环路的类型、参数和跳频步长等有关。一般来说，当步长为 10 MHz 左右时，捕获大概需要 $10\sim20\ \mu s$。当步长很大时，会达到毫秒级。所以 DDS ＋PLL 频率合成器的频率转换时间取决于 PLL，而不是 DDS。这等于牺牲了 DDS 频率转换快速的优点来换取高输出频率。

PLL+DDS 频率合成器的电路一般有两种形式:一种是用 DDS 直接数字频率合成器作为 PLL 环路的参考源,另一种是用 DDS 直接数字频率合成器作为 PLL 环路的分频器。

10.4.1 DDS 作 PLL 参考源

图 10-23 所示电路是用 AD9850 DDS 系统输出作为 PLL 的激励信号,而 PLL 设计成 N 倍频 PLL,利用 DDS 的高分辨率来保证 PLL 输出有较高的频率分辨率。

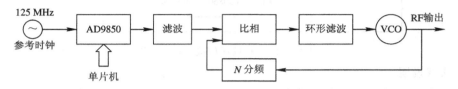

图 10-23 用 AD9850 系统输出作为 PLL 的信号

直接数字频率合成芯片 DDS 作为 SB3236 锁相环频率合成芯片,构成了一个 PLL+DDS频率合成器的设计。这种结构适用于各种型号的 PLL 和 DDS 芯片。PLL 采用单环频率合成技术,以使 PLL+DDS 频率合成器的结构简单,性能稳定。在这种方案中,DDS 的作用是为锁相环提供一个高精度参考源。整个系统换频精度受到 DDS 特性、滤波器的带宽和锁相环参数的影响,频率切换时间主要由锁相环决定。频率的调节由 DDS 和 PLL 两个芯片的逻辑关系决定,单片机或 FPGA 可编程逻辑器件工作量大,可参阅相关技术资料。

输出频率为

$$f_{\text{out}} = N \cdot M \cdot \frac{f_{\text{REF}}}{2^{32}} = 0.0291 \cdot N \cdot M$$

频率分辨率为

$$\Delta f_{\text{omin}} = N \cdot \frac{f_{\text{REF}}}{2^{32}} = 0.0291N$$

10.4.2 DDS 作 PLL 的可编程分频器

这种方案又称为 PLL 内插 DDS 频率合成器,基本电路如图 10-24 所示。

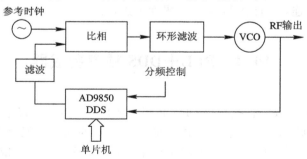

图 10-24 PLL 内插 DDS 频率合成器原理

AD9850 DDS 输出经过滤波后的频率为 $f_{\text{DDS}} = M \cdot f_{\text{out}}/2^{32}$,M 为 AD9850 频率控制字,PLL 环路分频器的分频值为 $N = 2^{32}/M$,由于 $M = 1 \sim 2^{31}$,所以 $N = 2 \sim 2^{32}$。在 VCO 输出允许的情况下,该 PLL 输出频率为 $f_{\text{out}} = N \cdot f_{\text{REF}} = (2 \sim 2^{32}) \cdot f_{\text{REF}}$。

第 11 章　其他常用微波电路

> **本章内容**
> 隔离器与环形器
> 混频器与检波器
> 倍频器与分频器
> 开关与相移器

11.1　隔离器与环形器

　　隔离器又称单向器，它是一种允许电磁波单向传输的两端口器件，其示意图如图 11 - 1 所示。从端口①向端口②传输的正向电磁波衰减很小，而从端口②向端口①传输的反向波则有很大的衰减。在微波系统中，经常把隔离器接在信号发生器与负载网络之间，以改善源与负载的匹配。这样可以使得来自负载的反射功率不能返回发生器输入端，避免负载阻抗改变而引起发生器输出功率和工作频率的改变。

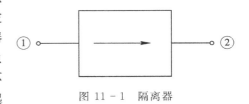

图 11 - 1　隔离器

　　常用的环形器是三端口元件，信号传输可以是顺时针方向，也可以是逆时针方向。环形器可以用作隔离器，更多场合是与其他电子器件一起构成微波电路。

　　一般地，隔离器和环形器是在微波结构中放入铁氧体材料，外加恒定磁场，在这个区域构成各向异性介质。电磁波在这种媒体中三个方向的传输常数是不同的，从而可实现单向传输。铁氧体材料是一种电子陶瓷，材料配方和工艺多种多样，随铁氧体的使用场合而定。

11.1.1　隔离器与环形器的技术指标

　　隔离器与环形器的技术指标包括：工作频带、最大正向衰减量 α_+、最小反向衰减量 α_-、正反向驻波比、功率容量等。这些指标的定义在前述各种电路中都遇到过，在此不再赘述。

　　好的指标是正向衰减尽可能小（0.5 dB 以下），反向衰减尽可能大（25 dB 以上），驻波比尽可能小（1.2 以下），频带和功率容量满足整机要求。

11.1.2 隔离器的原理

从原理上讲，不论是纵向磁化铁氧体还是横向磁化铁氧体都有可能实现单方向的隔离作用，因此将它填充于各种传输线段中，就可以做成形式不同的隔离器。下面我们讨论谐振式隔离器、场移式隔离器、法拉第旋转式隔离器的工作原理。

1. 谐振式隔离器

1) 波导结构

波导型谐振式隔离器的基本原理是铁磁谐振效应。在铁磁谐振频率附近($\omega=\omega_0$)，横向磁化的铁氧体强烈地吸收右旋圆极化波的能量，而使右旋波受到很大的衰减，左旋波损耗很小。如图 11-2 所示，铁氧体片在矩形波导内的位置应该是电磁波磁场为圆极化的地方，矩形波导中 TE$_{10}$ 模的磁场分布，沿正 z 方向为图(b)，沿负 z 方向为图(c)。理想情况下，正向无衰减，反向无传输。适当选取铁氧体膜片的位置就可以实现单向传输特性。谐振式隔离器的优点是制造简单，结构紧凑。相对来说，功率容量比较大。缺点是需要较大的偏置磁场，如图 11-2(a)中的 H_0。在低功率系统中，一般采用工作磁场较低的场移式隔离器。

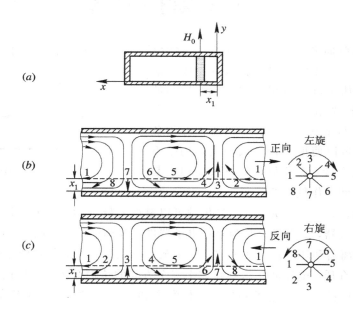

图 11-2　波导谐振式隔离器

(a) 单片铁氧体加载矩形波导；(b) 沿正 z 方向；(c) 沿负 z 方向

2) 微带型

微带结构在微波电路中用途很广。图 11-3 是微带型铁氧体谐振式隔离器。由于谐振原理，这种隔离器的频带比较窄，一般不超过中心频率的 10%。

横向偏置的铁氧体条置于微带线旁，电磁波磁场圆极化方向与铁氧体内感应电流引起的磁场方向一致，电磁波交给铁氧体能量，铁氧体发热。如果改变偏置磁场方向，电磁波就不损耗能量。在 6.0 GHz 上，反向衰减大于 30 dB，正向衰减小于 1 dB。

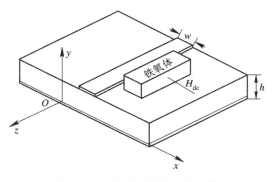

图 11 - 3　微带型谐振式隔离器

2. 场移式隔离器

1) 波导结构

如图 11 - 4 所示，矩形波导中 TE_{10} 模磁场为圆极化，在 x_1 处放置一块铁氧体片，并加有垂直于波导宽壁的横向恒定磁场 H_0（负 y 方向），在铁氧体片面向宽壁中线的一侧再附加一片薄的吸收片。

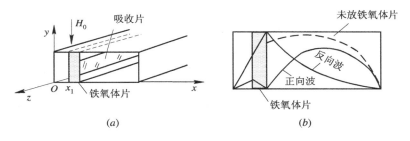

图 11 - 4　波导场移式隔离器
（a）结构示意图；（b）电场分布

场移式隔离器的工作原理与谐振式的不同，区别在于它不是工作在 $\omega = \omega_0$ 的谐振区，而是工作在 $\omega_0/\omega < 1$ 的低场区，即外加磁场 H_0 小于谐振时的磁场。铁氧体显示出"抗磁"性质，对微波磁场起排斥作用。所以，对右旋波来说，铁氧体内部的电磁场强很弱，电磁能量主要在铁氧体外边的波导管内传输，电场强度 E_y 在铁氧体内侧与空气的交界面上为最小值；而对于左旋波，由于铁氧体的介电常数较大，电磁场集中于铁氧体片内部及其附近传输，在铁氧体内侧与空气的交界面上，电场强度 E_y 有最大值，这种场分布的差异称为场移效应，如图 11 - 4（b）所示。如果在铁氧体内侧与空气的交界面上涂一层能吸收电磁能量的电阻层，并选择合适的电阻率. 就可以使得沿负 z 方向传输的电磁波（在 x_1 处为左旋波）能量受到很大的衰减，而沿正 z 方向传输的波（右旋波）能顺利地通过，从而形成了单向传输的特性。

2) 微带型

如图 11 - 5 所示的铁氧体表面的微带线在偏置磁场作用下，电磁场会偏离中心向一边移动，在微带线旁放置一块吸波材料，就会吸收电磁波的能量。如果将偏置磁场改变方向或电磁波从另一方向来，则不会有影响。现有场移式隔离器指标为 6.0～12 GHz，反向衰减 20 dB，正向衰减 1.5 dB，比谐振式隔离器频带宽。

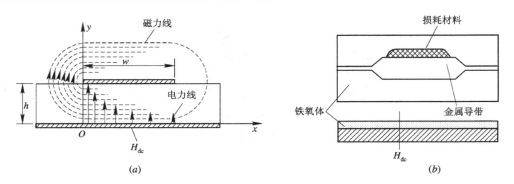

图 11-5　微带场移式隔离器

(a) 几何结构；(b) 材料结构

与谐振式隔离器相比较，场移式隔离器的优点是所需偏置磁场 H_0 的值较低，减轻了磁铁的重量，有利于做出更高频率的隔离器。缺点是损耗发生在很薄的吸收片中，散热受到限制，能承受的功率有限。

3. 法拉第旋转式隔离器

波导型法拉第旋转式隔离器如图 11-6 所示。图中，1 和 6 是矩形波导，它们的横截面互成 45°的角；7 和 8 是吸收薄片，也互成 45°的夹角；2 和 5 是矩形波导 TE_{10} 模到圆波导 TE_{11} 模的转换器；4 是产生纵向磁场的螺线线圈；3 是两端做成锥形的铁氧体圆杆。选择铁氧体的长度 l 和纵向恒磁场 H_0 的大小，使得经过圆波导后电磁波的极化面有 45°的旋转。

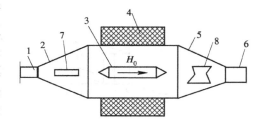

图 11-6　法拉第旋转式隔离器

若电磁波由矩形波导 1 输入，经过 45°旋转之后，电场极化方向正好与矩形波导 6 中的 TE_{10} 模电场方向一致，电力线垂直于吸收片 7 和 8，电磁波无衰减地通过，即正向传输的电磁波衰减很小；而反向传输的电磁波经铁氧体 3 后，极化方向又旋转 45°，而且旋转方向与正向电磁波的相同，于是电力线与吸收片 7 平行，因此电磁波将受到很大的衰减，且此时电场的极化方向与波导 1 中 TE_{10} 模的电场极化方向垂直，不能由矩形波导 1 输出，经反射再通过铁氧体 3 后，其电场平行于吸收片 8，又被吸收，其残存的能量再被反射，则可由波导 1 输出，这就是经过强烈衰减后的反射波。一般其正向衰减小于 1 dB，而反向衰减较大，可做到 20~30 dB。

11.1.3　环形器

环形器是一个多端口器件，其中电磁波的传输只能沿单方向环行，例如在图 11-7 中，信号只能沿①→②→③→④→①方向传输，反方向是隔离的。在近代雷达和微波多路通信系统中都要用具有单方向环形特性的器件。例如，在收发设备共用一副天线的雷达系统中常采用环形器作双工器。在微波多路通信系统中，用环形器

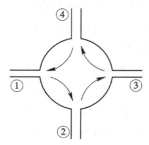

图 11-7　四端口环形器示意图

可以把不同频率的信号分隔开，如图 11-8 所示，不同频率的信号由环形器 I 的①臂进入②臂，接在②臂上的带通滤波器 F_1 只允许频率为 $f_1 \pm \Delta f$ 的信号通过，其余频率的信号全部被反射进入③臂，滤波器 F_2 通过了频率为 $f_2 \pm \Delta f$ 的信号并反射其余频率的信号。这些信号通过④臂进入环形器 II 的①臂……于是可以依次将不同频率的信号分隔开。

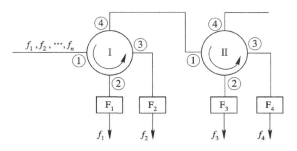

图 11-8 用环形器分隔出不同频率信号

环形器的原理依然是磁场偏置铁氧体材料的各向异性特性。微波结构有微带式、波导式、带状线和同轴式，其中以微带三端环形器用的最多，微带环形器结构如图 11-9 所示，用铁氧体材料作介质，上置导带结构，加恒定磁场 H_{dc}，就具有环行特性。如果改变偏置磁场的方向，环行方向就会改变。

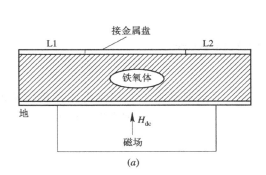
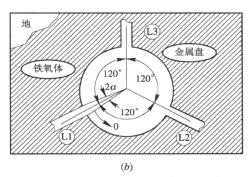

图 11-9 微带环形器结构

(a) 主视图；(b) 俯视图

下面给出常用结构和用途示例，如图 11-10 和图 11-11 所示。

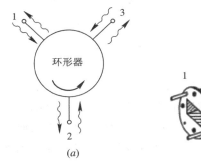
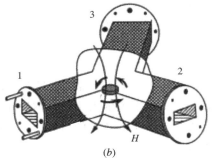

图 11-10 铁氧体环形器

(a) 三端环形器示意图；(b) 波导结构；(c) 微带结构

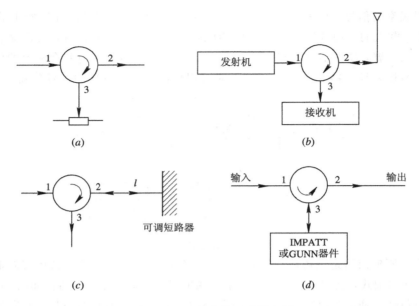

图 11 - 11　铁氧体环形器应用

(a) 用作隔离器；(b) 用作双工器；(c) 用作相移器；(d) 用于注入锁定放大器

11.2　混频器与检波器

混频器和检波器是射频/微波的频率变换电路。混频器是超外差接收机和测量仪器的前端电路，与本振源结合，把信号频率降为中频信号，送入中频处理电路。检波器直接提取信号的包络，通常用于功率检示。

11.2.1　混频器的主要技术指标

混频器是前端电路，其以下性能指标直接关系到接收机的特性。

(1) 变频损耗。尽管混频器的器件工作方式是幅度非线性，但我们希望它是一个线性移频器。变频后的输出信号的幅度变化就是变频损耗或增益。一般地，无源混频器都是变频损耗。二极管混频器的变频损耗包括混合网络损耗(1.5 dB 左右)、边带损耗(3 dB 左右)、谐波损耗(1 dB 左右)和二极管电阻损耗(1.5 dB 左右)，典型值为 7 dB 左右。在肖特基二极管电路中增加中频匹配电路来处理谐波，可以实现 4 dB 变频损耗的混频器。

(2) 噪声系数。噪声系数描述信号经过混频器后质量变坏的程度，定义为输入信号的信噪比与输出信号的信噪比的比值。这个值的大小主要取决于变频损耗，还与电路的结构有关。肖特基二极管的导通电流直接影响混频器的白噪声，这个白噪声随电路的不同而不同，在混频器的变频损耗上增加一个小量。如变频损耗为 6 dB，白噪声为 0.413 dB，则噪声系数为 6.413 dB。这种增加量随本振功率的变化不是线性的。表 11 - 1 给出了双平衡混频器的本振功率与噪声系数、变频损耗之间的典型关系。可以看出，混频器性能与本振功率有最佳值。

表 11 - 1　双平衡混频器本振与特性关系

本振功率/dBm	噪声系数/dB	变频损耗/dB
−10.0	45.3486	−45.1993
−8.0	32.7714	−32.5264
−6.0	19.8529	−19.2862
−4.0	12.1154	−11.3228
−2.0	8.851 88	−8.055 85
0.0	7.269 69	−6.515 61
2.0	6.423 44	−5.692 11
4.0	5.853 57	−5.154 04
6.0	5.509 14	−4.844 39
8.0	5.317 96	−4.668 71
10.0	5.190 81	−4.549 60
12.0	5.086 60	−4.458 87
14.0	4.995 30	−4.388 06
16.0	4.917 16	−4.333 22
18.0	4.859 20	−4.294 07
20.0	4.820 31	−4.267 63

　　另外，还需要注意的是双边带（DSB）与单边带（SSB）混频器的噪声问题。本振与信号或本振与信号镜频都会输出中频信号，通常的射频/微波系统都是用单边中频信号输出，镜频的存在必然带来损耗。在噪声测量中采用冷热噪声源，这种源的输出信号宽带包括了镜频，而微波滤波器又不可能滤除它，这样就会在中频系统中有镜频的贡献，信号增加一倍。讨论单边带接收机的特性时，噪声测量值要加 3 dB。

　　（3）线性特性。

　　1 dB 压缩点：与第 8 章的定义相同。在输入射频信号的某个值上，输出中频信号不再线性增加，而是快速趋于饱和。拐点与线性增加相差 1 dB 的信号电平。因为混频器是本振功率驱动的非线性电阻变频电路，所以混频器的 1 dB 压缩点与本振功率有关。对于双平衡混频器，1 dB 压缩点比本振功率低 6 dB。

　　1 dB 减敏点：描述混频器的灵敏度迟钝的特性，与 1 dB 压缩点有关，也是雷达近距离盲区的机理。对于双平衡混频器，1 dB 减敏点比 1 dB 压缩点低 2～3 dB。

　　动态范围：是指最小灵敏度与 1 dB 压缩点的距离，用 dB 表示。通常的动态范围要大于 60 dB。动态范围的提高，意味着系统的成本大幅度增加。

　　谐波交调：是指与本振和信号有关的交调杂波输出。

　　三阶交调：是指输入两个信号时的 IP3，定义为 1 dB 压缩点与三阶输出功率线的距离。

　　（4）本振功率。混频器的指标受本振功率控制。若本振功率不够，混频器就达不到预定指标。产品混频器都是按功率 dBm 值分类的，如 7 dBm、10 dBm、17 dBm 本振（LO）。

　　（5）端口隔离。三个端口 LO、RF、IF 频率不同，互相隔离指标，dB 越高越好。端口隔离与电路设计、结构、器件和信号电平有关，一般要大于 20 dB。

（6）端口 VSWR。三个端口的驻波比越小越好。尤其是 RF 口，它会影响到整机灵敏度。

（7）直流极性。一般地，射频和本振同相时，混频器的直流成分是负极性。

（8）功率消耗(简称功耗)。功耗是所有电池供电设备的首要设计因素。无源混频器消耗 LO 功率，而 LO 消耗直流功率，LO 功率越大，消耗直流功率越多。混频器的输出阻抗对中放的要求也会影响中放的直流功耗。

11.2.2　混频器的原理与设计

1. 混频器的原理

理想的混频器是一个开关或乘法器，如图 11-12 所示，本振激励信号（LO，f_p）和载有调制信息的接收信号（RF，f_s）经过乘法器后得到许多频率成分的组合，经过一个滤波器后得到中频信号（IF，f_{IF}）。

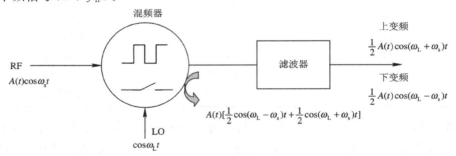

图 11-12　理想混频器

通常，RF 的功率比 LO 的功率小得多，不考虑调制信号的影响，乘法器的输出频率为

$$f_d = nf_p \pm f_s \qquad\qquad (11-1)$$

微波工程中，可能的输出信号为下列三个频率之一：

差频或超外差　　　$f_{IF} = f_p - f_s$

谐波混频　　　　　$f_{IF} = nf_p - f_s$

和频或上变频　　　$f_{IF} = f_p + f_s$

最关心的是超外差频率，绝大部分接收机都是超外差工作，采用中频滤波器取出差频，反射和频，使和频信号回到混频器再次混频。外差混频器的频谱如图 11-13 所示，RF 的频率关于 LO 的频率对称点为 RF 的镜频。镜频的功率和信号的功率相同，由于镜频与信号的频率很近，可以进入信号通道而消耗在信号源内阻，因此恰当处理镜频，能够改善混频器的指标。

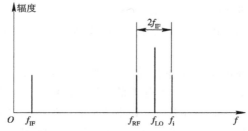

图 11-13　超外差混频器的频谱

LO 控制的开关特性可以用几种电子器件构成，肖特基二极管在 LO 的正半周低阻，负半周高阻，近似为开关。在 FET 中，改变栅源电压的极性，漏源之间的电阻可以从几欧姆变到几千欧姆。在射频或微波低端，FET 可以不要 DC 偏置，而工作于无源状态。BJT 混频器与 FET 类似。

根据开关器件的数量和连接方式，混频器可以分为三种：单端、单平衡、双平衡。图 11 - 14 是三种混频器的原理结构。微波实现方式就是要用微波传输线结构完成各耦合电路和输出滤波器，耦合电路和输出滤波器具有各端口的隔离作用。

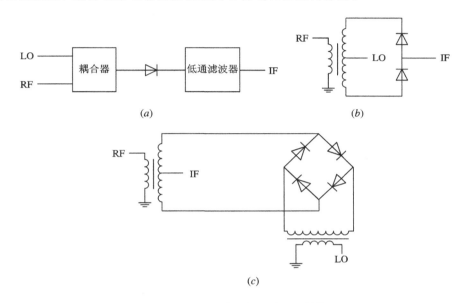

图 11 - 14　三种混频器的原理结构
(a) 单端；(b) 单平衡；(c) 双平衡

单端混频器的优点如下：

(1) 结构简单，成本低。在微波频率高端，混合电路难于实现的情况下更有优势。

(2) 变频损耗小，只有一个管子消耗功率。

(3) 本振功率小，只需驱动一个开关管。

(4) 容易 DC 偏置，进一步降低本振功率。

单端混频器的缺点如下：

(1) 对输入阻抗敏感。

(2) 不能抑制杂波和部分谐波。

(3) 不能容忍大功率。

(4) 工作频带窄。

(5) 隔离较差。

单平衡混频器和双平衡混频器的优缺点与单端混频器相反。实际应用中，应根据整机要求，选择合适的混频器结构，再进行详细设计。

2. 单端混频器设计

经典的单端混频器在宽频带、大动态的现代微波系统中极少使用，但在毫米波段和应用微波系统中还有不少使用场合。设计的主要内容就是为三个信号提供通道，如图 11 - 15 所示。

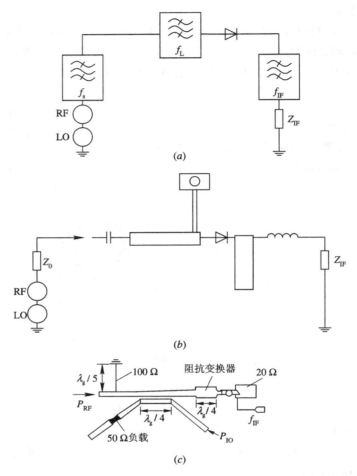

图 11 - 15　单端混频器原理和微带结构
(a) 基本原理；(b) 微带原理；(c) 微带实现

单端混频器的设计困难是输入端的匹配，二极管的非线性特性使得混频器的输入阻抗是时变的，无法用网络分析仪测出静态阻抗，只能得到折中的估计值。

3. 单平衡混频器设计

单平衡混频器的优点在于抑制本振噪声，抵消部分谐波。以本振功率的增加来提高动态范围，要用到平衡混合网络，这会带来一定的损耗。

常用的平衡混合网络有 180° 和 90° 两种。微波结构在 5 GHz 以上用分支线或环形桥，5 GHz 以下用变压器网络，微封装结构指标好。毫米波段用波导正交场或 MMIC。单平衡混频器的原理如图 11 - 16 所示。

分支线和环形桥的原理见第 8 章。图 11 - 17 为两种常用的微带混频器。表 11 - 2 归纳出了常用微带混合电路的特性。

表 11－2　常用微带混合电路的特性

类　别	序　号	耦合器形式	特点和性能比较	应　用
第一类 耦合线	1	f_s　$\lambda_g/4$　f_L	结构简单，制作方便，体积较小，不能直接匹配，需接负载电阻	耦 合 度 为 $-15\sim20$ dB，用于单端混频器
	2	f_s　$\lambda_g/4$　f_L	电路尺寸较大，使用时需外接吸收电阻	同上
第二类 3 dB 分支线耦合器	3	f_s　$\sqrt{2}$　1　1　f_L　$\sqrt{2}$	电路尺寸较小，输出臂位于同一侧，电路图形布置容易，不能直接匹配，需采用阻抗变换段	耦 合 度 为 3 dB，用于平衡混频器电路
	4	$Y_0=1$　1　1　1　0.414　0.707　0.414　f_s　f_L　1　1　1	有比两支线耦合器更宽的工作带宽，但尺寸较前者大，电路中有高阻抗段，制作较困难，不能直接匹配	同 3，并有中等工作带宽
	5	$Y_0=1$　$\sqrt{2}$　$\sqrt{2}$　1　0.414　0.707　0.414　f_s　f_L　1　$\sqrt{2}$　$\sqrt{2}$　1	工作带宽较 3、4 更宽，但尺寸大，电路中有高于 100 Ω 的阻抗，加工制作困难，且不能直接匹配	同 4
	6	$Y_0=1$　$\sqrt{2}\rho$　ρ　f_s　f_L　ρ　1　$\sqrt{2}\rho$	体积小，加工制作简单，有一定的工作带宽，能直接与器件匹配	同 3
第三类 3 dB 混合环	7	$Y_0=1$　f_s　1　1　$\dfrac{1}{\sqrt{2}}$　1　f_L　1	尺寸中等，性能优良，电路制作容易。由于输出臂不在电路一侧，故输出电路结构复杂，不能直接匹配	同 3
	8	$Y_0=\rho$　f_s　1　$\dfrac{\rho}{\sqrt{3}}$　1　f_L　1	尺寸中等，性能优良，适用于低阻抗设计，且能直接和二极管匹配	同 3
	9	$Z_0=1$　1.46　f_s　f_L　1　$\sqrt{z_{0e}\cdot z_{0o}}$　1	电路尺寸较小，有较宽的工作带宽，但加工制作要求极高，电路结构复杂	耦 合 度 为 3 dB，用于宽带平衡混频

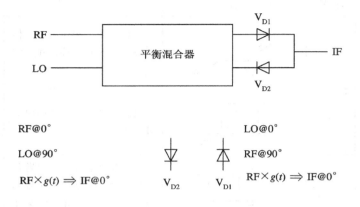

图 11 - 16　单平衡混频器原理

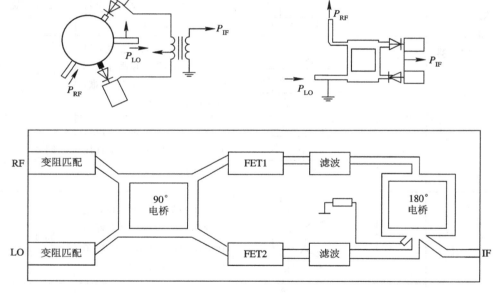

图 11 - 17　两种常用的微带混频器

4. 双平衡混频器设计

在微波低端使用最多的是微封装双平衡混频器。这种混频器隔离度好，杂波抑制好，动态范围大，尺寸小，性能稳定，便于大批量生产。缺点是本振功率大，变频损耗比较大。

典型的双平衡混频器如图 11 - 18 所示，四只二极管为集成芯片，变压器耦合网络尺寸很小，结构紧凑，匹配良好。对于 LO 信号，端口"RF＋"和"RF－"为虚地点，不会有 LO 进入 RF 回路。同样，RF 信号不会进入 LO 回路，隔离可达到 40 dB。

双平衡混频器的开关输出波形如图 11 - 19 所示，图(a)是 IF 抽头处波形，图(b)是中频滤波器后波形，包络始终没变化。

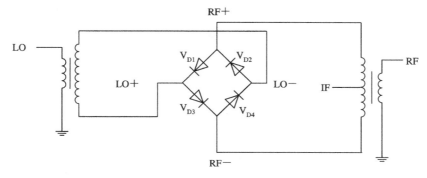

图 11 - 18　环形双平衡混频器

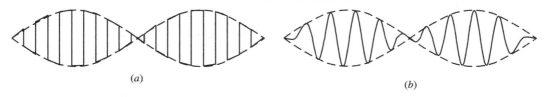

(a)　　　　　　　　　　　　　　　　　　　　　　(b)

图 11 - 19　双平衡混频器的开关输出波形

（a）IF 抽头处波形；（b）中频滤波器后波形

四个二极管也可以星形连接，如图 11 - 20 所示。

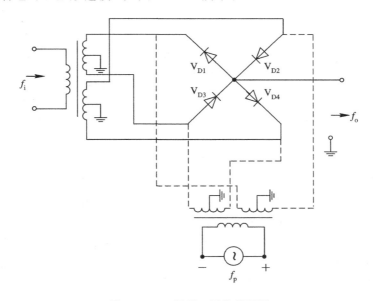

图 11 - 20　星形双平衡混频器

　　为了提高动态范围，增加承受功率，加大隔离，每个臂上的二极管可以用一个元件组取代，带来的缺点是本振功率的增加。图 11 - 21 给出了不同结构及其所要求的本振功率。

　　微波频率提高后，变压器网络可以用传输线来实现。图 11 - 22 为用传输线实现变压器的原理。槽线、鳍线等具有对称性的传输线都可以做混合网络。但是，由于存在中间抽头不好找、中频输出滤波不好实现等困难，使得传输线结构的双平衡混频器的指标比不上变压器结构。因此，5 GHz 以上频率大量使用前述单平衡混频器。

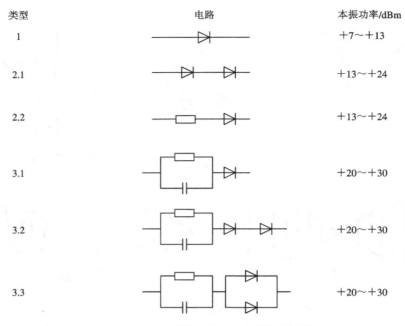

类型	电路	本振功率/dBm
1		+7~+13
2.1		+13~+24
2.2		+13~+24
3.1		+20~+30
3.2		+20~+30
3.3		+20~+30

图 11 - 21　几种臂元件组合所需本振功率

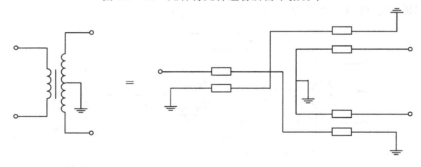

图 11 - 22　用传输线实现变压器

5. 晶体管双平衡混频器

晶体管 IC 型双平衡混频器如图 11 - 23 所示。RF 加在 V_1 和 V_2 之间，LO 加在 V_3、V_4、V_5、V_6 上，起开关作用。这种混频器在射频段有 10 dB 以上的增益，灵敏度高，噪声为 5 dB 左右，到了微波频段噪声较大。随着微电子技术的发展，将会有大量产品可使用。

6. 场效应管混频器

FET 混频器的增益和噪声都比较好。基于 FET 的 MMIC 有源混频器已经有广泛的使用。前述二极管混频器有两个特点：一是可用一阶近似进行线性分析；二是实际中二极管混频器与电路设计关系不大。FET 有源混频器不具备上述特点，分析时除了小信号条件外，还要用其他

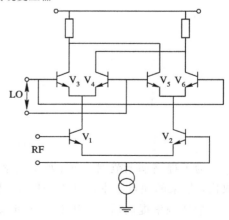

图 11 - 23　晶体管 IC 型双平衡混频器

非线性设计工具，噪声分析更加复杂。因为二极管的电导是指数函数，而 FET 的电导是平方函数，后者的频率成分更多。

图 11 - 24 是 FET 混频器的两个基本结构。

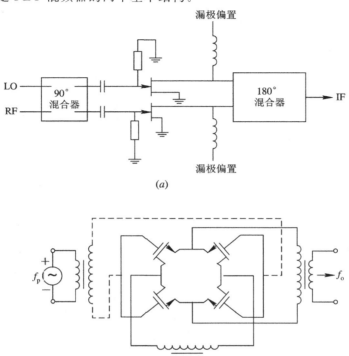

(a)

(b)

图 11 - 24 FET 混频器

(a) 采用电桥耦合的单平衡式；(b) 采用双栅 FET 的双平衡式

7. 正交场平衡混频器

在波导中，几乎都采用正交场结构混频器。如图 11 - 25 所示是单平衡混频器，利用波导内 TE_{10} 模的电力线方向垂直实现隔离，靠边界条件的扰动把本振功率加到二极管上。

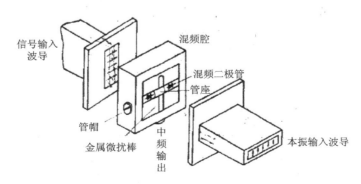

图 11 - 25 波导正交场平衡混频器

8. 混频器的其他知识

图 11 - 26 给出了肖特基二极管的特性和不同半导体的肖特基二极管的交直流参数，以便设计和估算混频器的工作情况。

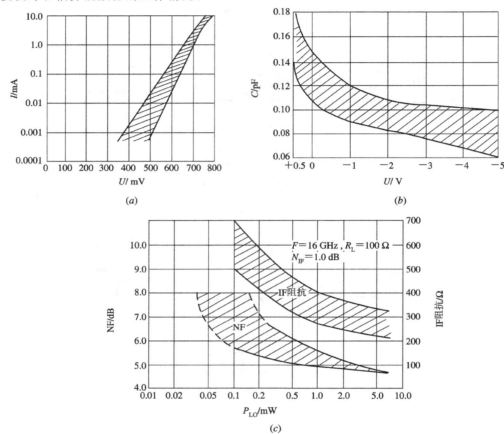

(a) 　　　　　　　　　　　　　　　　*(b)*

(c)

材料	势垒	U_F / mA	F_{C0} / GHz	R_s / Ω	C_{j0} / pF	NF / dB
nGaAs	高	0.70	1000	—	0.15	5.0[a]
nGaAs(BL)	高	0.70	500	—	0.15	6.0[a]
nGaAs(chip)	高	0.70	1000	—	0.15	5.3[a]
nSi	低	0.28	150	6	0.20	6.5
nSi	低	0.28	150	6	0.20	6.5
pSi	低	0.28	150	12	0.20	6.5
nSi	高	0.60	100	8	0.20	6.5
nSi	高	0.60	100	8	0.20	6.5
nSi	低	0.28	200	6	0.15	5.5
pSi	低	0.28	200	18	0.14	6.0
pSi	中	0.40	150	150	0.12	6.5
nSi	低	0.28	150	8	0.18	6.5
pSi	低	0.28	150	12	0.18	6.5

(d)

图 11 - 26　肖特基势垒二极管的直流和微波特性

(a) 正向直流特性；(b) 反向结电容；

(c) 噪声系数和中频输出阻抗与本振功率的关系；(d) 不同半导体材料的二极管特性(9 GHz)

11.2.3　检波器的原理与设计

一般地，检波器是实现峰值包络检波的电路，输出信号与输入信号的包络相同。图 11 - 27 所示是三种信号的检波输出。作检波时，肖特基势垒二极管伏安特性近似为平方关系，检波输出电流与输入信号电压幅度的平方成正比。因此，常用检波电流的大小检示输入信号功率的大小。

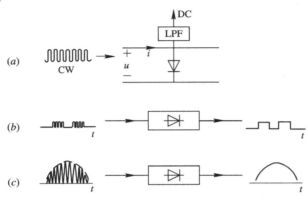

图 11 - 27　三种信号的检波输出

(a) 连续波输出为直流；(b) 数字调幅输出数字信号；(c) 模拟调幅输出模拟信号

对检波器的要求是高检波灵敏度、小输入 VSWR、宽动态范围、宽频带、高效率。在此只介绍检波灵敏度，其他指标前面已多次遇到。

1. 关于灵敏度的几个问题

1）灵敏度

灵敏度定义为输出电流与输入功率之比。一般地，检波输出信号的频率小于 1 MHz 时，闪烁噪声对检波灵敏度的影响较大。闪烁噪声又称为 $1/f$ 噪声，由半导体工艺或表面处理引起，噪声功率与频率成反比。为了避免这个影响，可采用混频器构成超外差接收机，经过 30 MHz 或 70 MHz 中频放大后再检波。这并不影响微波检波器的使用，大部分情况下，检波器用于功率检示，输入功率较强，检波灵敏度能满足设备要求。

2）标称可检功率（NDS）

标称可检功率是输出信噪比为 1 时的输入信号功率。它不仅与检波器的灵敏度有关，还与后续视频放大器的噪声和频带有关。测量方法为：不加微波功率，测出放大器输出功率（噪声功率）、输入微波功率，使输出功率增加 1 倍时的输入功率即为 NDS。

3）正切灵敏度（TSS）

输入脉冲调幅的微波信号，检波后为方波。调整输入信号的幅度，使输出信号在示波器上显示为图 11 - 28 所示形状时的输入信号功率即为 TSS。图中曲线为没有脉冲时的最高噪声峰值和有脉冲时的最低噪声峰值在同一水平时的情况。显然，这个测试随测量者不同，有偏差，是个难于

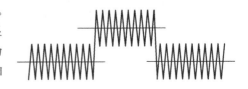

图 11 - 28　TSS 测量

严格定量的值。但 TSS 概念清晰，使用方便，在工程中得到了普遍使用。TSS 也常用于接

收机的灵敏度描述。

TSS 比 NDS 高 4 dB，如 NDS＝－90 dBm，则 TSS＝－86 dBm。

2. 注意事项

为了提高检波器的灵敏度，设计时应注意：

（1）选择低势垒二极管，用于检波的肖特基二极管势垒比用于混频的要低，小信号下能产生足够大的电流。

（2）选用截止频率高的二极管，寄生参数的影响小。

（3）加正向偏置电流，打通二极管，这样可节省微波功率，提高灵敏度。

（4）用于测试系统的检波器或其他场合的宽频带检波器，增加匹配元件或频带均衡电阻网络后，灵敏度会降低。

3. 检波器电路

图 11 - 29 给出了常见三种结构的检波器电路。图(a)为宽频带微带线检波器，如果是窄带的，也可用集总参数电阻和电容，配合平行耦合线用于微带电路模块；图(b)为调谐式波导检波器，频带窄；图(c)为宽频带同轴检波器，广泛用于测试系统。

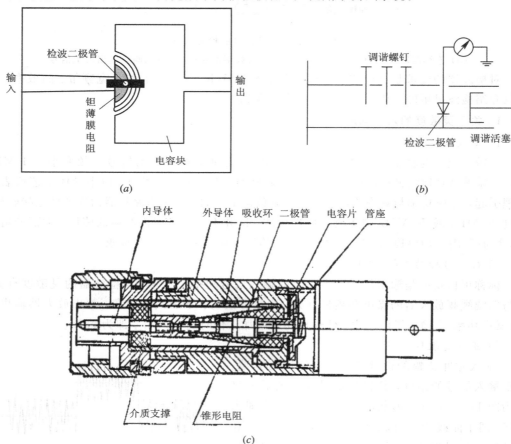

(a)　　　　　　　　　　　　　　　　　　　　　(b)

(c)

图 11 - 29　微波检波器电路

(a)宽频带微带线检波器；(b)调谐式波导检波器；(c)宽频带同轴检波器

11.3　倍频器与分频器

微波倍频器和分频器是一种微波信号产生方式，配合频率合成器使用，已经广泛用于各类微波系统和测试仪器中。

11.3.1　倍频器

倍频器输入信号为 f_0，输出信号为 nf_0，使用的器件是变容二极管。微波电路包括输入端低通滤波器和匹配电路，输出端带通滤波器和匹配电路，如图 11 - 30 所示。

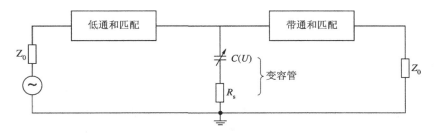

图 11 - 30　倍频器基本结构

射频/微波倍频器分成两类：低次倍频器和高次倍频器。

低次倍频器的单级倍数 n 不超过 5。使用的器件为变容二极管，倍频次数增加后，倍频效率和输出功率将迅速降低（二倍频效率为 50% 以上，三倍频效率为 40% 以上）。如需高次倍频时，必须做成多级倍频链，使其中每一单级仍为低次倍频。

高次倍频器的单级倍频次数可达 $10\sim20$ 以上，倍频使用的器件是阶跃恢复二极管（电荷储存二极管）。在高次倍频时，倍频效率约为 $1/n$。因为倍频次数高，可由几十兆赫兹的石英晶体振荡器一次倍频至微波，得到很稳定的频率输出。这种倍频器输出功率比较小，通常在几瓦以下，但利用阶跃管进行低次倍频时，输出功率在 L 波段也可达 15 W 以上。

1. 变容二极管

变容二极管是非线性电抗元件，损耗小，噪声低，可用于谐波倍频、压控调谐、参量放大、混频或检波。目前使用最多的是倍频和调谐。

图 11 - 26(b) 所示的肖特基势垒二极管的反向结电容随电压的变化就是变容管特性，变容管的电容与反向电压的关系为

$$C = C_{j0}\left(1 - \frac{U}{\varphi}\right)^{-m} \tag{11-2}$$

式中，C_{j0} 是零偏压时的结电容，φ 为结势垒电势，m 为等级因子。图 11 - 26(d) 所列的不同半导体材料都可用作变容管，只是三个参量不同。不同用途的变容管，m 值不同。$m=1/3$ 时为线性变容管，实现低次倍频或调谐。$m=1/2$ 时为阶跃恢复二极管，实现高次倍频或低次倍频。大多数情况下，变容管的 $m=1/2\sim1/3$。变容管的等效电路为一个电阻与可变电容的串联，如图 11 - 30 所示，最大工作频率与串联电阻有关，电阻越小越好。图 11 - 31 给出了变容管的电容曲线和泵源（大功率交流信号）作用下变容管的结电容曲线，非线性效果较明显。

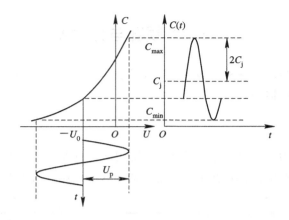

图 11 - 31　泵源作用下的结电容

2. 门—罗关系

在输入信号激励下，变容管上存在许多频率成分，除输入和输出有用信号外，其余频率称为空闲频率。这些空闲频率对于器件的工作是必不可少的。为了保证倍频器工作，必须使一些空闲频率谐波有电流。这个回路通常是短路谐振器，在所关心的频率上电流最大。

门—罗(Manley - Rowe)关系描述理想电抗元件上的谐波成分及其占有的功率。这种关系便于直观理解倍频器、变频器、分频器和参量放大器的工作原理。用两个信号 f_p 和 f_s 来激励变容管，则有

$$\begin{cases} \displaystyle\sum_{m=1}^{\infty}\sum_{n=-\infty}^{\infty}\frac{mP_{m,n}}{nf_p+mf_s}=0 \\[2mm] \displaystyle\sum_{m=-\infty}^{\infty}\sum_{n=1}^{\infty}\frac{nP_{m,n}}{nf_p+mf_s}=0 \end{cases} \tag{11-3}$$

倍频器 $m=0$，输入为 f_p，输出为 nf_p，$P_1+P_n=0$，理论效率为 100%。

参量放大器和变频器 $m=1$，泵源 f_p 的功率比信号 f_s 的功率大得多，忽略信号功率，且只取和频 f_p+f_s，则转换增益为

$$\frac{P_o}{P_s}=\frac{P_{1,1}}{P_{1,0}}=-\left(1+\frac{f_p}{f_s}\right)$$

在实际应用中，门—罗关系公式比较简单。

3. 倍频器设计

变容二极管倍频器的常用电路如图 11 - 32 所示，图(a)为电压激励，图(b)为电流激励。在电流激励形式中，滤波器 F_1 对输入频率为短路，对其他频率为开路，滤波器 F_N 则对输出频率均为短路，对其他频率为开路；在电压激励中，F_1 对输入频率、F_N 对输出频率为开路，对其他频率为短路。

电流激励的倍频器电路，变容管一端可接地以利于散热，故作功率容量较大的低次倍频时，宜于采用电流激励。用阶跃管作高次倍频时，因其处理的功率较小，一般采用电压激励形式。

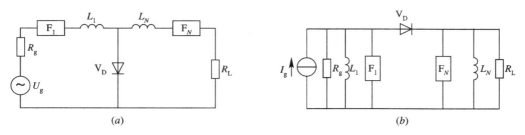

图 11 - 32　变容二极管倍频器的电路原理图

(a) 电压激励；(b) 电流激励

构成倍频器时，应注意以下几个问题：

(1) 变容管的工作状态要合理选择，以得到较高的倍频效率和输出较大的功率。由于变容管倍频是利用其电容的非线性变化来得到输入信号的谐波的，如果使微波信号在一个周期的部分时间中进入正向状态，甚至超过 PN 结的接触电位，则倍频效率可大大提高，因为由反向状态较小的结电容至正向状态较大的扩散电容，电容量有一个较陡峭的变化，有利于提高变容管的倍频能力。但是，过激励太过分时，PN 结的结电阻产生的损耗也会降低倍频效率，故对一定的微波输入功率需调节变容管的偏压使其工作于最佳状态。

(2) 变容管两侧的输入/输出回路分别与基波信号源和谐波输出负载连接。为了提高倍频效率，减少不必要的损耗，尽量消除不同频率之间的相互干扰，要求输入/输出电路之间的相互影响尽量小。特别是倍频器的输入信号不允许泄漏到输出负载，而其倍频输出信号也不允许反过来向输入信号源泄漏。为此，在输入信号源之后及输出负载之前分别接有滤波器 F_1 及 F_N。此外，在滤波器 F_1、F_N 和变容管之间，还应加接调谐电抗 L_1 和 L_N。因为输入电路和输出电路接在一起，彼此总有影响，为使输出电路对输入电路呈现的输入电抗符合输入电路的需要，故在输入电路中加接调谐电抗 L_1 加以控制。同理，在输出电路中加接 L_N 是为了调节输入回路影响到输出电路的等效电抗。

(3) 为了在输入频率和输出频率上得到最大功率传输，以实现较大的倍频功率输出，要求对两个不同频率都分别做到匹配，即输入电路在输入频率上匹配，输出电路在输出频率上匹配。

(4) 当倍频次数 $N>2$ 时，为了进一步提高倍频效率，除调谐于输入频率和输出频率的电路以外，最好附加一个到几个调谐于其他谐波频率的电路，但这些频率皆低于输出频率，称为空闲电路。由于空闲电路的作用，把一个或几个谐波信号的能量利用起来，再加到变容管这个非线性元件上，经过倍频或混频的作用，使输出频率的信号的能量加大，这样就把空闲频率的能量加以利用而增大了输出。

(5) 变容管的封装参量 L_s、C_b 对电路的影响也不小，在进行电路设计时，应将它们包含进去。

4. 阶跃管高次倍频器

阶跃恢复二极管(简称阶跃管，又称电荷储存二极管)是利用电荷储存作用而产生高效率倍频的特殊变容管。当 $m=1/9\sim1/16$，$C\approx C_{j0}$ 时，在大功率激励下，阶跃管相当于一个电抗开关，工作频率范围可从几十 MHz 至几十 GHz。这种倍频器结构简单，效率高，性能稳定，作为小功率微波信号源是比较合适的，并且可以一次直接从几十 MHz 的石英晶体振荡器倍频到微波频率,得到很高的频率稳定度。阶跃管还可用于梳状频谱发生器或作为频率标记,因为由阶跃管倍频产生的一系列谱线相隔均匀(均等于基波频率),可用来校正接收机的频率,也可作为锁相系统中的参考信号。阶跃二极管也可用来产生宽度极窄的脉冲(脉冲宽度可窄到几十微微秒),在毫微秒脉冲示波器、取样示波器等脉冲技术领域得到应用。

最简单的阶跃恢复二极管是一个 PN 结,但与检波管或高速开关管不同。正弦波电压对它们进行激励时,得到的电流波形不同,如图 11-33(b)、(c)所示。其中(b)为一般 PN 结二极管的电流波形,依循正向导通、反向截止的规律;而(c)为阶跃管的电流波形,其特点是电压进入反向时,电流并不立即截止,而是有很大的反向电流继续流通,直到时刻 t_a,才以很陡峭的速度趋于截止状态。产生这种特性是和阶跃管本身特点有关的。

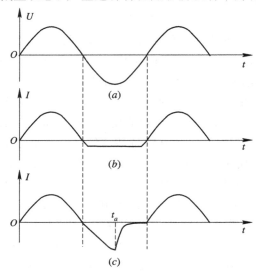

图 11-33　阶跃恢复管的电流波形

(a) 激励电压波形;(b) 检波管或高速开关管的电流波形;(c) 阶跃管的电流波形

阶跃恢复二极管倍频器的构成框图及其各级产生的波形如图 11-34 所示。

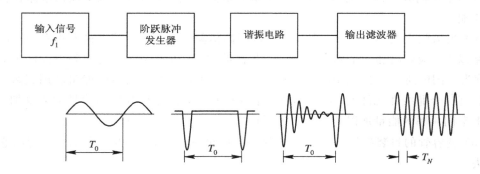

图 11-34　阶跃恢复二极管倍频器构成框图及其各级产生的波形

频率为 f_0 的输入信号把能量送到阶跃管的脉冲发生器电路。该电路将每一输入周期的能量变换为一个狭窄的大幅度的脉冲。此脉冲能量激发线性谐振电路。该电路把脉冲再变换为输出频率 $f_N = N f_0$ 的衰减振荡波形。最后,此衰减振荡经带通滤波器滤去不必要的谐波,即可在负载上得到基本上纯的输出频率等幅波。

5. 倍频器电路

低次倍频 $N=2\sim4$，已有商业化集成产品选择，尺寸很小，使用方便。

下面给出一种微波倍频器的电路结构，供参考。图 11 - 35 是微带线六倍频器，1、2、3 为输入端匹配和低通，4 为变容管，5、6、7、8 为输出端匹配带通，9、10 为直流偏置。倍频次数和电路拓扑关系不大，只是图中输出带通滤波器 7 的中心频率不同。工作频率变化，电路拓扑也不变，只调整输入和输出回路即可。

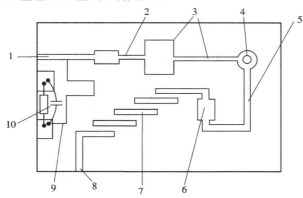

图 11 - 35　微带线六倍频器

11.3.2　分频器

分频器主要用于锁相环和频率合成器中。图 11 - 36 是基本频率变换关系，输入为 f_0，输出为 f_0/N，设法实现图中的频率变换关系是设计分频器的基本思路。完成这个功能的常用方法是反馈混频法或使用再生式分频器，电路结构如图 11 - 37 所示，分频器的分频比取决于两个带通滤波器的选择性。混频器 RF 端功率大，LO 端功率小，相当于接收机的本振与信号对调，输出频率与分频比的关系为

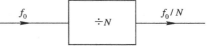

图 11 - 36　分频器功能

$$f_0 - f_0\left(\frac{N-1}{N}\right) = \frac{f_0}{N} \tag{11-4}$$

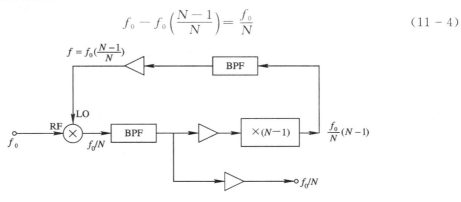

图 11 - 37　频率再生式分频器

放大器的作用是提高驱动功率。这种电路可以实现高次分频。低次分频器已有商品化集成电路可用。

11.4　开关与相移器

开关、相移和衰减统称为微波控制电路，更确切地应称为控制微波的电路。各种衰减在第 4 章中已介绍。本节重点是开关和相移，且开关是构成相移的基础。

11.4.1　开关

构成开关的器件有铁氧体、PIN 管、FET/BJT，铁氧体和 PIN 是经典的开关器件。表 11 - 3 给出了三种器件的性能比较，铁氧体的特点是功率大、插损小；PIN 的特点是快速，成本低；FET/BJT 有增益，已经成为中、小功率开关的主要器件。各种器件的开关都有自己的使用场合。

表 11 - 3　开关器件的性能比较

指　标	铁氧体	PIN	FET/BJT
开关速度	慢(ms)	快(μs)	快(μs)
插入损耗	低(0.2 dB)	低(0.5 dB)	增益
承受功率	高	低	低
驱动器	复杂	简单	简单
体积、重量	大、重	小、轻	小、轻
成本	高	低	低

开关在射频/微波系统中有着广泛的用途，如时分多工器、时分通道选择、脉冲调制、收发开关、波束调整等。开关的指标比较简单，接通损耗尽可能小，关断损耗尽可能大，频带和功率满足系统要求。

1. 开关的基本原理

1) 开关器件原理

铁氧体开关的原理是改变偏置磁场方向，实现导磁率的改变，从而改变信号的传输常数，以达到开关目的。

PIN 管在正反向低频信号作用下，对微波信号有开关作用。正向偏置时对微波信号的衰减很小(0.5 dB)，反向偏置时对微波信号的衰减很大(25 dB)。

FET/BJT 开关的原理与低频三极管开关的原理相同，基极(栅极)的控制信号决定集电极(漏极)和发射极(源极)的通断。放大器有增益，反向隔离大，特别适合于 MMIC 开关。

MEMS 微机械电路是近年发展起来的一种新型器件，在滤波器中有简单介绍，也可以用作开关器件。

2) 微波开关电路

开关器件与微波传输线的结合就构成微波开关组件。各种开关器件与微波电路的连接形式的等效电路相同。下面以 PIN 管为例介绍常用开关电路。开关按照接口数量定义，代号为 ♯P♯T，如单刀单掷(SPST)、单刀双掷(SPDT)、双刀双掷(DPDT)、单刀六掷

（SP6T）等。

　　图 11 - 38 是 SPDT 的两种形式。每个电路中的两个 PIN 管的偏置始终是相反的。图 11 - 38（a）中，若 V_{D1} 通则 V_{D2} 断，V_{D1} 经过四分之一波长，在输入节点等效为开路，V_{D2} 无影响，输入信号进入 2，反之，开关拨向 1。图（b）中，若 V_{D1} 通则 V_{D2} 断，输入信号进入 1，反之，开关拨向 2。

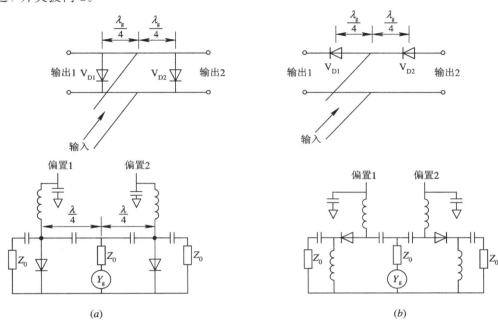

图 11 - 38　单刀双掷（SPDT）开关

（a）并联型；（b）串联型

　　图 11 - 39、图 11 - 40、图 11 - 41 是几种常用开关的拓扑结构。这些电路的微波设计要考虑开关的寄生参数设计匹配网络，还要考虑器件的安装尺寸。

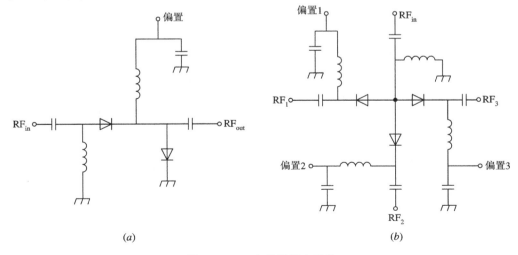

图 11 - 39　串并联复合开关

（a）SPST；（b）SP3T

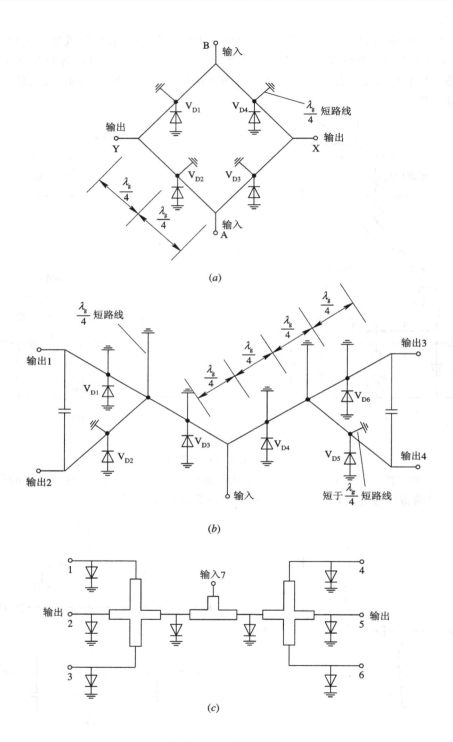

图 11-40　多掷开关

(a) 双刀双掷(DPDT)开关；(b) 单刀四掷(SP4T)开关；(c) 单刀六掷(SP6T)开关

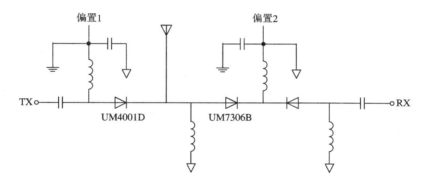

图 11 - 41　大功率宽带开关

2. 开关驱动

任何一种开关都有相应的驱动电路。驱动电路实际上是一个脉冲放大器，把控制信号（通常为 TTL 电平）放大后输出足够大的电流或足够高的电压。图 11 - 42 所示是一种典型的 PIN 驱动电路，图(a)是基本电路结构，图(b)是一个具体电路结构，图(b)与图(a)电路相比增加了加速元件。PIN 管正向偏压为 +5 V，反向越大越好（如 −25 V 变为 −80 V），可改善开关速度和通断比。实际中可以将 PIN 管反向加入电路，利用正高压 −5 V 以降低对电源的要求。

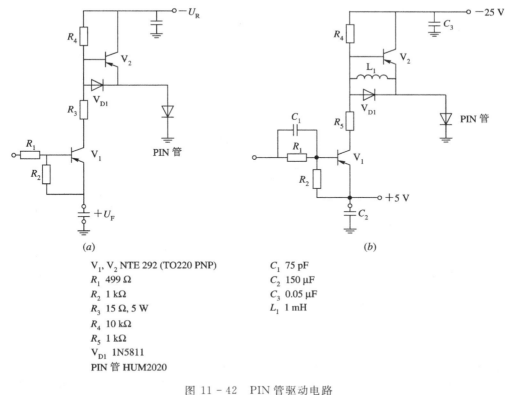

V_1, V_2 NTE 292 (TO220 PNP)　　C_1 75 pF
R_1 499 Ω　　　　　　　　　　　　C_2 150 μF
R_2 1 kΩ　　　　　　　　　　　　 C_3 0.05 μF
R_3 15 Ω, 5 W　　　　　　　　　　 L_1 1 mH
R_4 10 kΩ
R_5 1 kΩ
V_{D1} 1N5811
PIN 管 HUM2020

图 11 - 42　PIN 管驱动电路
(a)基本电路结构；(b)具体电路结构

11.4.2　相移器

在通信系统中,调相就是对微波信号相位的控制,在雷达系统中,相控阵天线就是要控制送入天线阵每个单元信号的相位,实现天线波束的调整。这些相位控制电路就是相移器。铁氧体、PIN 管、BJT 或 FET 都可以构成相移器。基本原理是在传输线上改变传播常数或形成信号的波程相位差。下面仅以 PIN 管为例介绍相移器的常见结构。

1. 数字相移器

图 11 - 43 是一位相移器,两个 SPDT 开关同时工作,选择不同路径时相位差为

$$\Delta\varphi = \frac{2\pi}{\lambda_g}(l_1 - l_2) \tag{11 - 5}$$

图 11 - 43(a)是原理图,图 11 - 43(b)是 PIN 管的连接方式。这种相移单元称作开关线相移器,适用于小相移单元。小相移单元的另一种形式是加载线,如图 11 - 44 所示,图 11 - 44(a)的相移量为

$$\theta' = \arctan\left[\frac{(B_- X_{D-} + 1)/Y_{02}}{X_{D-} - B_- /Y_{02}^2}\right] \tag{11 - 6}$$

中等相移单元可以用三节加载线,如图 11 - 44(b)所示。大相移单元可以用分支线耦合器或环形桥。

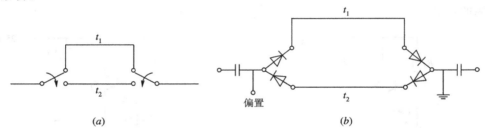

(a)　　　　　　　　　　　　　　　(b)

图 11 - 43　开关线相移器

(a) 原理图;(b) PIN 管的连接方式

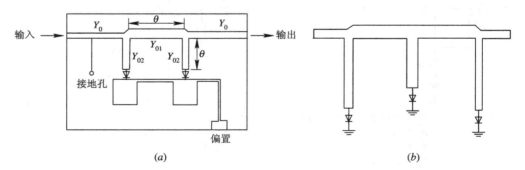

(a)　　　　　　　　　　　　　　　(b)

图 11 - 44　加载线相移器

(a) 双节加载线;(b) 三节加载线

图 11 - 45 是四位相移器的实际电路,该电路的指标为 0°~360°数字相移,相移步进为 22.5°,每位都有独立的驱动电路。应注意开关通断的逻辑关系和四个相移单元的实现方式,开关接通的是传输线或电抗,寄生参数、匹配问题也是要仔细考虑的。大功率或低反

偏下，会有相位失真。要选择 I 区厚、载流子寿命长的 PIN 管。图 11 - 46 为微带线结构的数字相移器，四个相移单元分别是 22.5°、45°、90°、180°。

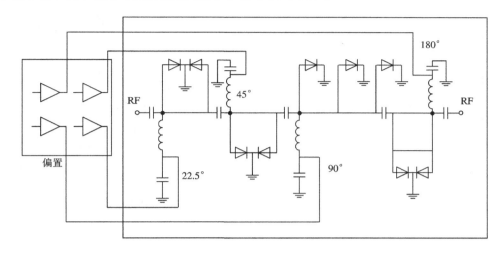

图 11 - 45　四位相移器

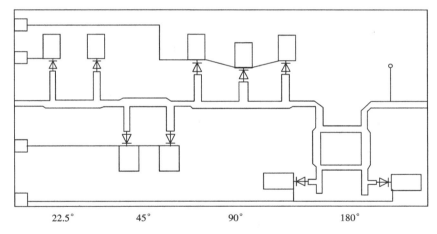

图 11 - 46　微带线四位相移器

2. 实时相移器（非色散相移器）与等时相移器（色散相移器）

在相控阵雷达中，每个单元的辐射控制都与频率无关，要用实时相移器或非色散相移器实现。这种相移器实际上是开关传输线段，电路的时延与相移状态无关。由于相移随频率的增加不成比例，故称为非色散相移器。图 11 - 47 是非色散和色散的解释。

图 11 - 48 是两种非色散相移器电路，SPST 在窄带内呈现短路和开路状态，环形器或耦合器理想且开关一致，依赖传输线节，相移器工作频带有限，适宜于窄带系统。

色散相移器的相移量与频率无关。图 11 - 49 是 3 dB 耦合器相移单元，PIN 管用作传输线的并联电纳。一个完整的相移器包括许多这种单元，每个单元的相移量不同。PIN 管正反向偏置时，与传输线连接的电容不同，电容值的大小与单元相移量有关。

单元相移量就是两个状态的相位差。要求相移与频率无关，就是色散相移器。图 11 - 49 中，单个 PIN 管可以做到 120°，两个 PIN 管可以做到 180°。

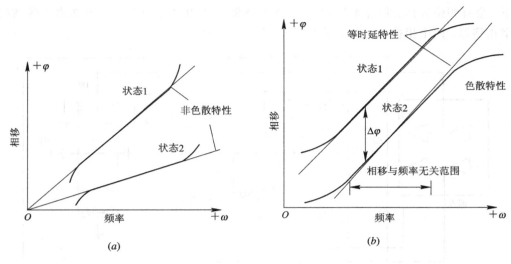

图 11 - 47　非色散和色散

(a) 非色散；(b) 色散

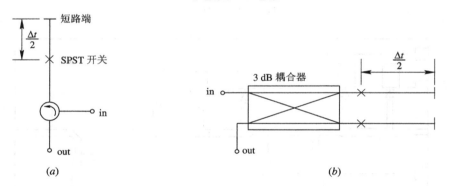

图 11 - 48　两种非色散相移器电路

(a) 环形器；(b) 耦合器

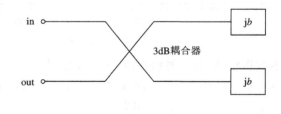

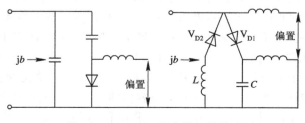

图 11 - 49　3 dB 耦合器相移单元

第 12 章　射频／微波天线

天线是无线电设备的重要组成部分，其主要功能是将电磁波发射至空气中或从空气中接收电磁波，所以天线亦可视为射频发收电路与空气的信号耦合器。天线性能的好坏直接影响无线电设备的性能。

12.1　天线基础知识

天线的基本作用是实现微波源与空间的能量传递。可通过设计天线结构形式实现所需要的方向性。描述天线能量转换和方向特性的电参数有许多个，诸如天线的输入阻抗、辐射电阻、方向图、方向系数、增益、效率、频带特性、极化特性等。

天线的电参数决定于天线的结构形式和工作频率，就一定的天线结构和工作频率计算其电参数称为天线分析。根据用途和工作频率对天线电参数提出的要求设计天线结构形式称为天线设计或天线综合。

12.1.1　天线的基本指标

天线的基本指标介绍如下：

（1）天线增益 G 定义为

$$G = \frac{P_r}{P_i} \tag{12-1a}$$

式中，P_r 为距离被测天线 R 处所接收到的功率密度，单位为 W/m^2；P_i 为距离全向性天线 R 处所接收到的功率密度，单位为 W/m^2。

距离增益为 G 的天线 R 处的功率密度应为接收功率密度，即

$$P_r = \frac{GP_t}{4\pi R^2} \tag{12-1b}$$

(2) 天线输入阻抗 Z_{in} 定义为

$$Z_{in} = \frac{U}{I} \qquad (12-2a)$$

式中，U 为在馈入点上的射频电压；I 为在馈入点上的射频电流。

天线是个单口网络，输入驻波比或反射系数是一个基本指标，为了使天线辐射尽可能多的功率，必须使天线与空气匹配，输入驻波比尽可能小。阻抗、驻波比与反射系数的关系为

$$\left\{ \begin{aligned} & VSWR = \frac{1+|\Gamma|}{1-|\Gamma|} \\ & Z_{in} = Z_0 \frac{1+\Gamma}{1-\Gamma} \end{aligned} \right. \qquad (12-2b)$$

(3) 辐射效率 η_r 定义为

$$\eta_r = \frac{P_r}{P_i} \qquad (12-3)$$

式中，P_r 为天线辐射出的功率，单位为 W；P_i 为馈入天线的功率，单位为 W。

(4) 辐射方向图：用一极坐标图来表示天线的辐射场强度与辐射功率的分布，如图 12-1 所示。

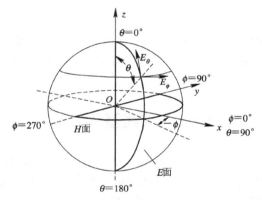

图 12-1　辐射方向图

(5) 半功率角的定义如图 12-2 所示。

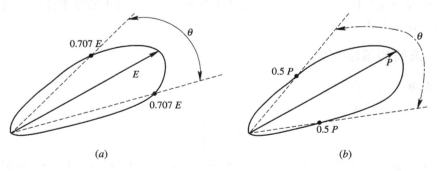

图 12-2　半功率角
(a) 按电场定义；(b) 按功率定义

(6) 旁瓣：在主辐射波主瓣旁，还有许多旁瓣，沿角度方向展开如图 12-3 所示。其中，HPBW 为半功率波束宽度，表示辐射最大功率下降 3 dB 时的角度；FNBW 为第一零

点波束宽度；SLL 为旁瓣高度，表示辐射最大功率与最大旁瓣的差。

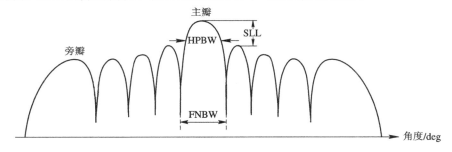

图 12 - 3　主瓣与旁瓣

（7）方向系数 D 定义为

$$D = \frac{P_{\max}}{P_{\mathrm{av}}} \tag{12-4}$$

式中，$P_{\max}$ 为最大功率密度，单位为 $\mathrm{W/m^2}$；P_{av} 为平均辐射功率密度，单位为 $\mathrm{W/m^2}$。

常见的天线方向系数如下：

偶极天线　　　　　　　$D = 1.5$ 或 1.76 dB

单极天线　　　　　　　$D = 1.5$ 或 1.76 dB

抛物面天线　　　　　　$D \approx \dfrac{(\pi d)^2}{\lambda^2}$

喇叭天线　　　　　　　$D \approx \dfrac{10A}{\lambda^2}$

式中，d 为抛物面半径，λ 为信号波长，A 为喇叭口面面积。

12.1.2　远区场概念

通常，天线被看做是辐射点源，近区是球面波，远区为平面波，如图 12 - 4 所示。辐射方向图是在远区测量。下面给出远、近场的分界点。

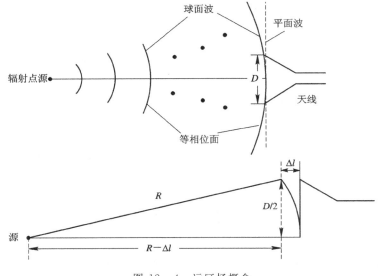

图 12 - 4　远区场概念

在图 12 - 4 中，有以下几何关系：

$$R^2 = (R - \Delta l)^2 + \left(\frac{D}{2}\right)^2 \qquad (12 - 5)$$

通常，$R \gg \Delta l$ 时，有

$$R \approx \frac{D^2}{8\Delta l} \qquad (12 - 6a)$$

如果 $\Delta l = \frac{1}{16}\lambda_0$，相位误差为 $22.5°$，远区场为

$$R \geqslant \frac{2D^2}{\lambda_0} \qquad (12 - 6b)$$

如果 $\Delta l = \frac{1}{32}\lambda_0$，相位误差为 $11.25°$，远区场为

$$R \geqslant \frac{4D^2}{\lambda_0} \qquad (12 - 6c)$$

12.1.3 天线的分析

一般地，天线的分析是解球坐标内的 Helmholtz 方程，得到矢量位函数。如图 12 - 5 所示，天线体积为 V，电流为 J，在观测点的矢量位函数为

$$\boldsymbol{A}(\boldsymbol{r}) = \frac{\mu}{4\pi} \int_V \boldsymbol{J}(\boldsymbol{r}') \frac{\mathrm{e}^{-jk_0|\boldsymbol{r}-\boldsymbol{r}'|}}{|\boldsymbol{r}-\boldsymbol{r}'|} \, \mathrm{d}V' \qquad (12 - 7)$$

式中，$\dfrac{\mathrm{e}^{-jk_0|\boldsymbol{r}-\boldsymbol{r}'|}}{|\boldsymbol{r}-\boldsymbol{r}'|}$ 为自由空间的格林函数。矢量位函数为天线上的电流与观测点格林函数乘积在天线体积上的积分。有了 $\boldsymbol{A}(\boldsymbol{r})$，即可得到 $\boldsymbol{H}(\boldsymbol{r})$，然后再求出 $\boldsymbol{E}(\boldsymbol{r})$。实际天线工程中，由于天线电流的分布很难确定，由积分计算矢量位函数也十分困难，常用的数值解法过程也很麻烦。

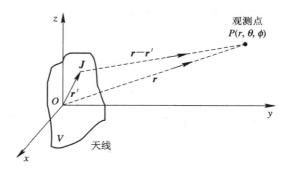

图 12 - 5 求解矢量位函数

本书以介绍天线拓扑结构和尺寸选择为基本思想，避免复杂的过程，尽量使天线的概念简单化。

12.2 常见的天线结构

在射频/微波应用上，天线的类型与结构有许多种类。就波长特性分，天线有八分之一

波长、四分之一波长、半波天线；就结构分，天线有单极型、对称振子型、喇叭型、抛物面型、角型、螺旋型、介质平板型及阵列型等，如图 12 - 6 所示；就使用频宽分，天线有窄频带型(10％以下)和宽频带型(10％以上)。表 12 - 1 归纳了天线类型。图 12 - 7 给出了三种天线的增益比较。

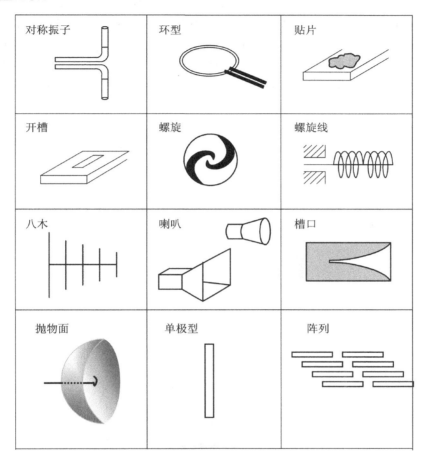

图 12 - 6　常见天线

表 12 - 1　天　线　分　类

分类方法	分类名称	天　线　结　构
结构	线天线	单极、对称、环、螺旋
	孔径天线	喇叭、缝隙
	微带天线	贴片、对称、螺旋
增益	高增益	反射面
	中增益	喇叭
	低增益	单极、对称、环、缝隙贴片
波束	全向	对称、单极
	笔形	反射面
	扇形	阵列

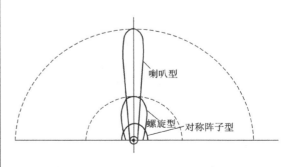

图 12 - 7　三种常用天线增益比较

12.3　单极天线与对称阵子天线

单极天线和对称阵子天线都是全向天线，广泛应用于广播、移动通信和专用无线系统中。对称阵子是基本天线，单极天线是对称阵子的简化形式，长度是对称阵子的一半，与地面的镜像可以等效为对称阵子，如图 12 – 8 所示。对称阵子长度小于一个波长，辐射方向图是个油饼形或南瓜形。在 $\theta=90°$ 时电场辐射最强，$\theta=0°$ 时没有辐射。磁场辐射是个圆环，沿 ϕ 方向相同。单极天线是个全向天线，可以接收任何方向的磁场信号，增益为 1。

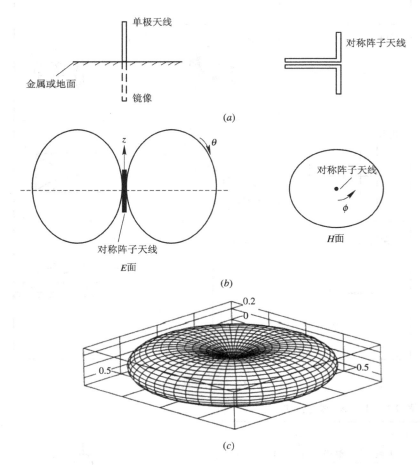

图 12 – 8　单极天线和对称阵子天线及其方向图
(a) 单极天线及对称阵子天线；(b) E 面和 H 面方向图；(c) 方向图的立体模型

一般地，对称阵子天线的长度等于半波长，单极天线的长度等于四分之一波长，阻抗为 73 Ω，增益为 1.64(2.15 dB)。如果天线长度远小于波长，称为短阵子，输入阻抗非常小，难于实现匹配，辐射效率低，短阵子的增益近似为 1.5(1.7 dB)。

实际中把单极阵子称作鞭状天线，长度为四分之一波长，与同轴线内导体相连，接地板与外导体相接，接地板通常是车顶或机箱，如图 12 – 9 所示，辐射方向图是对称阵子方向图的一半(上半部分)，阻抗也是对称阵子的一半(37 Ω)。

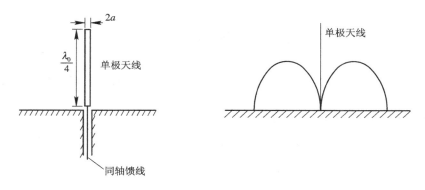

图 12 - 9　单极天线的馈电

对称阵子和单极天线有许多变形，折合阵子是两个对称阵子的对接，如图 12 - 10 所示。折合后的长度为半波长，阻抗为 $4\times73\approx300\ \Omega$。折合阵子可以看成对称模和非对称模的叠加。

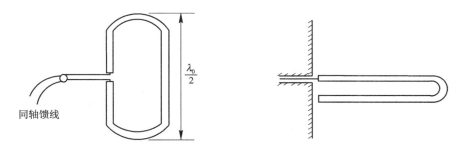

图 12 - 10　折合阵子天线

单极天线的另一种变形是倒 L 型和倒 F 型天线，如图 12 - 11 所示。四分之一波长的变形天线尺寸降低，便于安装。图 12 - 11(c) 是一种宽带变形，用金属板代替了导线。

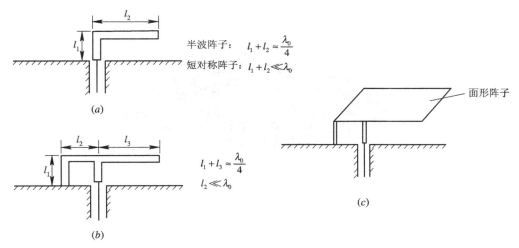

图 12 - 11　单极天线的变形
(a) 倒 L 型；(b) 倒 F 型；(c) 宽带变形

单极天线的变化形式很多，在不同的使用场合形状不同，原理不变。近年的介质加载封装、合金材料使得天线的尺寸缩小，结实耐用，是飞行器天线的常用形式。

12.4　喇　叭　天　线

喇叭天线是波导与空气的过渡段,有圆喇叭和方喇叭两种,分别与圆波导和方波导相连接。喇叭天线可以单独用于微波系统,也可作为面天线的馈源。喇叭天线增益可以严格计算,通常使用喇叭天线作为测量标准。

对于图 12 - 12 所示矩形波导喇叭,获得最佳增益的天线尺寸和增益分别为

$$\begin{cases} A = \sqrt{3\lambda_0 l_h} \\ B = \sqrt{2\lambda_0 l_c} \end{cases} \qquad (12 - 8)$$

$$G(\text{dB}) = 8.1 + 10 \lg \frac{AB}{\lambda_0^2} \qquad (12 - 9)$$

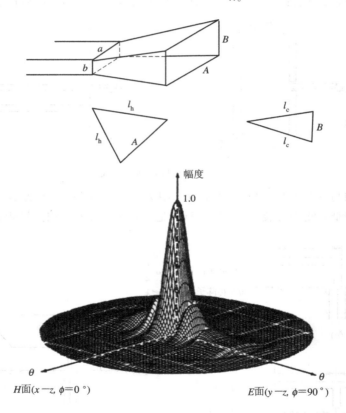

图 12 - 12　矩形喇叭及其方向图

对于图 12 - 13 所示圆锥喇叭,获得最佳增益的天线尺寸和增益分别为

$$D = \sqrt{3\lambda_0 l_c} \qquad (12 - 10)$$

$$G(\text{dB}) = 20 \lg \frac{\pi D}{\lambda_0} - 2.82 \qquad (12 - 11)$$

如 $a \times b = 22.86 \text{ mm} \times 10.16 \text{ mm}$, $A \times B = 22.86 \text{ cm} \times 10.16 \text{ cm}$ 的 10 GHz 矩形喇叭,增益为 22 dB。

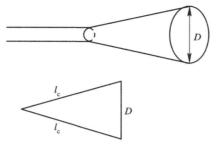

图 12 - 13　圆锥喇叭

12.5　抛 物 面 天 线

抛物面天线是一种高增益天线，是卫星或无线接力通信等点对点系统中使用最多的反射面天线。如图 12 - 14 所示，金属抛物面反射器将焦点上的馈源发射的球面波变成平面波发射出去。如果照度效率为 100%，则有效面积等于实际面积，即

$$A_e = \pi \left(\frac{D}{2} \right)^2 = A \tag{12-12}$$

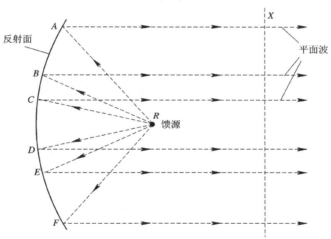

图 12 - 14　抛物面天线

实际中，由于溢出、阻塞和损耗，照度效率只有 55%～75%，取最坏情况 55%，有

$$A_e = \eta A = 0.55 \pi \left(\frac{D}{2} \right)^2 \tag{12-13}$$

增益为

$$G = \frac{4\pi}{\lambda_0^2} A_e = 0.55 \pi \left(\frac{\pi D}{\lambda_0} \right)^2 \tag{12-14}$$

半功率波束宽度为

$$\text{HPBW} = 70 \frac{\lambda_0}{D} \text{ deg} \tag{12-15}$$

若有抛物面口径为 1 m，工作频率为 10 GHz，照度效率为 55% 的抛物面天线，可以计算出增益为 37 dB，HPBW 为 2.3°，在 55 m 处形成远场（平面波）。

抛物面的增益很高,波束很窄。抛物面的对焦非常重要。喇叭馈源与同轴电缆连接。抛物面天线通常有四种馈源方式,如图 12 - 15 所示。

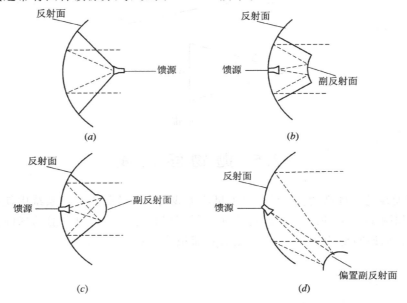

图 12 - 15 抛物面天线的四种馈源方式
(a) 前馈;(b) 卡赛格伦;(c) 格利高里;(d) 偏馈

前馈最简单,照度效率为 55%~60%,馈源及其支架会产生遮挡,增加旁瓣和交叉极化。卡赛格伦的优点是馈源靠近接收机前端,连接线短。格利高里与卡赛格伦相似,只是用了椭圆副反射面,效率为 76%。偏馈的方法避免了馈源或副反射面的遮挡,旁瓣类似,同样增益下尺寸较小。

在微波低端或射频波段,由于抛物面的尺寸太大,因此可以用部分抛物面,这种天线常用在船上。为了减轻重量、承受风压,抛物面还可以做成网状的。

12.6 微带天线

微带天线结构紧凑,一致性好,成本低,效率高,近年来得到了长足的发展。常用的微带天线是矩形或圆形。矩形贴片天线如图 12 - 16 所示。

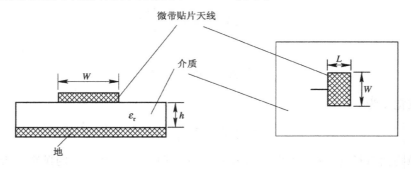

图 12 - 16 矩形贴片天线

12.6.1　微带天线基本知识和矩形微带天线

常用的微带天线的分析设计方法有传输模法和谐振模法。传输模法的思路是把矩形块等效为辐射阻抗加载的一段很宽的微带线，由于设计公式近似且有实验调整，因此这种方法是不准确的。谐振模法是把微带天线看成是具有磁壁的封闭腔体，这种方法精度好，但计算成本太高。

工程上，微带天线用传输模法近似设计，很宽的微带线沿横向是谐振的，在贴片下面电场沿谐振长度正弦变化，假定电场沿宽带 W 方向不变化，并且天线的辐射是宽边的边沿。

辐射边沿可以看作用微带传输线连接起来的辐射槽，如图 12 - 17 所示，单个辐射槽的辐射电导为

$$G = \begin{cases} \dfrac{W^2}{90\lambda_0^2} & W \leqslant \lambda_0 \\[2mm] \dfrac{W^2}{120\lambda_0^2} & W > \lambda_0 \end{cases} \qquad (12-16)$$

单个辐射槽的辐射电纳为

$$B = \frac{k_0 \Delta L \sqrt{\varepsilon_e}}{Z_0} \qquad (12-17)$$

式中

$$\begin{cases} Z_0 = \dfrac{120\pi h}{W\sqrt{\varepsilon_e}} \\[3mm] \varepsilon_e = \dfrac{\varepsilon_r + 1}{2} + \dfrac{\varepsilon_r - 1}{2}\left(1 + \dfrac{12h}{W}\right)^{-1/2} \\[3mm] \Delta L = 0.412h\,\dfrac{\varepsilon_e + 0.3}{\varepsilon_e - 0.258}\,\dfrac{(W/h) + 0.264}{(W/h) + 0.8} \end{cases} \qquad (12-18)$$

其中，$k_0 = 2\pi/\lambda_0$ 是自由空间的波数，Z_0 是宽度 W 的微带特性阻抗，ε_e 是有效介电常数，ΔL 是边沿电容引起的边沿延伸。由图 12 - 17 可看出，边沿电场盖住了微带边沿，等效为贴片的电长度增加。

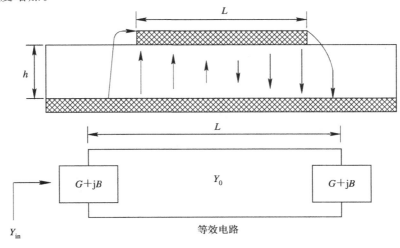

图 12 - 17　边沿辐射槽

为了计算天线的辐射阻抗，天线可以等效为槽阻抗和传输线级联。输入导纳为

$$Y_{in} = Y_s + Y_0 \frac{Y_s + jY_0 \tan\beta(L + 2\Delta L)}{Y_0 + jY_s \tan\beta(L + 2\Delta L)} \tag{12-19}$$

式中，Y_s 为式(12-17)给出的辐射槽导纳，$\beta = 2\pi \sqrt{\varepsilon_e}/\lambda_0$ 为微带线内传播常数。谐振时，$L + \Delta L = \lambda_g/2 = \lambda_0/2\sqrt{\varepsilon_e}$，式(12-19)仅剩两个电导，即

$$Y_{in} = 2G \tag{12-20}$$

微带天线的工作频率与结构参数的关系为

$$f_0 = \frac{c}{2\sqrt{\varepsilon_e}(L + 2\Delta L)} \tag{12-21}$$

W 不是很关键，通常按照下式确定：

$$W = \frac{c}{2f_0}\left(\frac{2}{\varepsilon_r + 1}\right)^{1/2} \tag{12-22}$$

设计实例：

设计 3 GHz 微带天线，基板参数为 2.2/0.762，并用四分之一线段实现与 50 Ω 馈线的匹配。

天线拓扑如图 12-18 所示。

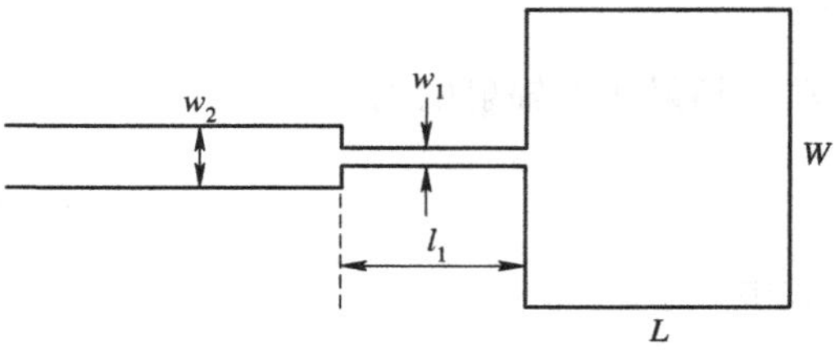

步骤一：确定各项参数，有

$W = 3.95$ cm，$\varepsilon_e = 2.14$，$\Delta L = 0.04$ cm

$L = 3.34$ cm，$R_{in} = 288$ Ω

步骤二：阻抗变换器的特性阻抗为

$$Z_{T0} = \sqrt{288 \times 50} = 120 \ \Omega$$

步骤三：由微带原理计算得出变换器的长度和宽度为

$$l_1 = 1.9 \text{ cm}, \ w_1 = 0.0442 \text{ cm}$$

图 12-18　矩形天线实例

微带天线的辐射方向图可以用电磁场理论严格计算。图 12-19 是典型的方向图，典型 HPBW=50°~60°，$G = 5\sim8$ dB。

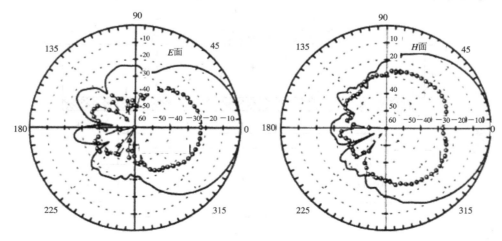

图 12-19　微带天线的典型方向图

在许多场合下要利用合适的馈线点实现微带天线的圆极化。如图 12 - 20 所示，90°耦合器激励两个方向的线极化构成圆极化，或者扰动微带天线的辐射场实现圆极化。

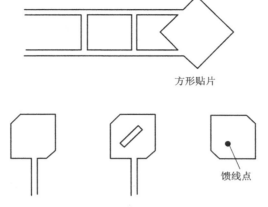

图 12 - 20　圆极化微带天线

12.6.2　微带天线的其他形式

导体贴片一般是规则形状的面积单元，如矩形、圆形或圆环形薄片等，也可以是窄长条形的薄片振子(对称阵子)。由这两种单元形成的微带天线分别称为微带贴片天线和微带振子天线，如图 12 - 21(a)、(b)所示。微带天线的另一种形式是利用微带线的某种形变(如弯曲、直角弯头等)来形成辐射，称为微带线型天线，如图 12 - 21(c)所示。因为这种天线沿线传输行波，故又称为微带行波天线。微带天线的第四种形式是利用开在接地板上的缝隙，由介质基片另一侧的微带线或其他馈线(如鳍线)对其馈电，称之为微带缝隙天线，如图 12 - 21(d)所示。由各种微带辐射单元可构成多种多样的阵列天线，如微带贴片阵天线、微带振子阵天线，等等。

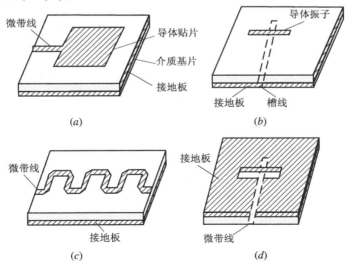

图 12 - 21　微带天线的四种形式
(a) 微带贴片天线；(b) 微带振子天线；(c) 微带线型天线；(d) 微带缝隙天线

图 12 - 22 为两种馈电形式的矩形微带天线示意图,图(a)是背馈,同轴线的外导体与接地板连接,内导体穿过介质与贴片天线焊接;图(b)为侧馈,通过阻抗变换与微带线连接。

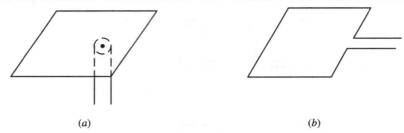

(a)　　　　　　　　　　　　(b)

图 12 - 22　微带天线的两种馈电方式
(a) 背馈;(b) 侧馈

矩形微带天线作为独立天线应用时采用背馈方式,而作为单板微带天线的阵元时必须采用侧馈方式。在制作侧馈的矩形微带天线时,可按下述方法实现匹配:将中心馈电天线的贴片同 50 Ω 馈线一起光刻制作,实测其输入阻抗并设计出匹配器,然后在天线辐射元与微带馈线间接入该变换器。

任何形式的平面几何结构都可以用作微带天线,图 12 - 23 是部分微带天线形式。

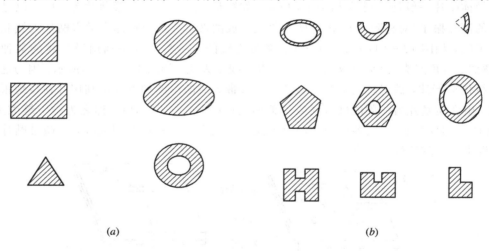

(a)　　　　　　　　　　　　(b)

图 12 - 23　微带天线的其他结构
(a) 常用形式;(b) 可能结构

12.6.3　圆盘微带天线的设计实例

圆盘微带天线是另一种基本形式。参数包括圆盘半径、馈电位置、输入阻抗、天线 Q 值、辐射效率、总效率、输入 VSWR 及频带、辐射方向图等。计算过程复杂,已有图表和软件可供使用。下面给出圆盘半径计算公式,并以 900 MHz 天线为例,利用计算程序 Mathcad 描述设计过程。圆盘半径为

$$a = \frac{K}{\left[1 + \dfrac{2h}{\pi \varepsilon_r K}\left(\ln \dfrac{\pi K}{2h} + 1.7726\right)\right]^{1/2}} \tag{12-23}$$

式中

$$K = \frac{8.794}{f_0 \sqrt{\varepsilon_r}}$$

设计实例：

设计 900 MHz 圆盘微带天线，介质参数为 4.5/1.6。

(1) 确定参数。天线的拓扑结构为：设计频率 $f_0 = 0.9$ GHz，最大输入驻波比 VSWR = 2.0∶1；基板参数中，高度 $h = 0.16$ cm，介电常数 $\varepsilon_r = 4.5$，损耗角正切 $\tan\delta = 0.015$，导体铜的 $\rho = 1.0$。

(2) 利用设计软件(cpatch.exe)求出圆盘形天线的半径、接头馈入位置、频率与输入阻抗的关系，有

半径＝4.580 cm

馈电点＝1.800 cm

频率与阻抗的对应关系如表 12 - 2 所示。

表 12 - 2 频率与阻抗的对应关系

f/GHz	实部/Ω	虚部/Ω
0.890	23.93	36.08
0.892	29.62	35.80
0.894	36.30	33.74
0.896	43.23	28.95
0.898	48.77	20.95
0.900	50.90	10.62
0.902	48.67	0.36
0.904	43.10	−7.52
0.906	36.24	−12.22
0.908	29.66	−14.24
0.910	24.07	−14.54

频带内阻抗在圆图上的位置如图 12 - 24(a)所示。

(3) 利用设计软件(patch.exe)求出天线的总 Q 值、辐射效率、总效率、天线频带宽度。

输入数据：

SUBSTRATE HEIGHT＝0.1600 cm

SUBSTRATE RELATIVE DIELECTRIC CONSTANT＝4.50

SUBSTRATE LOSS TANGENT＝0.0150

CONDUCTOR RELATIVE CONDUCTIVITY＝1.000

PATCH RADIUS＝4.580 cm

FEED LOCATION＝1.800 cm

　　FREQUENCY＝0.9000 GHz

计算结果：

　　INPUT RESISTANCE＝50.90 ohms

　　PATCH TOTAL Q＝47.639

　　RADIATION EFFICIENCY＝95.97％

　　OVERALL EFFICIENCY＝21.10％

　　PATCH BANDWIDTH＝1.48％ 2.00∶1 VSWR

（4）利用设计软件(cirpat.exe)求得天线的辐射方向图，如图 12－24(b)、(c)所示。

（5）圆盘天线的实际结构如图 12－24(d) 所示。

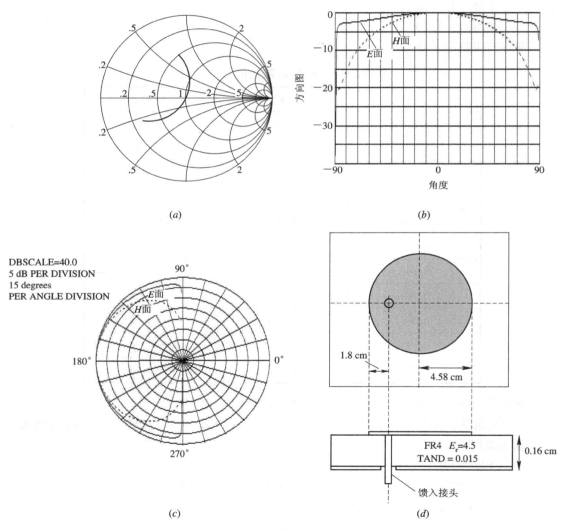

图 12－24　圆盘形微带天线结构图

(a) 史密斯圆图上内阻抗的位置；(b) 直角坐标方向图；(c) 极坐标方向图；(d) 实际结构

12.7　天线阵与相控阵

单个天线的波束宽度与增益的矛盾限制了它的使用。在有些场合，要用更高的增益和更窄的波束。由于天线的尺寸与工作波长有关，必须用多个天线形成极窄波束。天线阵把能量聚焦于同一个方向，增加了系统的作用距离。

12.7.1　天线阵

考虑图 12 - 25 所示的沿 z 方向分布的一维天线阵，总辐射场为每个单元的叠加。

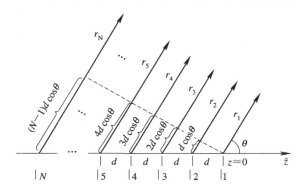

图 12 - 25　沿 z 方向分布的一维 n 元相控天线阵

远区场幅度相等，即

$$r_1 = r_2 = r_3 = \cdots = r_N = r \tag{12-24}$$

相邻两个天线单元之间的间距为 d，引起的相移为 ϕ，由距离引起的相移分别是

$$\begin{cases} r_1 = r \\ r_2 = r + d\,\cos\theta \\ \quad\vdots \\ r_N = r + (N-1)d\,\cos\theta \end{cases} \tag{12-25}$$

故总场强为

$$E_t = f(\theta,\ \phi)\frac{e^{-jk_0 r}}{4\pi r}\sum_{i=1}^{N} I_i e^{-j(i-1)(k_0 d\,\cos\theta - \phi)} = 元方向图 \times 阵因子 \tag{12-26}$$

式(12 - 26)称为方向图乘积原理。阵因子 AF 与单元的分布有关。

12.7.2　相控阵

考虑波束扫描情况，假定每个天线单元都相同，相位从左到右步进增加，如图 12 - 26 所示。

阵因子为

$$AF = \sum_{n=0}^{N-1} e^{-jn\psi} \tag{12-27}$$

式中

$$\psi = k_0 d\,\cos\theta - \phi$$

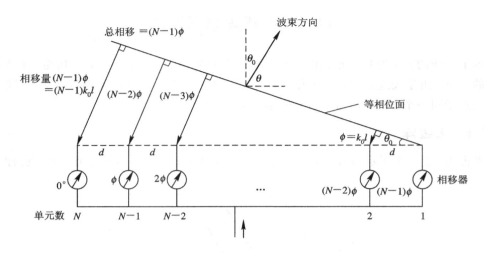

图 12 - 26　N 元天线阵的辐射方向

相邻单元的步进相移 ϕ 决定了辐射方向 θ_0。由式(12-27)知,辐射最大方向发生在 $\psi = 0$ 的条件下。此时,有

$$\phi = k_0 d \cos\theta = k_0 d \sin\theta_0 \qquad (12-28)$$

扫描角度为

$$\theta_0 = \arcsin\left(\frac{\phi}{k_0 d}\right) \qquad (12-29)$$

ϕ 的变化必须满足式(12-29)所限定的扫描角(波束方向),或者说,改变 ϕ 可以调整天线的辐射方向。这就是相控阵的原理。

在相控阵中,天线的总波束宽度和增益与天线单元的数量有关。通常,为了避免旁瓣,间距为半波长,笔形波束的半功率宽度与单元数的关系为

$$\theta_{\mathrm{HPWB}} \approx 100 N^{-1/2} \qquad (12-30)$$

总增益为

$$G \approx \eta \pi N$$

在相控阵中,可以电子控制每个单元的相位,保证辐射方向上的波前面相位相同,实现波束的调整。与机械旋转天线的方式比较,相控阵速度快,天线机构简单,系统稳定。

阵因子是个周期函数,在不同方向都会出现最大值,称为栅瓣。$\psi = 2\pi$ 的整数倍为栅瓣的发生条件。在图 12-26 中,$\psi = -2\pi$,栅瓣发生在主瓣的反方向,$\theta = 180°$。由式(12-29)可得

$$\frac{d}{\lambda_0} = \frac{1}{1 + \sin\theta_0} \qquad (12-31)$$

为了避免栅瓣的出现,相邻单元的距离必须小于式(12-31)的计算值。

在两个方向上调整单元的相位和间距,就是两维相控阵,可在两个相互垂直的方向上实现扫描。阵因子 AF 为

$$\mathrm{AF} = \sum_{m=0}^{M-1} \mathrm{e}^{-\mathrm{j}m(k_0 d_x \cos\theta \cos\phi - \phi_x)} \sum_{n=0}^{N-1} \mathrm{e}^{-\mathrm{j}n(k_0 d_y \cos\theta \sin\phi - \phi_y)} \qquad (12-32)$$

式中，d_x 和 d_y 分别是 x 和 y 方向的单元间距，ϕ_x 和 ϕ_y 分别是 x 和 y 方向的单元相移量。
天线阵的馈电有两种基本形式：并联形式和串联形式，如图 12 - 27 所示。图(a)中用的
3 dB功率分配器，每个支路都有一定的损耗，但分配均匀对称，图(b)中每个天线在一定的
位置与传输线耦合。

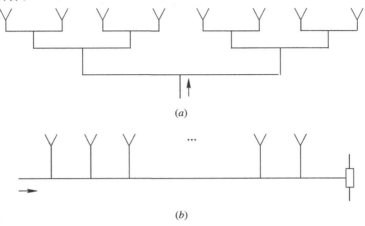

图 12 - 27　天线阵的两种馈电形式
(a) 并联形式；(b) 串联形式

　　图 12 - 28 是个 16×16 相控阵天线，256 个天线单元采用并联馈电的方式，总的输入
信号在阵列中央，用功分器把功率送到每个单元。

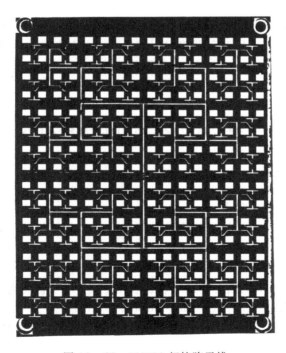

图 12 - 28　16×16 相控阵天线

第 13 章　射频/微波系统

在无线系统中，射频发射机是重要的子系统。无论是话音、图像还是数据信号，要利用电磁波传送到远端，都必须使用发射机产生信号，然后经调制放大送到天线。发射机的特性与使用场合有关。远距离系统中，大功率低噪声是首要指标。空间和电池供电系统中，效率必须要高。通信系统中，要求低噪声和高稳定性。

接收机是信号的还原过程，要求灵敏度高，失真小，能够重现异地发射机传来的信号特性。通信距离与发射机和接收机都有关系。

现代无线系统中，发射机通常与接收机组合成收发机(或称 T/R 组件)。在收发机中，为了使用一个天线，必须采用双工器将发射信号与接收信号分离，防止发射信号直接进入接收机，使其烧毁。双工器可以是开关、环形器或滤波器的组合。

13.1　射频发射机的基本知识

13.1.1　发射机的基本参数

发射机的基本参数介绍如下：

(1) 频率或频率范围：用来考查微波振荡器的频率及其相关指标、温度频率稳定度、时间频率稳定性、频率负载牵引变化、压控调谐范围等，相关单位为 MHz、GHz、ppm、MHz/V 等。

(2) 功率：与功率有关的指标有最大输出功率、频带功率波动范围、功率可调范围、功率的时间和温度稳定性，相关单位为 mW、dBm、W、dBW 等。

(3) 效率：用来描述供电电源到输出功率的转换效率。这一参数对于电池供电系统尤为重要。

(4) 噪声：包括调幅、调频和调相噪声，不必要的调制噪声将会影响系统的通信质量。

(5) 谐波抑制：基波与谐波的功率比为谐波抑制指标。通常对二次、三次谐波抑制提出要求。工程实际中，基波与谐波两个功率 dBm 的差为 dBc。

　　(6) 杂波抑制：除基波和谐波外的任何信号与基波信号的功率比。直接振荡源的杂波就是本底噪声，频率合成器的杂波除本底噪声外，还有可能是参考频率及其谐波。

13.1.2　发射机的基本结构

　　要发射的低频信号(模拟、数字、图像等)与射频/微波信号的调制方式有三种可能形式：

　　(1) 直接产生发射机输出的微波信号频率，再调制待发射信号。在雷达系统中常用脉冲调制微波信号的幅度，即幅度键控。调制电路就是 PIN 开关。调制后信号经功放、滤波输出到天线。

　　(2) 将待发射的低频信号调制到发射中频(如 70 MHz)上，与发射本振(微波/射频)混频得到发射机输出频率，再经功放、滤波输出到天线。在通信系统中常用此方案。

　　图像通信中，一般先将图像信号做基带处理(6.5 MHz)，再进行调制。

　　(3) 将待发射的低频信号调制到发射中频(如 70 MHz)上，经过多次倍频得到发射机频率，然后再经功放、滤波输出到天线。近代通信中常用此方案。

　　发射机典型电路如图 13-1 所示，可分成九个部分：中频放大器、中频滤波器、上变频混频器、射频滤波器、射频驱动放大器、射频功率放大器、载波振荡器、载波滤波器、发射天线。

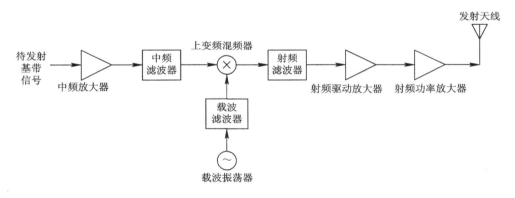

图 13-1　基本射频前端发射机电路

　　这些电路单元在前面均有介绍。放大器的基本原理与设计方法可参考第 8 章，滤波器的基本原理与设计方法可参考第 7 章，振荡器可参考第 9 章和第 10 章，天线在第 12 章有详细描述。在电路单元中还会用到耦合器、隔离器、匹配电路或衰减器等。一个发射机系统就是前面所学知识的组合。

13.1.3　上变频器

1. 基本电路原理

　　发射混频器的基本电路结构如图 13-2 所示。二极管上的电流为

$$i = I_0 + I_{IF} \sum_{n=1}^{\infty} \frac{\left(\frac{e}{nKT}\right)^n}{n!} [U_{IF}\sin(2\pi f_{IF}t) + U_{LO}\sin(2\pi f_{LO}t)]^n \qquad (13-1)$$

式中，I_0 为二极管的饱和电流，U_{IF} 为中频信号的振幅，f_{IF} 为中频信号的频率，U_{LO} 为载波信号的振幅，f_{LO} 为载波信号的频率。

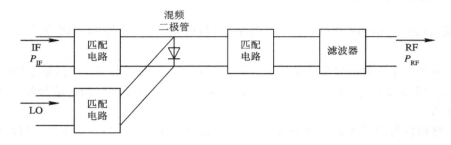

图 13 - 2　发射混频器的基本电路

混频后的输出射频频率为

$$f_{RF} = mf_{IF} + nf_{LO} \qquad (13-2)$$

其中，m，n 为任意非零整数。

绝大多数情况下，RF 频率应是载波与 IF 频率的和或差，即 $f_{RF} = f_{LO} \pm f_{IF}$。根据发射机指标和系统参数取和频或差频，利用射频输出端的滤波器实现端口间的隔离。

主要的噪声信号有：镜频信号 $f_{im} = f_{LO} + 2f_{IF}$；载波信号的谐波 nf_{LO}（n 为正整数）；边带谐波信号 $f_{sb} = f_{LO} \pm mf_{IF}$。

这些噪声需要特别加以抑制处理。

2. 上变频器主要技术参数的定义和测量

1）变频耗损或增益

$$L_c(dB) = 10 \lg\left(\frac{P_{IF}}{P_{RF}}\right) \qquad (13-3)$$

2）二阶互调 IP2

$$IP2 = P_{RF} + (P_{RF} - B - L_c) \qquad (13-4)$$

其中，IP2 为混频器的输入二阶互调截止点，单位为 dBm；P_{RF} 为混波器 RF 输入端的输入信号功率，单位为 dBm；L_c 是混波器输入信号频率 $f_{RF} = f_{LO} + f_{IF}$ 时的变频损耗，单位为 dB；B 是混波器输入信号频率 $f_{RF} = f_{LO} + 0.5f_{IF}$ 时输出端频率为 $2f_{IF}$ 的信号功率，单位为 dBm。

混频器的 IP2 测量电路与频谱示意图如图 13 - 3(a)、(b)所示。

3）三阶互调 IP3

$$IP3 = P_{in} + \frac{\Delta}{2} \qquad (13-5)$$

其中，IP3 为混频器的输入三阶互调截止点，P_{in} 是混频器输入端的输入信号功率，Δ 是混频器输出信号与内调制信号的功率差(dB)。

混频器的 IP3 测量电路及频谱示意图如图 13 - 4(a)、(b)所示。

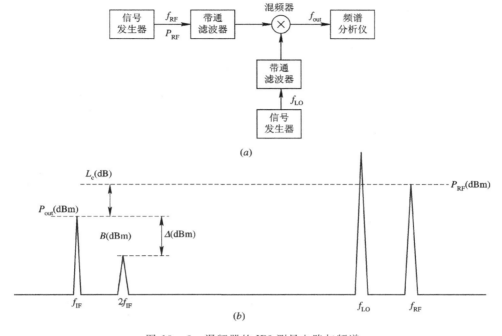

图 13-3 混频器的 IP2 测量电路与频谱

（a）混频器的 IP2 测量电路；（b）混频器的 IP2 频谱图

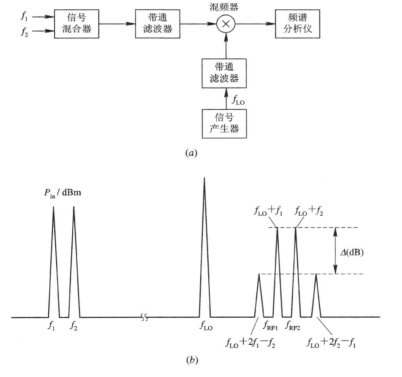

图 13-4 混频器的 IP3 测量电路与频谱

（a）混频器的 IP3 测量电路；（b）混频器的 IP3 频谱图

4) 1 dB 压缩功率 P_{1dB}

功率放大器的 1 dB 压缩功率是发射机最大发射功率的主要参数。对于放大器,P_{1dB} 是线性放大的最大输出功率,其定义如图 13-5(a)、(b)所示。

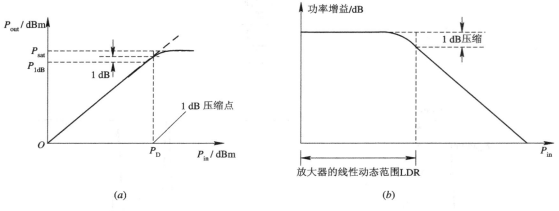

(a) (b)

图 13-5 1 dB 压缩和线性动态范围

(a) 放大器的 P_{sat},P_{1dB} 和 1 dB 功率压缩点;(b) 放大器的 1 dB 压缩和线性 LDR 关系图

13.2 射频接收机的基本知识

13.2.1 接收机的基本参数

接收机的基本参数介绍如下:

(1) 接收灵敏度:描述接收机对小信号的反应能力。对于模拟接收机,接收灵敏度定义为满足一定信噪比时的输入信号功率;对于数字接收机,接收灵敏度定义为满足一定误码率时的输入功率。一般情况下接收灵敏度在 −85 dBm 以下。

(2) 选择性:描述接收机对邻近信道频率的抑制能力。不允许同时有两个信号进入接收机。一般地,隔离指标在 60 dB 以上。

(3) 交调抑制:描述接收机抑制交调干扰的能力。在发射机和功率放大器中,大信号时会出现三阶互调失真。一般要求交调抑制在 60 dB 以上。

(4) 频率稳定度:描述接收机的本振信号的频率稳定度,影响接收机的中频信号的质量。

(5) 本振辐射:由于混频器的隔离不好,本振信号会进入接收信号通路,通过天线辐射,引起系统的三阶交调失真加重。

13.2.2 接收机的基本结构

接收机几乎都是超外差形式,即本振信号与接收信号进行混频,得到中频信号,经放大处理后解调信号。

1. 基本电路

基本射频前端接收机基本电路构成如图 13-6 所示。

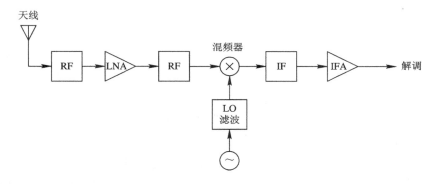

图 13 - 6　基本射频前端接收机基本电路

　　天线接收空间信号，射频滤波器通过预定波道频率阻止邻近波道信号。高频放大器是小信号低噪声放大器，其性能影响整机噪声系数和接收灵敏度。本振信号有足够的功率以驱动混频器，一般地，本振功率在 7 dBm 以上。中频放大器的灵敏度一般在 −60 dBm 以下，这是一个节点。接收机的调试要分段进行，每一大段都是对的，才能保证接收机工作正常。

2. 其他形式的接收机

　　为了提高接收机的接收灵敏度，现代接收机采用二次混频方案，如图 13 - 7 所示。

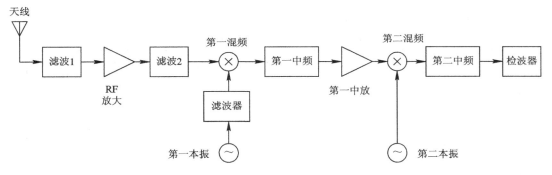

图 13 - 7　二次混频接收机

13.2.3　接收机的灵敏度

　　接收机的灵敏度定义为

$$S = \sqrt{F_\mathrm{T} K T B_\mathrm{w} (\mathrm{SNR_d}) Z_\mathrm{s}} \tag{13 - 6}$$

式中，$K = 1.38 \times 10^{-23}$ J/K，是玻尔兹曼常数；T 为绝对温度；B_w 是系统的等效噪声频宽；$\mathrm{SNR_d}$ 是系统要求的信噪比；Z_s 是系统阻抗；F_T 是总等效输入噪声系数，由接收器各级的增益与噪声系数 $F_{\mathrm{in}1}$、镜频噪声 $F_{\mathrm{in}2}$ 和宽带的本振调幅噪声 $F_{\mathrm{in}3}$ 三大部分组成，即

$$F_\mathrm{T} = F_{\mathrm{in}1} + F_{\mathrm{in}2} + F_{\mathrm{in}3} \tag{13 - 7}$$

$$F_{\mathrm{in}1} = 1 + \sum_{i=1}^{n} \frac{F_i - 1}{\prod_{j=0}^{i-1} G_j} = F_1 + \frac{F_2 - 1}{G_1} + \frac{F_3 - 1}{G_1 G_2} + \cdots \tag{13 - 8}$$

$$F_{in2} = \frac{\prod\limits_{i=1}^{N} G_i{}'}{\prod\limits_{i=1}^{N} G_i}\left[1 + \sum\limits_{i=1}^{N}\frac{F_i{}' - 1}{\prod\limits_{j=0}^{i-1} G_j{}'}\right] \tag{13-9}$$

$$F_{in3} = \sum\limits_{sb=1}^{M}\frac{10^{(P_{LO}+WN_{sb}-L_{sb}-MNB_{sb})/10}}{1000KT_0\prod\limits_{j=1}^{N_T} G_j} \tag{13-10}$$

公式中变量说明如下：

F_i 为第 i 级的噪声系数；G_j 为第 j 级的增益；F_i' 为镜像频率下的单级噪声系数；G_i' 和 G_j' 为镜像下的单级增益，$G_0 = 1$；N 为接收机的总级数(不包含混频器)；P_{LO} 为本振输出功率，单位为 dBm；WN_{sb} 为边带频率上的相位噪声，单位为 dBc/Hz；L_{sb} 为带通滤波器边带频率上的衰减值，单位为 dB；MNB_{sb} 为边带频率上的混频噪声；T_0 为室温 290 K；M 为边带频率的总个数；N_T 为包含混频器在内从接收端至混频器的总级数。

射频前端接收器可分为天线、射频低噪声放大器、下变频器、中频滤波器、本地振荡器。其工作原理是将发射端所发射的射频信号由天线接收后，经 LNA 将功率放大，再送入下变频器与 LO 混频后由中频滤波器将设计所要的部分解调出有用信号。

13.2.4　接收机灵敏度的计算实例

某接收系统各级增益及噪声系数列于表 13-1 中。

表 13-1　接收机指标分配实例

单级编号	单级名称	单级增益 G_n/dB		单级噪声系数 NF_n/dB		单级噪声系数 F_n/比值	
1	RF-BPF1	G_1	−2.5	NF_1	2.5	F_1	1.778
2	RF AMP	G_2	12	NF_2	3.5	F_2	2.239
3	RF-BPF2	G_3	−2	NF_3	2.0	F_3	1.585
4	MIXER	G_4	−8	NF_4	8.3	F_4	6.761
5	IF BPF	G_5	−1.5	NF_5	1.5	F_5	1.413
6	IF AMP	G_6	20	NF_6	4.0	F_6	2.512
7	BPU			NF_7	15	F_7	31.623

其他相关指标特性如下：RF-BPF2 镜像衰减量为 10 dB，等效噪声频宽为 $B_w = 12$ kHz，LO 输出功率为 $P_{LO} = 23.5$ dBm，LO 单边带相位噪声为 $WN_{sb} = -165$ dBc/Hz，带通滤波器响应参数为 0.0 dB @ $f_{LO} \pm f_{IF}$、10.0 dB @ $2f_{LO} \pm f_{IF}$、20.0 dB @ $3f_{LO} \pm f_{IF}$，混频噪声均衡比(Mixer Noise Balance)为 30.0 dB @ $f_{LO} \pm f_{IF}$、25.0 dB @ $2f_{LO} \pm f_{IF}$、20.0 dB @ $3f_{LO} \pm f_{IF}$，系统的实测信噪比为 SNR = 6 dB (3.981)。计算过程如下：

步骤一：求 F_{in1}。由上述公式可计算出表 13-2 所列结果。

表 13 - 2　F_{in1} 的计算

单级名称	前级总增益/dB $G_{Tn} = \sum\limits_{i=0}^{n-1} G_i$ $G_0 = 0$	前级总增益 $G_T = 10 \lg\left(\dfrac{G_{Tn}}{10}\right)$	各级噪声贡献 $\dfrac{F_n - 1}{G_T}$
RF - BPF1	0.0	1	0.778
RF AMP	−2.5	0.562	2.204
RF - BPF2	9.5	8.913	0.066
MIXER	7.5	5.623	1.025
IF BPF	−0.5	0.891	0.464
IF AMP	−2.0	0.631	2.396
BPU	18	63.096	0.485

故可得

$F_{in1} = 1 + 0.778 + 2.204 + 0.066 + 1.025 + 0.464 + 2.396 + 0.485 = 8.418$

步骤二：求 F_{in2}（见表 13 - 3 和表 13 - 4）。

表 13 - 3　F_{in2} 的计算 1

单级编号 n	单级名称	单级镜频增益 G_n/dB		单级镜频增益 G_n	单级镜频指数 NF_n/dB		单级噪声因子 F_n	
1	RF - BPF1	G_1	−2.5	0.562	NF_1	2.5	F_1	1.778
2	RF AMP	G_2	12	15.849	NF_2	3.5	F_2	2.239
3	RF - BPF2	G_3	−10	0.1	NF_3	0.0	F_3	1.0

表 13 - 4　F_{in2} 的计算 2

单级名称	前级镜频总增益 /dB	前级镜频总增益	各级镜频贡献
RF - BPF1	0.0	1	0.778
RF AMP	−2.5	0.562	2.204
RF - BPF2	9.5	8.913	0.0

故可得

$$F_{in2} = \frac{10^{(-10/10)}}{10^{(-2/10)}} \times (1 + 0.778 + 2.204 + 0.0) = 0.63$$

步骤三：求 F_{in3}（见表 13 - 5）。

表 13 - 5 　F_{in3} 的计算

频率	$f_{LO}+f_{IF}$	$f_{LO}-f_{IF}$	$2f_{LO}+f_{IF}$	$2f_{LO}-f_{IF}$	$3f_{LO}+f_{IF}$	$3f_{LO}-f_{IF}$
L_{sb}/dB	0	0	10	10	20	20
MNB_{sb}/dB	30	30	25	25	20	20
噪声 $\dfrac{10^{(P_{LO}+WN_{sb}-L_{sb}-MNB_{sb})/10}}{1000KT_0\prod\limits_{j=1}^{N_T}G_j}$	1.984	19.84	0.628	0.628	0.198	0.198

混频器前的总增益为

$$\prod_{j=1}^{N_T}G_j = 10^{(-2.5+12-2-8)/10} = 0.891$$

$$WN_{sb} = -165 \ dBc/Hz$$

$$T_0 = 290 \ K$$

$$K = 1.38 \times 10^{-23} \ J/K$$

可得

$$F_{in3} = 1.984 + 1.984 + 0.628 + 0.628 + 0.198 + 0.198 = 5.62$$

步骤四：求 F_T。

$$F_T = F_{in1} + F_{in2} + F_{in3} = 8.418 + 0.63 + 5.62 = 14.668$$

步骤五：求接收灵敏度。

$$S = \sqrt{14.668 \times 1.38 \times 10^{-23} \times 290 \times 12\,000 \times 3.981 \times 50} = 0.37 \ \mu V$$

13.2.5　接收机的选择性

接收选择性亦称为邻信道选择度 ACS，是用来量化接收机对邻近信道的接收能力。当今，频谱拥挤，波段趋向窄波道，更显示了接收选择性在射频接收器设计中的重要性。这个参数经常限制系统的接收性能。

接收选择度的定义为

$$ACS = -CR - 10\lg[10^{(-IFS/10)} + 10^{(-S_p/10)} + B_w 10^{(PN_{SSB}/10)}] \tag{13-11}$$

它由下列五大部分组合而成：单边带相位噪声、本地振荡源的噪声、中频选择性、中频带宽、同波道抑制率或截获率。式中，ACS 对应于接收灵敏度的邻信道选择性，单位为 dB；CR 为同信道抑制率，单位为 dB；IFS 为中频滤波器在邻信道频带上的抑制衰减量，单位为 dB；B_w 为中频噪声频宽 Δ 与邻信道频率的差值，单位为 Hz；S_p 为本地振荡信号与出现在频率为 $f_{LO}+\Delta$ 处的邻信道噪声的功率比，单位为 dBc；PN_{SSB} 为本地振荡信号在差频 Δ 处的相位噪声，单位为 dBc/Hz，如图 13 - 8 所示。

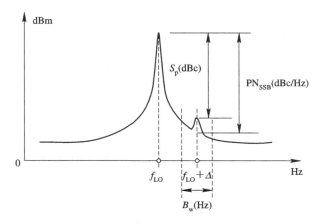

图 13 - 8 本地振荡的频谱

13.2.6 接收杂波响应

从中频端观察，所有非设计所需的杂波信号皆为噪声信号，而大部分的接收噪声信号来源于 RF 与 LO 的谐波混频。在实际应用中，不可能没有杂波，要看杂波功率是否在系统允许范围之内。由混频器的特性可知，RF、LO 与 IF 三端频率的相互关系为

$$f_{RF} = \frac{nf_{LO} \mp f_{IF}}{m} \qquad (13-12)$$

较常出现的接收杂波响应有下列三项：镜频 $f_{RF} \pm 2f_{IF}$、半中频 $f_{RF} \pm (f_{IF}/2)$、中频 f_{IF}，如图 13 - 9 所示。

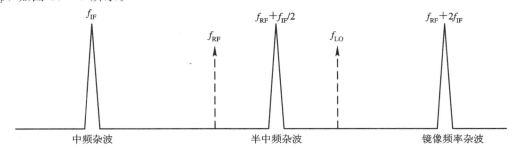

图 13 - 9 常见的接收杂波响应

在双工收发机中，当发射与接收同时作用时，还会再多出现两项杂波，如图 13 - 10 所示。

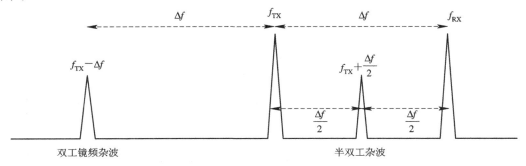

图 13 - 10 双工接收的杂波

13.2.7 接收互调截止点

互调截止点是射频/微波电路或系统线性度的评价指标,由此可推算出输入信号是否会造成失真度或互调产物。接收机的互调定义与功放或发射机的互调定义类似,如图 13 - 11 所示。

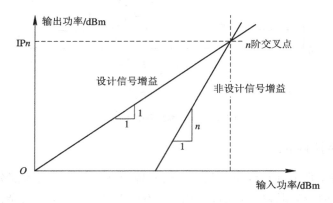

图 13 - 11 n 阶互调截止点

在实际应用中,常用的互调截止点有二阶互调截止点 IP2 与三阶互调截止点 IP3。

1. 二阶互调截止点 IP2

IP2 是用来判断混频器对半中频噪声的抑制能力的主要参数。在一个接收系统中,混频器的输入二阶互调截止点 $IP2_{INPUT}$ 的计算方式为

$$IP2_{INPUT} = IP2_{mixer} - \frac{混频器前}{各级增益和} + 2 \times \frac{混频器前各级}{半中频选择度和} \qquad (13-13)$$

计算实例:

计算如图 13 - 12 所示接收系统的 IP2。已知条件见表 13 - 6。

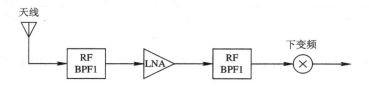

图 13 - 12 接收系统的 IP2 计算实例

表 13 - 6 已 知 条 件

通带增益/dB	-2	10	-2	
半中频选择度/dB	10	0	15	
二阶输入互调截止点/dBm				$IP2_{mixer} = 40$ dBm

由式(13 - 13)可得
$$IP2_{INPUT} = 40 - (-2 + 10 - 3) + 2 \times (10 + 0 + 15) = 84 \text{ dBm}$$

2. 半中频杂波抑制度 1/2_IFR

半中频杂波抑制度定义为
$$1/2\_IFR = \frac{IP2 - S - CR}{2} \qquad (13 - 14)$$

假设 FM 接收机的混频器 $IP2_{INPUT} = 50$ dBm，系统的接收灵敏度 $S = -115$ dBm，同信道抑制率 CR=5 dB，由式(13 - 14)可计算出此接收器的半中频杂波抑制度为
$$1/2\_IFR = \frac{IP2_{INPUT} - S - CR}{2} = \frac{50 + 115 - 5}{2} = 80$$

3. 射频放大器的接收增益
$$G_T = 10 \lg \left(1 + \frac{F_{amp} \cdot G_{amp} - 1}{F_{mixer}}\right) \quad (\text{dB}) \qquad (13 - 15)$$

其中，G_T 为射频放大器的接收增益，F_{amp} 为射频放大器的噪声系数，G_{amp} 为射频放大器的增益，F_{mixer} 为混频器的噪声系数，此参数会降低混频器的杂波抑制度，降低的值为
$$\frac{G_T(\text{dB})}{n}$$

其中，n 为杂波响应的阶数($n>1$)。对半中频而言，$n=2$。

4. 三阶互调截止点 IP3

IP3 可用来决定接收系统抵御内调制失真的能力，计算步骤如下：

(1) 绘出系统的电路方块图，并标明各级的增益(单位为 dB)、三阶互调截止点(单位为 dBm)。对于滤波器和衰减器，IP3=∞。

(2) 换算出各级的等效输入互调截止点，公式如下：
$$IP_n = IP3_n - \sum_{i=1}^{n-1} G_i$$

式中，IP_n 是第 n 级的等效输入三阶互调截止点，单位为 dBm；$IP3_n$ 是第 n 级的三阶互调截止点，单位为 dBm；G_i 是各级的增益，单位为 dB。

(3) 将各级的等效输入互调截止点(IP_i)的单位从 dBm 换算成 mW：
$$IP_n(\text{mW}) = 10^{IP_n(\text{dBm})/10}$$

(4) 假设各级的输入互调截止点皆独立不相关，则系统输入三阶互调截止点为各级的输入互调截止点的并联值，即
$$IP3_{INPUT} = \frac{1}{\sum_{i=1}^{n} \frac{1}{IP_i}} = \frac{1}{\frac{1}{IP_1} + \frac{1}{IP_2} + \cdots + \frac{1}{IP_n}} \quad \text{mW} \qquad (13 - 16)$$

(5) 将系统输入三阶互调截止点($IP3_{INPUT}$)的单位从 mW 换算成 dBm：
$$IP3_{INPUT}(\text{dBm}) = 10 \lg(IP3_{INPUT}(\text{mW}))$$

计算实例:

以图 13-13 为例,计算系统输入三阶互调截止点 IP3$_{INPUT}$。已知条件见表 13-7。

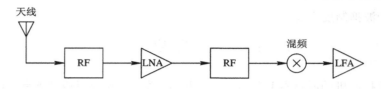

图 13-13 接收系统的 IP3 计算实例

表 13-7 已 知 条 件

单级增益/dB	-2	12	-3	-7	22
IP3$_n$/dBm		10		20	20
IP$_n$/dBm		12		13	20
IP$_n$/mW		15.48		19.95	100

依据式(13-16),计算得

$$\text{IP3}_{INPUT} = 8.02 \text{ mW} = 9.04 \text{ dBm}$$

5. 内调制抑制率 IMR

内调制失真用于描述系统的非线性特性,三阶内交调失真是最常发生的。内调制抑制率的计算公式为

$$\text{IMR} = \frac{1}{3}(2\text{IP3} - 2S - \text{CR}) \tag{13-17}$$

式中,IMR 为内调制抑制率,单位为 dB;IP3 为等效输入三阶互调截止点,单位为 dBm;S 是接收灵敏度,单位为 dBm;CR 是同信道抑制率,单位为 dB。

计算实例:

假设前例接收系统的 $S = -115$ dBm,CR$=5$ dB,则其内调制抑制率为

$$\text{IMR} = \frac{1}{3}(2 \times 9.04 - 2 \times (-115) - 5) = 81 \text{ dB}$$

13.3 全 双 工 系 统

在现代发射机和接收机系统中,通常使用一个天线工作。发射信号和接收信号靠双工器分开,可以用作双工器的射频/微波元件有高速开关、滤波器、环形器等。

图 13-14 给出了两个常用双工系统,图(a)适用于数据传输系统,开关控制发射与接收的切换,发射频率与接收频率相同;图(b)是异频双工,发射频率与接收频率不同,两个滤波器的中心频率不同,同时工作,互不影响,这个电路就是移动通信手机的工作方式。

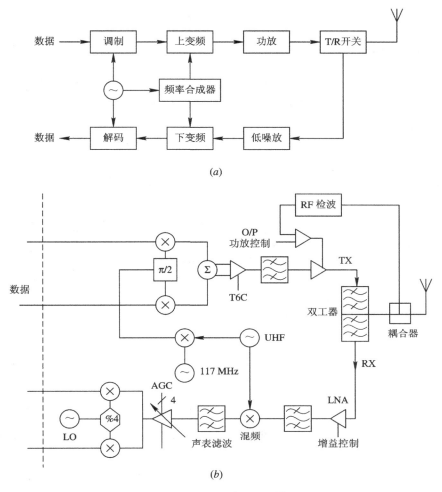

图 13 - 14　两个双工系统
（a）同频双工系统；（b）异频双工系统

13.4　雷达基本原理

雷达用于无线电探测与测距。其基本原理是发射电磁波，检测由目标反射回来的回波信号，判断目标的位置、形状或运动特征。

雷达的基本构成是发射机、接收机和天线。目标距离由回波时间确定，方位由回波方向确定，运动速度由回波的多普勒频移确定。

实际的雷达系统要复杂得多。要针对不同用途，设计某些特定指标和功能。通常雷达的波束窄，频带窄，功率大。雷达分类如下：

（1）按安装位置分：机载、地面、舰载、空间、导弹等。

（2）按功能分：搜索、跟踪、搜索和跟踪。

（3）按应用分：交通管理、气象、避让、防撞、导航、警戒、遥感、武器制导、速度测量等。

　　（4）按波形分：脉冲、脉冲压缩、连续波、调频连续波等。

13.4.1　雷达方程

　　图 13 - 15 所示的雷达的基本结构由发射机、接收机、天线和目标组成。发射功率为 P_t，回波功率为 P_r，天线增益为 $G=G_t=G_r$，天线有效面积为 $A_e=A_{et}=A_{er}$，目标散射截面为 σ，则回波功率为

$$P_r = \frac{P_t G_t}{4\pi R^2} \frac{\sigma}{4\pi R^2} \frac{G_r \lambda_0^2}{4\pi} = \frac{P_t G^2 \sigma \lambda_0^2}{(4\pi)^3 R^4} \tag{13-18}$$

这就是雷达方程。它给出了目标距离与雷达发射功率，天线性能和目标特性之间的关系。

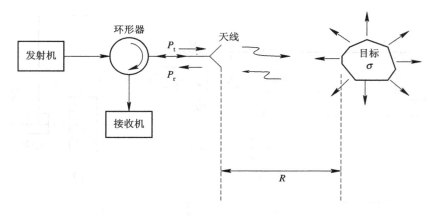

图 13 - 15　雷达基本原理

　　如果给定最小可检测功率 $S_{i,\,min}$（即接收灵敏度），就可得到雷达的最大作用距离为

$$R = R_{max} = \left[\frac{P_t G^2 \sigma \lambda_0^2}{(4\pi)^3 S_{i,\,min}} \right]^{1/4} \tag{13-19}$$

接收灵敏度 $S_{i,\,min}$ 与接收机噪声系数有关，即

$$S_{i,\,min} = kTBF \left(\frac{S_0}{N_0} \right)_{min} \tag{13-20}$$

故作用距离为

$$R_{max} = \left[\frac{P_t G^2 \sigma \lambda_0^2}{(4\pi)^3 kTBF \left(\dfrac{S_0}{N_0} \right)_{min}} \right]^{1/4} \tag{13-21}$$

　　考虑极化失配、天线偏焦、空气损耗等系统损耗 L_{sys}，则作用距离还要缩短，即

$$R_{max} = \left[\frac{P_t G^2 \sigma \lambda_0^2}{(4\pi)^3 kTBF \left(\dfrac{S_0}{N_0} \right)_{min} L_{sys}} \right]^{1/4} \tag{13-22}$$

计算实例：

　　已知 35 GHz 脉冲雷达指标如下，计算最大作用距离（目标直径为 1 cm）。

　　　　$P_t = 2000$ kW，$T = 290$ K，$G = 66$ dB，$(S_0/N_0)_{min} = 10$ dB

　　　　$B = 250$ MHz，$L_{sys} = 10$ dB，$F = 5$ dB，$n = 10$

已知条件换算成雷达方程内所用形式为

$$P_t = 2\times 10^6 \text{ W}, \ T=290 \text{ K}, \ G=66 \text{ dB}=3.98\times 10^6$$

$$(S_0/N_0)_{min}=10 \text{ dB}=10, \ B=2.5\times 10^8 \text{ Hz}$$

$$L_{sys}=10 \text{ dB}=10, \ F=5 \text{ dB}=3.16, \ n=10$$

$$\sigma=4.45\times 10^{-5} \text{ m}^2, \ k=1.38\times 10^{-23} \text{ J/K}$$

代入式(13-22)，可算得 $R_{max}=35.8$ km。

从式(13-22)中可以看出，回波功率随距离按 4 次方变化，目标越近，回波功率急剧增大。回波还与天线、系统损耗和目标散射截面有关。

13.4.2　雷达散射截面 σ(RCS)

不同目标形状对不同频率的信号的回波特性不同。考虑图 13-16 所示两种形状的目标，从电磁波的几何特性就可估计到回波功率不同。

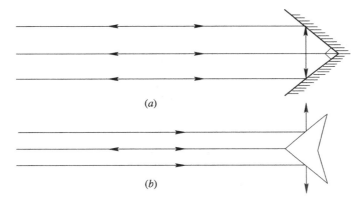

图 13-16　雷达散射截面

目标的雷达散射截面与工作频率和目标结构有关。通过 Maxwell 方程在给定边界结构下的严格求解可以得到目标的 RCS。对于简单结构可以较为严格地求解，但大部分情况下要进行数值计算，结合测量的方法才能得到近似的 RCS。表 13-8 给出了人体在不同频率下的 RCS。

表 13-8　人体在不同频率下的 RCS

工作频率/GHz	RCS/m²
0.410	0.033~2.33
1.120	0.098~0.997
2.890	0.140~1.05
4.800	0.368~1.88
9.375	0.495~1.22

在厘米波段，常见物体的 RCS 的近似值如表 13-9 所示。

表 13 - 9　　厘米波段常见物体的 RCS 近似值

常见物体	RCS/m^2
小型单引擎飞机	1
大型战斗机	5
中型轰炸机或民航机	20
大型轰炸机或民航机	40
小型娱乐船	2
大型集装箱运输船	200
飞鸟	0.01
自行车	1.5

雷达散射截面 RCS 还可以用 dBSm 表示，即散射截面相对于 1 m^2 的 dB 值，如 10 m^2 就是 10 dBSm。

13.4.3　脉冲雷达

脉冲雷达在测距方面用途很广。图 13 - 17 所示为调制脉冲、发射脉冲和回波脉冲的关系。发射平均功率为

$$P_{av} = \frac{P_t \tau}{T_p} \qquad (13 - 23)$$

回波脉冲与发射脉冲之间的时间差 t_R 与距离和光速 c 的关系为

$$R = \frac{1}{2} c t_R \qquad (13 - 24)$$

可以想象，t_R 必须小于 T_p，也就是说最大可测距离为

$$R_{max} = \frac{1}{2} c T_p = \frac{c}{2 f_p} \qquad (13 - 25)$$

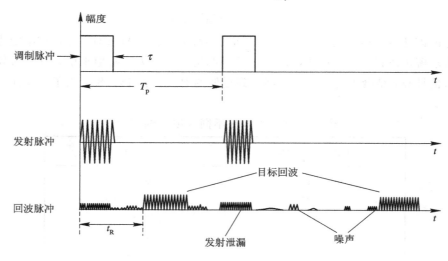

图 13 - 17　脉冲雷达原理

增加脉冲周期，降低脉冲频率，可以提高自由距离。回波脉冲与杂波的比限定了灵敏度，脉冲宽度与匹配滤波器的带宽的关系取为

$$B\tau \approx 1 \qquad (13-26)$$

比较合适。

13.4.4 连续波雷达

连续波雷达又称为多普勒雷达，用来检测运动目标，测量目标的运动速度。

如果声波或光波的源与目标有相对的运动，振荡器的频率就会有变化，这个现象就是多普勒频移现象。

若雷达的频率为 f_0，目标的相对运动速度为 v_r，雷达与目标的距离为 R，则电磁波到达和离开目标时相位的变化为

$$\varphi = 2\pi \frac{2R}{\lambda_0} \qquad (13-27)$$

目标与雷达的相对运动会引起 φ 的连续变化，对应于一定的角频率的变化，即

$$\omega_d = 2\pi f_d = \frac{d\varphi}{dt} = \frac{4\pi}{\lambda_0}\frac{dR}{dt} = \frac{4\pi}{\lambda_0}v_r \qquad (13-28)$$

故

$$f_d = \frac{2}{\lambda_0}v_r = \frac{2v_r}{c}f_0 \qquad (13-29)$$

由于 v_r 远小于 c，f_0 很大时，处于微波频段，f_d 才能明显地测出来。

接收信号频率为 $f_0 \pm f_d$，"＋"对应于目标靠近，"－"对应于目标远离。对于目标运动与视线有夹角的情况（如图 13 - 18 所示），有

$$v_r = v\cos\theta \qquad (13-30)$$

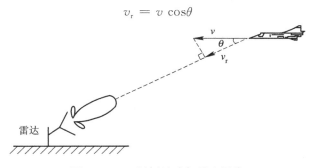

图 13 - 18 目标运动与雷达视线

计算实例：

警用雷达的工作频率为 10.5 GHz，汽车以 100 km/h 的速度面向雷达，求多普勒频率。

已知 $\theta = 0$，$f = 10.5$ GHz，$v_r = v = 100$ km/h $= 27.78$ m/s，故由式（13 - 29）得

$$f_d = \frac{2v_r}{c}f_0 = 1944 \text{ Hz}$$

由于无需脉冲调制，连续波雷达比脉冲雷达简单一些。回波信号与发射信号混频，差频为多普勒频率，放大后测量频率即可得到目标的运动速度。频率测量方法有两种，经典的方法是用一系列滤波器区分多普勒频率，现在可用计数器直接读出多普勒频率或直接显示目标速度。

发射接收之间用环形器或极化隔离，也可分别用发射天线和接收天线。

13.5 通信基本原理

射频/微波通信系统包括数据链、散射通信、卫星通信、移动通信、无线网络等。视距通信中,地球表面大约 50 km 设一个站,卫星通信只需要三颗空间卫星站就能覆盖全球,提供大量图像和声音通信波道。

13.5.1 FRIIS 传输方程

考虑图 13 - 19 所示的发射接收系统,接收到的功率为

$$P_r = \frac{P_t G_t}{4\pi R^2} A_{er} \tag{13-31}$$

天线的增益与有效面积的关系为

$$G_r = \frac{4\pi}{\lambda_0^2} A_{er}$$

故

$$P_r = P_t \frac{G_t G_r \lambda_0^2}{(4\pi R)^2} \tag{13-32}$$

这就是 FRIIS 功率传输方程,接收的功率与两个天线的增益成正比,与距离的平方成反比。如果接收功率等于接收灵敏度,$P_r = S_{i, min}$,则最大通信距离为

$$R_{max} = \left[\frac{P_t G_t G_r \lambda_0^2}{(4\pi)^2 S_{i, min}} \right]^{1/2} \tag{13-33}$$

考虑系统损耗 L_{sys} 和接收机的噪声系数,则

$$R_{max} = \left[\frac{P_t G_t G_r \lambda_0^2}{(4\pi)^2 kTBF \left(\frac{S_0}{N_0} \right)_{min} L_{sys}} \right]^{1/2} \tag{13-34}$$

图 13 - 19 发射机与接收机示意图

计算实例:

两路通信系统,10 GHz 发射机的输出功率为 100 W,发射天线增益为 36 dB,接收天线增益为 30 dB,系统损耗为 10 dB,求 40 km 处的接收功率。

解 在式(13 - 32)中考虑系统损耗,则

$$P_r = P_t \frac{G_t G_r \lambda_0^2}{(4\pi R)^2} \frac{1}{L_{sys}} = 0.1425 \ \mu W$$

13.5.2　空间损耗

电磁波在空间传播，功率与距离的平方成反比，假定两个天线相同，则由式(13 - 32)得

$$
\begin{cases}
\mathrm{SL} = \dfrac{P_t}{P_r} = \left(\dfrac{4\pi R}{\lambda_0}\right)^2 \\[2mm]
\mathrm{SL(dB)} = 10\,\lg\dfrac{P_t}{P_r} = 20\,\lg\left(\dfrac{4\pi R}{\lambda_0}\right)
\end{cases}
\tag{13 - 35}
$$

计算实例：

计算 4 GHz 信号在 35 860 km 处的衰减。

解　由式(13 - 35)计算得

$$
\mathrm{SL} = 3.61 \times 10^{19} = 196 \text{ dB}
$$

13.5.3　通信链及信道概算

考虑系统损耗数据链的计算可以用式(13 - 32)表示，即

$$
P_r = P_t \frac{G_t G_r \lambda_0^2}{(4\pi R)^2} \frac{1}{L_{\mathrm{sys}}}
\tag{13 - 36}
$$

换算成分贝，有

$$
P_r = P_t + G_t + G_r - \mathrm{SL} - L_{\mathrm{sys}}
\tag{13 - 37}
$$

计算实例：

卫星与地面站如图 13 - 20 所示，工作频率为 14.2 GHz，波长为 0.0211 m，地面站发射功率为 1250 W，传输距离为 37 134 km，星载接收机噪声系数为 6.59 dB，波道带宽为 27 MHz。计算各级指标分配情况。

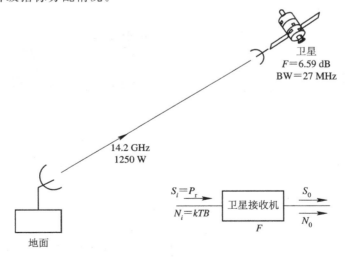

图 13 - 20　卫星通信信道示意图

解　由式(13 - 35)得

$$
\mathrm{SL} = 207.22 \text{ dB}
$$

卫星通信系统的指标分配如表 13 - 10 所示。

表 13 - 10　卫星通信系统的指标分配

项　目	指　标
地面发射功率	+30.97 dBW(1250 W)
地面天馈损耗	−2 dB
地面天线增益	+54.53 dB
地面天线方向误差	−0.26 dB
其他损耗余量	−3 dB
空间损耗	207.22 dB
大气损耗	−2.23 dB
极化损耗	−0.25 dB
星载天馈损耗	0 dB
星载天线增益	+37.68 dB
地面天线方向误差	−0.31 dB
卫星接收功率	−92.09 dBW(−62.09 dBm)

星载接收机的输出信噪比为

$$\frac{S_o}{N_o}(\text{dB}) = 10 \lg \frac{P_r}{kTBF} = -92.09 \text{ dBW} - (-123.1 \text{ dBW}) = 31.01 \text{ dBW}$$

信噪比高，保证了系统在恶劣天气和温差情况下能够良好地工作。

13.5.4　通信系统简介

1. 微波中继和卫星通信系统

图 13 - 21 给出了微波中继通信、散射通信和卫星通信示意图。图(a)为地面中继站，由于地球的曲率，要求接力站 50 km 左右设一个，保证视线能够看得见。图(b)依靠电离层或流星散射，将信号传得更远。图(c)利用地球同步人造卫星、星载接力站保证信号的传输质量，三颗卫星可以覆盖整个地球。

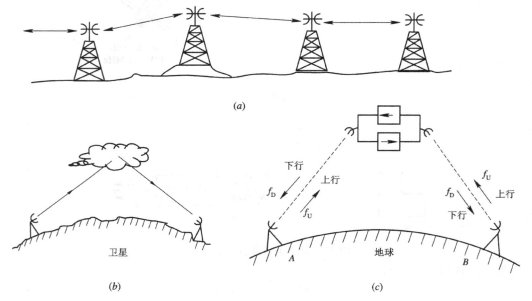

图 13 - 21　微波中继通信、散射通信和卫星通信
(a) 微波中继通信；(b) 散射通信；(c) 卫星通信

卫星通信的微波频率分配见表 13－11。上行是地面站发射，卫星接收；下行是卫星发射，地面站接收。可见，卫星通信系统是异频双工，用滤波器实现双工器。

表 13－11　卫星通信的微波频率分配

频段	上行频率/GHz	下行频率/GHz
L	1.5	1.6
C	6	4
X	8.2	7.5
Ku	14	12
Ka	30	20
Q	44	21

2. 个人移动通信和蜂窝通信系统

在地面建立蜂窝式分布的基站，组网覆盖大面积区域，可以降低单个设备的发射功率，实现互相通信，如图 13－22 所示。实际中，基站不一定严格按照六边形分布。这个系统的优点是：

（1）每个基站只管一个小区域，比较小的发射机功率即可满足通信要求。

（2）频率可以重复使用。图中，字母相同的区域可以使用相同的频率。

（3）当通信拥挤时，大的蜂窝系统可以变为小的蜂窝系统。

（4）基站间可以互通电话，不会产生干扰。

（5）依靠开关系统可使得各个用户实现通信。

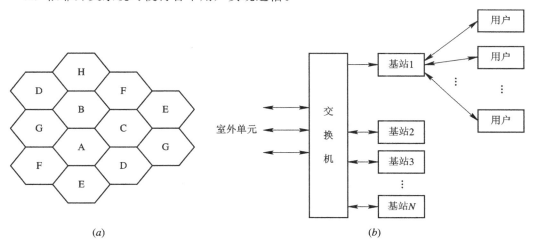

图 13－22　蜂窝通信系统原理
(a) 蜂窝示意图；(b) 系统构成

第一代移动通信是在 20 世纪 80 年代中期产生的，采用模拟调频体制。第二代移动通信是数字调制，采用时分多址 TDMA、频分多址 FDMA、码分多址 CDMA 三种形式。

TDMA 采用开关按照时间顺序接通不同通道。FDMA 系统采用不同本振频率、滤波器和混频器把各个通道设定为一定的频率再混合成比较宽的频带发射。CDMA 是扩频通信的形式，用伪噪声码(PN 码)与已调制的通道信号相乘得到一个特定信号，每个通道的频率相同，PN 码不同。

通常的 GSM 系统是 TDMA 或 FDMA。表 13 - 12 给出了常见系统的指标。

表 13 - 12　常见系统的指标

系　统	GSM	IS - 95	PDC	
接收频率/MHz 发射频率/MHz	RX　935～960 TX　890～915	RX　869～894 TX　824～849	RX　810～826 TX　940～956	1429～1453 1477～1501
分址	TDMA/FDMA	CDMA/FDMA	TDMA/FDMA	
波道数	124	20	1600	
波道宽度/kHz	200	1250	25	
速率/(kb/s)	270.833	1.288	42	

3. 无线局域网 WLAN

无线局域网或无线办公室的工作频率为 0.902～0.928 GHz，2.400～2.483 GHz，18.82～18.87 GHz，19.16～19.21 GHz。发射功率小于 1 W。

附录1 实验内容

本书的实验教学以 Motech 公司的 RF2000 射频训练系统为主，结合微波软件 Microwave Office、Ansoft HFSS、Ansoft Designer，数学计算软件 Mathcad 的使用，可以使读者完整地学会各种电路的原理及其设计和测试。

下面给出了 14 个实验，各个实验内容的原理分析在本书中都能找到。在进行实验前，必须复习相关课程理论。实验中简单给出了提纲和实验步骤。在掌握电路原理和设计方法后，经过软件使用、实验测试和调整，才能收到良好的教学效果。

实验一 微波软件

一、实验目的

（1）掌握微波设计软件 Microwave Office 的功能和使用方法。

（2）掌握微波实验所需的数学计算软件 Mathcad 的作用和使用方法。理解 RF2000 配套的 *.mcd 文件的思路和基本内容。

（3）掌握微波实验史密斯圆图的原理和 Winsmith 软件的使用。

（4）掌握微波电路设计软件 Ansoft Designer 和电磁场分析软件 Ansoft HFSS 的使用。

二、实验设备

项次	设 备 名 称	数量	备 注
1	32 位 XP 系统电脑	1 台	配置要符合相关软件要求
2	Microwave Office 软件	1 套	专用微波设计软件
3	Mathcad 软件	1 套	数学计算软件
4	Winsmith 软件	1 套	简易史密斯圆图软件
5	Ansoft Designer Ansoft HFSS	1 套 1 套	功能齐全的微波设计软件

三、软件介绍和使用

1. Microwave Office 软件

（1）该软件是专为微波电路设计的，与一般电路设计软件相似，分为界面部分、元件库部分、原理图部分、制版部分。

（2）由于我们仅进行仿真等实验，因此只针对前面三部分进行学习。应熟悉该软件的界面，掌握元件库内容，掌握原理图的设计、仿真、调整、优化所得电路的微波电气特性。虽然很多内容在实验中不会出现，但是全面掌握软件功能，对今后从事相关的科研和教学工作都有好处。

2. Mathcad 软件

（1）该软件是功能全面的数学工具软件，它集强大的计算功能、图形和动画功能于一体，既是一个优秀的计算平台，又是一个优秀的写作平台，达到了双优的境界。

（2）该软件应用广泛，具体地，我们只学习该软件在微波领域的基本使用方法。该软件能定义变量和函数等，能创建 3D 图，能进行数据分析，能求解常微分方程的解析解和数值解，还具有丰富的函数库。利用该软件可以方便地求解微波电路中所遇到的各种数学问题。

3. Winsmith 软件

这是一个简单的史密斯圆图软件，可方便地实现阻抗计算和匹配电路设计。

4. Ansoft Designer 和 Ansoft HFSS 软件

Ansoft Designer 的基本功能与微波软件（Microwave Office 软件）类似，功能更强一些。Ansoft HFSS 适用于电磁场分析，即给出几何结构，分析传输特性。对于结构复杂的情况，要求计算机容量大，否则，难以得到结果。

四、实例分析

（1）熟悉每种软件的界面结构，学会各软件的教学实例。

（2）重点练习史密斯圆图的使用。

（3）微波软件的学习需要长期的练习和实践，结合微波虚拟实验或本课程实验内容，多次反复，才能达到运用自如的地步，为研究设计微波电路打下良好的基础。

实验二　传输线理论

一、实验目的

（1）了解基本传输线、微带线的特性。

（2）熟悉 RF2000 教学系统的基本构成和功能。

（3）利用实验模组实际测量微带线的特性。

（4）利用 Microwave Office 或 Ansoft Designer 软件进行基本传输线和微带线的电路设计和仿真。

（5）掌握射频微波电路的指标内容和记录格式。

二、预习内容

（1）传输线的理论知识。

（2）微带线的理论知识。

三、实验设备

项次	设 备 名 称	数 量	备　　注
1	MOTECH RF2000 测量仪	1 套	亦可用网络分析仪
2	微带线模组	1 组	RF2KM1－1A
3	50 Ω BNC 连接线	2 条	CA－1、CA－2（粉红色）
4	1 MΩ BNC 连接线	2 条	CA－3、CA－4（黑色）
5	Microwave Office 软件	1 套	微波设计软件

四、理论分析

（1）基本传输线理论。

（2）无耗传输线的工作状态。

（3）微带线理论的设计。

五、硬件测量

（1）测量开路传输线（MOD－1A）、短路传输线（MOD－1B）、50 Ω 微带线（MOD－1C），使用频率均为 50～500 MHz。

（2）准备好实验用的器件和设备以及相关软件。

（3）测量步骤：

① MOD－1A 的 S_{11} 测量：设定频段 BAND－3，对模组 P1 端口做 S_{11} 测量，并将测量结果记录于表中。

② MOD－1B 的 S_{11} 测量：设定频段 BAND－3，对模组 P2 端口做 S_{11} 测量，并将测量结果记录于表中。

③ MOD－1C 的 S_{11} 测量：设定频段 BAND－3，对模组 P3 端口做 S_{11} 测量，并将测量结果记录于表中。

④ MOD－1C 的 S_{21} 测量：设定频段 BAND－3，对模组 P3 及 P4 端口做 S_{21} 测量，并将测量结果记录于表中。

（4）实验记录：记录表的格式均如下。

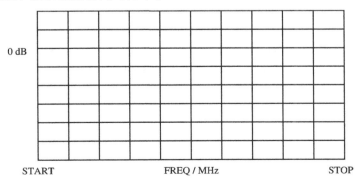

注：本书后续实验的数据记录表均为此格式。

(5) 硬件测量结果的参考值：

$$RF2KM1-1A \ MOD-1A \ S_{11} \geqslant -1 \ dB$$
$$MOD-1B \ S_{11} \geqslant -1 \ dB$$
$$MOD-1C \ S_{11} \leqslant -15 \ dB$$
$$MOD-1C \ S_{21} \geqslant -0.5 \ dB$$

(6) 画出待测模组方框图，如图 F-1 所示。

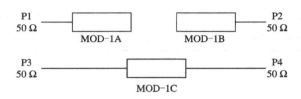

图 F-1　传输线

六、软件仿真

参见第 2 章的实例。

七、实例分析

参见第 2 章的实例。

八、Mathcad 分析

源程序给出了计算微带线参数的公式，请参考 RF2000 测量仪的配套软件中"中文 mcd"文件夹中的"微带线.mcd"文件。

实验三　匹 配 理 论

一、实验目的

(1) 掌握阻抗匹配理论及阻抗变换器的设计方法。
(2) 利用实验模组实际测量，了解匹配电路的特性。
(3) 学会使用软件进行相关电路的设计和仿真，并分析结果。

二、预习内容

(1) 阻抗匹配的理论知识。
(2) 阻抗变换器的理论知识。

三、实验设备

项 次	设 备 名 称	数 量	备　　注
1	MOTECH RF2000 测量仪	1 套	亦可用网络分析仪
2	阻抗变换器模组	1 组	RF2KM2 - 1A （MOD - 2A，MOD - 2B）
3	50 Ω BNC 连接线	2 条	CA - 1、CA - 2
4	1 MΩ BNC 连接线	2 条	CA - 3、CA - 4
5	Microwave Office 软件	1 套	微波设计软件

四、理论分析

（1）基本阻抗匹配理论。

（2）阻抗变换器的设计原理。

（3）基本匹配电路：L 型、T 型及 Π 型等。

五、硬件测量

（1）测量 MOD - 2A：测量 Π 型阻抗变换器的 S_{11} 及 S_{21}，了解 Π 型阻抗匹配电路的特性。测量 MOD - 2B：测量 T 型阻抗变换器的 S_{11} 及 S_{21}，了解 T 型阻抗匹配电路的特性。

（2）准备电脑、测量软件、RF2000 测量仪、连线等若干小器件。

（3）测量步骤：

① MOD - 2A 的 S_{11} 测量：设定频段 BAND - 3，对模组 P1 端口做 S_{11} 测量，并将测量结果记录于表中。

② MOD - 2A 的 S_{21} 测量：设定频段 BAND - 3，对模组 P1 及 P2 端口做 S_{21} 测量，并将测量结果记录于表中。

③ MOD - 2B 的 S_{11} 测量：设定频段 BAND - 3，对模组 P3 端口做 S_{11} 测量，并将测量结果记录于表中。

④ MOD - 2B 的 S_{21} 测量：设定频段 BAND - 3，对模组 P3 及 P4 端口做 S_{21} 测量，并将测量结果记录于表中。

（4）实验记录：记录表的格式参见实验二中的记录表。

（5）硬件测量结果的参考值：

RF2KM2 - 1A MOD - 2A(400±10 MHz) $S_{11} \leqslant -8$ dB

$S_{21} \geqslant -1.5$ dB

MOD - 2B(400 ±10 MHz) $S_{11} \leqslant -7$ dB

$S_{21} \geqslant -2$ dB

（6）画出待测模组方框图，如图 F - 2 所示。

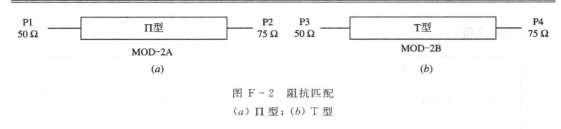

图 F - 2　阻抗匹配
（a）Ⅱ型；（b）T 型

六、软件仿真

参见第 3 章的实例。

七、实例分析

参见第 3 章的实例。

八、Mathcad 分析

源程序给出了三种类型匹配网络的情况，请参见文件夹"中文 mcd"中的"匹配网络.mcd"文件。

实验四　功率衰减器

一、实验目的

（1）掌握功率衰减器的原理及基本设计方法。
（2）利用实验模组实际测量，了解功率衰减器的特性。
（3）学会使用微波软件进行功率衰减器的设计和仿真，并分析结果。

二、预习内容

（1）功率衰减器的理论知识。
（2）功率衰减器的设计方法。

三、实验设备

项 次	设 备 名 称	数量	备　　注
1	MOTECH RF2000 测量仪	1 套	亦可用网络分析仪
2	功率衰减器模组	2 组	RF2KM3 - 1A（MOD - 3A，MOD - 3B）
3	50 Ω BNC 连接线	2 条	CA - 1、CA - 2
4	1 MΩ BNC 连接线	2 条	CA - 3、CA - 4
5	Microwave Office 软件	1 套	微波设计软件

四、理论分析

功率衰减器按结构可分成 T 型和 Π 型衰减器。

五、硬件测量

(1) 测量 MOD-3A: Π 型功率衰减器的 S_{11} 及 S_{21} 测量,了解 Π 型功率衰减电路的特性。测量 MOD-3B: T 型功率衰减器的 S_{11} 及 S_{21} 测量,了解 T 型功率衰减电路的特性。

(2) 准备电脑、测量软件、RF2000 测量仪以及若干小器件。

(3) 测量步骤:

① MOD-3A 的 S_{11} 测量:设定频段 BAND-3,对模组 P1 端口做 S_{11} 测量,并将测量结果记录于表中。

② MOD-3A 的 S_{21} 测量:设定频段 BAND-3,对模组 P1 及 P2 端口做 S_{21} 测量,并将测量结果记录于表中。

③ MOD-3B 的 S_{33} 测量:设定频段 BAND-3,对模组 P3 端口做 S_{33} 测量,并将测量结果记录于表中。

④ MOD-3B 的 S_{21} 测量:设定频段 BAND-3,对模组 P3 及 P4 端口做 S_{21} 测量,并将测量结果记录于表中。

(4) 实验记录:记录表的格式参见实验二中的记录表。

(5) 硬件测量结果的参考值:

$$RF2KM3-1A \quad MOD-3A(50\sim1000\ MHz) \quad S_{11}\leqslant-12\ dB$$
$$S_{21}=-10\pm1\ dB$$
$$MOD-3B(50\sim1000\ MHz) \quad S_{11}\leqslant-15\ dB$$
$$S_{21}=-10\pm1\ dB$$

(6) 画出待测模组方框图,如图 F-3 所示。

图 F-3 功率衰减器
(a) Π 型; (b) T 型

六、软件仿真

参见第 4 章的实例。

七、实例分析

参见第 4 章的实例。

八、Mathcad 分析

源程序请参见文件夹"中文 mcd"中的"衰减器.mcd"文件。

实验五　功率分配器

一、实验目的

(1) 掌握功率分配器的原理及基本设计方法。
(2) 利用实验模组实际测量，了解功率分配器的特性。
(3) 学会使用 Microwave Office 软件对功率分配器进行设计及仿真，并分析结果。

二、预习内容

(1) 功率分配器的理论知识。
(2) 功率分配器的设计方法。

三、实验设备

项 次	设 备 名 称	数 量	备 注
1	MOTECH RF2000 测量仪	1 套	亦可用网络分析仪
2	功分器模组 1A、2A	2 组	RF2KM4 - 1A、RF2KM4 - 2A
3	50 Ω 终端负载	1 个	LOAD
4	THRU 端口	1 个	THRU(RF2KM)
5	50 Ω BNC 连接线	2 条	CA - 1、CA - 2
6	1 MΩ BNC 连接线	2 条	CA - 3、CA - 4
7	Microwave Office 软件	1 套	微波设计软件

四、理论分析

功率分配器通常有等分型和比例型两大类。根据电路使用元件的不同，功率分配器可分为电阻式、LC 式及传输线式。按传输线的结构，功分器又可分为分支线型和威尔金森型。

五、硬件测量

(1) 测量 MOD - 4A(RF2KM4 - 1A)的 S_{11} 及 S_{21}，了解简易功分电路的特性。测量 MOD - 4B(RF2KM4 - 2A)的 S_{11} 及 S_{21}，了解标准功分电路的特性。

(2) 准备电脑、测量软件、RF2000 测量仪及若干小器件。

(3) 测量步骤：

① MOD - 4A 的 P1 端口的 S_{11} 测量：设定频段 BAND - 3，将 LOAD - 1 及 LOAD - 2 分别接在模组 P2 及 P3 端口，对模组 P1 端口做 S_{11} 测量，并将测量结果记录于表中。

② MOD-4A 的 P1 及 P2 端口的 S_{21} 测量：设定频段 BAND-3，将 LOAD-1 接在 P3 端口上，对模组 P1 及 P2 端口做 S_{21} 测量，并将测量结果记录于表中。

③ MOD-4A 的 P1 及 P3 端口的 S_{31} 测量：设定频段 BAND-3，将 LOAD-1 接在模组 P2 端口上，对模组 P1 及 P3 端口做 S_{31} 测量，并将测量结果记录于表中。

④ MOD-4B 的 P1 端口的 S_{11} 测量：设定频段 BAND-4，将 LOAD-1 及 LOAD-2 分别接在模组 P2 及 P3 端口上，对模组 P1 端口做 S_{11} 测量，并将测量结果记录于表中。

⑤ MOD-4B 的 P1 及 P2 端口的 S_{21} 测量：设定频段 BAND-4，将 LOAD-1 接在 P3 端口上，对模组 P1 及 P2 端口做 S_{21} 测量，并将测量结果记录于表中。

⑥ MOD-4B 的 P1 及 P3 端口的 S_{31} 测量：设定频段 BAND-4，将 LOAD-1 接在模组 P2 端口上，对模组 P1 及 P3 端口做 S_{31} 测量，并将测量结果记录于表中。

（4）实验记录：记录表的格式参见实验二中的记录表。

（5）硬件测量结果的参考值：

RF2KM4-1A MOD-4A(50~300 MHz)　$S_{11} \leqslant -14$ dB

　　　　　　　　　　　　　　　　$S_{21} = -6 \pm 1$ dB

　　　　　　　　　　　　　　　　$S_{31} = -6 \pm 1$ dB

　　　　　　MOD-4A(300~500 MHz)　$S_{11} \leqslant -14$ dB

　　　　　　　　　　　　　　　　$S_{21} \geqslant -7$ dB

　　　　　　　　　　　　　　　　$S_{31} \geqslant -7$ dB

RF2KM4-2A MOD-4B(750 $\pm$ 50 MHz)　$S_{11} \leqslant -10$ dB

　　　　　　　　　　　　　　　　$S_{21} \geqslant -4$ dB

　　　　　　　　　　　　　　　　$S_{31} \geqslant -4$ dB

（6）画出待测模组方框图，如图 F-4 所示。

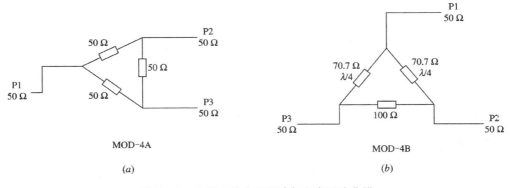

图 F-4　电阻式功分器和威尔金森型功分器
(a) 电阻式功分器；(b) 威尔金森型功分器

六、软件仿真

参见第 5 章的实例。

七、实例分析

参见第 5 章的实例。

八、Mathcad 分析

源程序请参见文件夹"中文 mcd"中的"功分器. mcd"文件。该文件内容主要是针对威尔金森式耦合线型的功分器而言的。

实 验 六　定 向 耦 合 器

一、实验目的

（1）掌握定向耦合器的原理及基本设计方法。

（2）利用实验模组实际测量，了解定向耦合器的特性。

（3）学会使用微波软件对定向耦合器进行设计和仿真，并分析结果。

二、预习内容

（1）耦合器的原理。

（2）定向耦合器的设计方法。

三、实验设备

项　次	设 备 名 称	数　量	备　　注
1	MOTECH RF2000 测量仪	1 套	亦可用网络分析仪
2	定向耦合器模组	2 组	RF2KM5 - 1A、RF2KM5 - 2A
3	50 Ω BNC 接头	2 个	THRU
4	50 Ω 负载	2 个	LOAD - 1、LOAD - 2
5	50 Ω BNC 连接线	2 条	CA - 1、CA - 2
6	1 MΩ BNC 连接线	2 条	CA - 3、CA - 4
7	Microwave Office 软件	1 套	微波设计软件

四、理论分析

常用的定向耦合器有分支线型和平行耦合线型。

五、硬件测量

（1）对分支线型定向耦合器的 S_{11} 及 S_{21} 进行测量，了解分支线型定向耦合器的特性。对平行线型定向耦合器的 S_{11} 及 S_{21} 进行测量，了解平行线型定向耦合电路的特性。

（2）准备电脑、测量软件、RF2000 测量仪、相关模组以及若干小器件等。

（3）测量步骤：

① MOD - 5A 的 P1 端口的 S_{11} 测量：设定频段 BAND - 3，将 LOAD - 1 及 LOAD - 2 分别接在模组 P2 及 P4 端口上，将与 RF2000 RF - IN 端口连接的 CA - 1 接在模组 P3 端口上，对模组 P1 端口做 S_{11} 测量，并将测量结果记录于表中。

② MOD - 5A 的 P1 及 P2 端口的 S_{21} 测量：设定频段 BAND - 3，将 LOAD - 1 及 LOAD - 2 分别接在模组 P3 及 P4 端口上，对模组 P1 及 P2 端口做 S_{21} 测量，并将测量结果

记录于表中。

③ MOD-5A 的 P1 及 P3 端口的 S_{31} 测量:设定频段 BAND-3,将 LOAD-1 及 LOAD-2 分别接在模组 P2 及 P4 端口上,对模组 P1 及 P3 端口做 S_{31} 测量,并将测量结果记录于表中。

④ MOD-5A 的 P1 及 P4 端口的 S_{41} 测量:设定频段 BAND-3,将 LOAD-1 及 LOAD-2 分别接在模组 P2 及 P3 端口上,对模组 P1 及 P4 端口做 S_{41} 测量,并将测量结果记录于表中。

⑤ MOD-5B 的 P1 端口的 S_{11} 测量:设定频段 BAND-4,将 LOAD-1 及 LOAD-2 分别接在模组 P2 及 P4 端口上,将与 RF-2000 RF-IN 端口连接的 CA-1 接在模组 P3 端口上,对模组 P1 端口做 S_{11} 测量,并将测量结果记录于表中。

⑥ MOD-5B 的 P1 及 P2 端口的 S_{21} 测量:设定频段 BAND-4,将 LOAD-1 及 LOAD-2 分别接在模组 P3 及 P4 端口上,对模组 P1 及 P2 端口做 S_{21} 测量,并将测量结果记录于表中。

⑦ MOD-5B 的 P1 及 P3 端口的 S_{31} 测量:设定频段 BAND-4,将 LOAD-1 及 LOAD-2 分别接在模组 P2 及 P4 端口上,对模组 P1 及 P3 端口做 S_{31} 测量,并将测量结果记录于表中。

⑧ MOD-5B 的 P1 及 P4 端口的 S_{41} 测量:设定频段 BAND-4,将 LOAD-1 及 LOAD-2 分别接在模组 P2 及 P3 端口上,对模组 P1 及 P4 端口做 S_{41} 测量,并将测量结果记录于表中。

(4)实验记录表:记录表的格式参见实验二中的记录表。

(5)硬件测量结果的参考值:

RF2KM5-1A MOD-5A(400±50 MHz) $S_{11} \leqslant -13$ dB

$S_{21} \geqslant -2$ dB

$S_{31} \leqslant -13$ dB

$S_{41} \geqslant -10$ dB

RF2KM5-2A MOD-5B(750±50 MHz) $S_{11} \leqslant -12$ dB

$S_{21} \geqslant -10$ dB

$S_{31} \geqslant -1.5$ dB

$S_{41} \leqslant -14$ dB

(6)画出待测模组方框图,如图 F-5 所示。

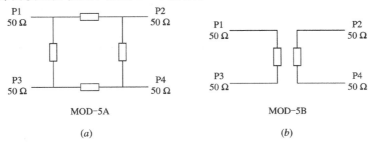

图 F-5 分支线型定向耦合器和平行线型定向耦合器

(a)分支线型定向耦合器;(b)平行线型定向耦合器

六、软件仿真

参见第 6 章的实例。

七、实例分析

参见第 6 章的实例。

八、Mathcad 分析

源程序请参见文件夹"中文 mcd"中的"耦合器.mcd"和"分支线型耦合器.mcd"文件。

实验七 滤 波 器

一、实验目的

(1) 掌握基本的低通和带通滤波器的设计方法。
(2) 利用实验模组实际测量,了解滤波器的特性。
(3) 学会使用微波软件对低通和带通滤波器进行设计和仿真,并分析结果。

二、预习内容

(1) 滤波器的相关原理。
(2) 滤波器的设计方法。

三、实验设备

项 次	设 备 名 称	数 量	备 注
1	MOTECH RF2000 测量仪	1 套	亦可用网络分析仪
2	低通滤波器模组	1 组	RF2KM6-1A(MOD-6A)
3	带通滤波器模组	1 组	RF2KM6-1A(MOD-6B)
4	50 Ω BNC 连接线	2 条	CA-1、CA-2
5	1 MΩ BNC 连接线	2 条	CA-3、CA-4
6	Microwave Office 软件	1 套	微波设计软件

四、理论分析

滤波器的种类:
(1) 按通带特性分为低通、高通、带通及带阻四种。
(2) 按频率响应分为巴特沃士、切比雪夫及椭圆函数等。
(3) 按使用元件又可分为 LC 型和传输线型。

本实验以巴特沃士和切比雪夫型为例。

五、硬件测量

（1）对 MOD－6A 低通滤波器的 S_{11} 及 S_{21} 进行测量，了解 LC 型低通滤波器电路的特性。对 MOD－6B 带通滤波器的 S_{11} 及 S_{21} 进行测量，了解 LC 型带通滤波器电路的特性。

（2）准备电脑、测量软件、RF－2000 测量仪、相关模组以及若干小器件等。

（3）测量步骤：

① MOD－6A 之 P1 端口的 S_{11} 测量：设定频段 BAND－1，对模组 P1 端口做 S_{11} 测量，并将测量结果记录于表中。

② MOD－6A 之 P1 及 P2 端口的 S_{21} 测量：设定频段 BAND－1，对模组 P1 及 P2 端口做 S_{21} 测量，并将测量结果记录于表中。

③ MOD－6B 之 P3 端口的 S_{11} 测量：设定频段 BAND－2，对模组 P3 端口做 S_{11} 测量，并将测量结果记录于表中。

④ MOD－6B 之 P3 及 P4 端口的 S_{21} 测量：设定频段 BAND－2，对模组 P3 及 P4 端口做 S_{21} 测量，并将测量结果记录于表中。

（4）实验记录：记录表的格式参见实验二中的记录表。

（5）硬件测量结果的参考值：

　　　　RF2KM6－1A MOD－6A（DC－50 MHz）$S_{11} \leqslant -20$ dB

　　　　　　　　　　　　　　　　　　　$S_{21} \geqslant -1.5$DB @$\leqslant$50 MHz

　　　　　　　　MOD－6B（PASSBAND）$S_{11} \leqslant 10$ dB @210 MHz

　　　　　　　　　　　　（PASSBAND）Record Fpl $S_{21} = -3.0$ dB

　　　　　　　　　　　　　　　　　　　Record Fph $S_{21} = -3.0$ dB

　　　　　　　　　　　　（STOPBAND）Record Fxl Attn. $= -18$ dB

　　　　　　　　　　　　　　　　　　　Fxh Attn. $= -18$ dB

（6）画出待测模组方框图，如图 F－6 所示。

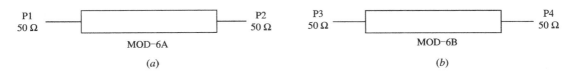

图 F－6　低通滤波器和带通滤波器
（a）低通滤波器；（b）带通滤波器

六、软件仿真

参见第 7 章的实例。

七、实例分析

参见第 7 章的实例。

八、Mathcad 分析

利用 Mathcad 软件编制程序进行滤波器设计,源程序请参见文件夹"中文 mcd"中的"带通滤波器.mcd"和"低通滤波器.mcd"文件。

实验八 放大器设计

一、实验目的

(1) 掌握射频放大器的基本原理与设计方法。
(2) 利用实验模组实际测量,了解放大器的特性。
(3) 学会使用 Microwave Office 软件对射频放大器进行设计和仿真,并分析结果。

二、预习内容

(1) 放大器的基本原理。
(2) 放大器的设计方法。

三、实验设备

项 次	设 备 名 称	数 量	备 注
1	MOTECH RF2000 测量仪	1 套	亦可用网络分析仪
2	放大器模组	1 组	RF2KM7A、RF2KM7B
3	50 Ω BNC 及 1 MΩ BNC 连接线	4 条	CA-1、CA-2、CA-3、CA-4
4	直流电源连接线	1 条	DC-1
5	Microwave Office 软件	1 套	微波设计软件

四、理论分析

射频晶体管放大器常用器件为 BJT、FET、MMIC。

放大器电路的设计主要是输入/输出匹配网络。输入匹配网络可按低噪声或高增益设计,输出匹配网络要考虑尽可能高的增益。

五、硬件测量

(1) 对 MOD-7A MMIC 放大器的 P1 端口的 S_{11},P1 和 P2 端口的 S_{21} 进行测量。对 MOD-7B BJT 放大器的 P1 端口的 S_{11}、P1 和 P2 端口的 S_{21} 进行测量。

(2) 准备电脑、测量软件、RF2000 测量仪、相关模组以及若干小器件等。

(3) 测量步骤:

① MOD-7A 之 P1 端口的 S_{11} 测量：设定频段 BAND-4，对模组 P1 端口做 S_{11} 测量，并将测量结果记录于表中。

② MOD-7A 之 P1 及 P2 端口的 S_{21} 测量：设定频段 BAND-4，对模组 P1 及 P2 端口做 S_{21} 测量，并将测量结果记录于表中。

③ MOD-7B 之 P1 端口的 S_{11} 测量：设定频段 BAND-4，对模组 P1 端口做 S_{11} 测量，并将测量结果记录于表中。

④ MOD-7B 之 P1 及 P2 端口的 S_{21} 测量：设定频段 BAND-4，对模组 P1 及 P2 端口做 S_{21} 测量，并将测量结果记录于表中。

（4）实验记录：记录表的格式参见实验二中的记录表。

（5）硬件测量结果的参考值：

RF2KM7 MOD-7A(MMIC 908～920 MHz) $S_{11} \leqslant -8$ dB

$S_{21} \geqslant 10$ dB

MOD-7B(BJT 908～920 MHz) $S_{11} \leqslant -80$ dB

$S_{21} \geqslant 10$ dB

（6）画出待测模组方框图，如图 F-7 所示。

图 F-7　MMIC 放大器和 BJT 放大器

（a）MMIC 放大器；（b）BJT 放大器

六、软件仿真

参见第 8 章的实例。

七、实例分析

参见第 8 章的实例。

八、Mathcad 分析

源程序请参见文件夹"中文 mcd"中的文件"放大器.mcd"。

实验九　振 荡 器 设 计

一、实验目的

（1）掌握射频振荡器的基本原理与设计方法。

（2）利用实验模组实际测量，了解振荡器的特性。

（3）学会使用 Microwave Office 软件对射频振荡器进行设计和仿真，并分析结果。

二、预习内容

（1）振荡器的原理。
（2）振荡器的设计方法。

三、实验设备

项 次	设 备 名 称	数 量	备　　注
1	MOTECH RF2000 测量仪	1套	亦可用网络分析仪
2	振荡器模组	1组	RF2KM8 - 1A
3	50 Ω BNC 及 1 MΩ BNC 连接线	4条	CA - 1、CA - 2、CA - 3、CA - 4
4	直流电源连接线	1条	DC - 1
5	Microwave Office 软件	1套	微波设计软件

四、理论分析

射频晶体振荡器电路可分为三大部分：二端口有源电路、谐振电路及输出负载匹配电路。

五、硬件测量

（1）对 MOD - 8 振荡器的频率进行测量，了解振荡电路的特性。
（2）准备电脑、测量软件、RF2000 测量仪、相关模组以及若干小器件等。
（3）MOD - 8 之 P1 端口的频率测量步骤：
① 设定 RF2000 的测量模式为 CONSUMER MODE。
② 用 DC - 1 连接线将 RF2000 后面的 12 V DC 输出端口与待测模组的 12 V DC 输入端口连接起来。
③ 针对模组 P1 端口做频率测量。
④ 记录所测量频率值：_____ MHz。
（4）实验记录只需要填写相应数据即可。
（5）硬件测量结果的参考值：
　　　RF2KM8 - 1A MOD - 8 f_o 为 400～500 MHz
$$P_{out} \geqslant 5 \text{ dBm}$$
（6）画出待测模组方框图，如图 F - 8 所示。

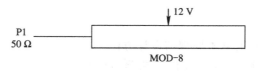

图 F - 8　BJT 振荡器

六、软件仿真

参见第 9 章的实例。

七、实例分析

参见第 9 章的实例。

八、Mathcad 分析

源程序请参见文件夹"中文 mcd"中的"振荡器. mcd"文件。

实验十 压控振荡器

一、实验目的

（1）了解变容二极管的基本原理与压控振荡器的设计方法。
（2）利用实验模组实际测量，了解压控振荡器的特性。
（3）学会使用微波软件对压控振荡器进行设计和仿真，并分析结果。

二、预习内容

（1）VCO 的原理。
（2）VCO 的设计方法。

三、实验设备

项 次	设 备 名 称	数 量	备 注
1	MOTECH RF2000 测量仪	1 套	亦可用网络分析仪
2	压控振荡器模组	1 组	RF2KM9－1A
3	50 Ω BNC 及 1MΩ BNC 连接线	4 条	CA－1、CA－2、CA－3、CA－4
4	直流电源连接线	1 条	DC－1
5	Microwave Office 软件	1 套	微波设计软件

四、理论分析

射频压控振荡器与振荡器基本相同，用变容二极管调谐谐振电路实现压控输出频率。

五、硬件测量

(1) 对 MOD-9 压控振荡器的频率进行测量,了解压控振荡电路的特性。

(2) 准备电脑、测量软件、RF2000 测量仪、相关模组以及若干小器件等。

(3) MOD-9 之 P1 端口的频率测量步骤:

① 设定 RF2000 的测量模式为 COUNTER MODE。

② 用 DC-1 连接线将 RF2000 后面的 12 V DC 输出端口与待测模组的 12 V DC 输入端口连接起来。

③ 针对模组 P1 端口做频率测量。

④ 调整模组之旋钮,并记录所量测频率值:

最大_____ MHz

最小_____ MHz

(4) 实验记录:填写各项数据即可。

(5) 硬件测量结果的参考值:

RF2KM9-1A MOD-9 f_{o} 为 600~900 MHz

$P_{out} \geqslant 5$ dBm

(6) 画出待测模组方框图,如图 F-9 所示。

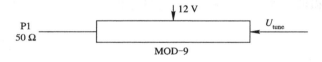

图 F-9　压控振荡器

六、软件仿真

参见第 9 章的实例。

七、实例分析

参见第 9 章的实例。

实验十一　微带天线

一、实验目的

(1) 掌握天线原理与微带天线的设计方法。

(2) 利用实验模组的实际测量,了解微带天线的特性。

二、预习内容

(1) 天线的理论知识。

(2) 天线的设计方法。

三、实验设备

项 次	设 备 名 称	数 量	备　　　注
1	MOTECH RF2000 测量仪	1 套	亦可用网络分析仪
2	微带天线模组	1 组	RF2KM10 - 1A、RF2KM10 - 2A
3	50 Ω BNC 及 1 MΩ BNC 连接线	4 条	CA - 1、CA - 2、CA - 3、CA - 4
4	直流电源连接线	1 条	DC - 1
5	Microwave Office 软件	1 套	微波设计软件

四、理论分析

按波长特性分有八分之一波长、四分之一波长、半波天线。按结构分有单极型、对称型、喇叭型、抛物型、螺旋型、微带贴片型及阵列型等。以微带贴片天线为本实验的基本内容。

五、硬件测量

（1）对 MOD - 10A、MOD - 10B 进行测量，了解天线的特性。

（2）准备电脑、测量软件、RF2000 测量仪、相关模组以及若干小器件等。

（3）测量步骤：

① 设定频段。

② 对模组 P1 端子做 S_{11} 测量，并将测量结果记录于表中。

（4）实验记录：记录表的格式参见实验二中给出的记录表。

（5）硬件测量的结果建议如下为合格：

RF2KM10 - 1A MOD - 10A(908～920 MHz) $S_{11} \leqslant -10$ dB Typical

RF2KM10 - 2A MOD - 10B(908～920 MHz) $S_{11} \leqslant -10$ dB Typical

（6）画出待测模组方框图，如图 F - 10 所示。

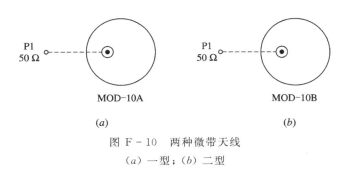

图 F - 10　两种微带天线

（a）一型；（b）二型

实验十二　混　频　器

一、实验目的

(1) 掌握混频器的基本电路结构与主要设计参数。

(2) 利用实验模组的实际测量，了解混频器的基本特性。

二、预习内容

(1) 混频器的原理。

(2) 混频器的设计方法。

三、实验设备

项 次	设 备 名 称	数 量	备　　注
1	MOTECH RF2000 测量仪	1 套	亦可用网络分析仪
2	混频器模组	1 组	RF2KM6 - 1A, RF2KM7 - 1A RF2KM8 - 1A, RF2KM9 - 1A RF2KM12 - A
3	50 Ω BNC 连接线	1 条	CA - 1(粉红色)
4	BNC(M - M)转接头	4 个	CON - 1, CON - 2, CON - 3, CON - 4
5	12 V DC 多输出连接线	1 组	DC - 2
6	Microwave Office 软件	1 套	微波设计软件

四、理论分析

用混频器把射频/微波信号变换为中频信号，对中频信号进行放大和滤波，便于对信号进行处理。混频器采用二极管、FET 或 BJT 等非线性器件，在本地振荡器的功率驱动下，产生丰富的频率组合成分。一般地，混频器取差频作为中频输出。

五、硬件测量

(1) 对 MOD - 12 混频器的频率进行测量，了解接收机中下变频电路的特性。

(2) 准备电脑、测量软件、RF2000 测量仪、相关模组以及若干小器件等。

(3) 测量步骤：

① 接好待测模组及其他配合模组，其中 RF2KM7 - 1A、RF2KM8 - 1A、RF2KM9 - 1A 均需接 12 V DC 电源。

② 设定 RF2000 的测量模式为 COUNTER MODE。

③ 调整 MOD - 9 之 P1 端口的输出频率，使得 MOD - 12 之 P3 端口的输出频率约为 220 MHz。

（4）实验记录：记录下最终输出的频率值。

（5）硬件测量的结果以实现所需功能为准。

（6）画出待测模组 RF2KM12 - 1A 的方框图，如图 F - 11 所示。

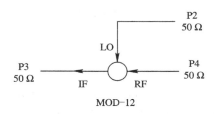

图 F - 11　混频器关键模组

实验十三　射频前端发射机

一、实验目的

（1）掌握射频前端发射机的基本结构与主要设计参数。

（2）利用实验模组的实际测量，了解射频前端发射机的特性。

二、预习内容

（1）放大器、滤波器、混频器、功率放大器的原理。

（2）放大器、滤波器、混频器、功率放大器的设计。

三、实验设备

项 次	设 备 名 称	数 量	备　　　注
1	MOTECH RF2000 测量仪	1 套	亦可用网络分析仪
2	发射机模组	1 套	
3	微带天线	1 组	RF2KM10 - 1A
4	50 Ω BNC 及 1 MΩ BNC 连接线	4 条	CA - 1、CA - 2、CA - 3、CA - 4
5	直流电源连接线	1 条	DC - 1
6	Micorowave Office 软件	1 套	微波设计软件

四、理论分析

在无线通信中，射频发射机担任着重要的角色。无论是话音还是数据信号，要利用电磁波传送到远端，都必须使用射频前端发射机。它可分成九个部分：中频放大器、中频滤波器、上变频混频器、射频滤波器、射频驱动放大器、射频功率放大器、载波振荡器、载波滤波器、发射天线。

五、硬件测量

(1) 测量相关的各个模组的特性,集成在一起完成一个简单的前端发射机特性的测量。

(2) 准备电脑、测量软件、RF2000 测量仪、相关模组以及若干小器件等。

(3) 测量步骤:

① 准备相关模组。

② 将其集成在一起。

③ 用 RF2000 测量仪对其最终输出进行测试,看是否满足要求。

(4) 实验记录:将各个模组的主要参数值记录下来。

(5) 硬件测量的结果以实现所需功能为准。

六、软件仿真

(1) 进入微波软件 Microwave Office。

(2) 在原理图上设计好相应的电路,设置好端口,完成频率设置、尺寸规范、器件的加载、仿真图形等的设置。

(3) 进行仿真,结果应接近实际测量所得到的仿真图形。

(4) 画电路图,将各个模组的电路连接起来即可,但总的电路将比较复杂。

实验十四　射频前端接收机

一、实验目的

(1) 了解射频前端接收机的基本电路结构与主要设计参数的计算。

(2) 利用实验模组的实际测量,了解射频前端接收机的基本特性。

二、预习内容

(1) 带通滤波器、变频器、信号发生器、低噪声放大器、中频放大器的原理。

(2) 带通滤波器、变频器、信号发生器、低噪声放大器、中频放大器的设计。

三、实验设备

项 次	设 备 名 称	数 量	备　　注
1	MOTECH RF2000 测量仪	1 套	亦可用网络分析仪
2	接收机模组	1 套	
3	微带天线	1 组	RF2KM10 - 2A
4	50 Ω BNC 及 1 MΩ BNC 连接线	4 条	CA - 1, CA - 2, CA - 3, CA - 4
5	直流电源连接线	1 条	DC - 1
6	Microwave Office 软件	1 套	微波设计软件

四、理论分析

射频前端接收机包括天线、射频低噪声放大器、下混频器、中频滤波器、本地振荡器等部分。

五、硬件测量

（1）测量相关的各个模组的特性，集成在一起完成一个简单的前端接收机特性的测量。

（2）准备电脑、测量软件、RF2000 测量仪、相关模组以及若干小器件等。

（3）测量步骤：

① 准备相关模组。

② 将其集成在一起。

③ 用 RF2000 对其最终输出进行测试，看是否满足要求。

（4）实验记录：记录各个模组的主要参数值。

（5）硬件测量的结果以实现所需功能为准。

六、软件仿真

参见第 13 章的实例。

七、实例分析

参见第 13 章的实例。

附录2 射频/微波工程常用数据

在射频/微波工程中,许多常用的数据可通过查表的方法快速、准确地获得。下面给出数据表。

一、回波损耗、反射系数、VSWR、失配损耗之间的对应关系表

回波损耗 /dB	反射系数	VSWR	失配损耗 /dB	回波损耗 /dB	反射系数	VSWR	失配损耗 /dB
∞	0.0000	1.00	0.00	29.00	0.0355	1.07	0.01
50.00	0.0032	1.01	0.00	28.00	0.0398	1.08	0.01
49.00	0.0035	1.01	0.00	27.00	0.0447	1.09	0.01
48.00	0.0040	1.01	0.00	26.00	0.0501	1.11	0.01
47.00	0.0045	1.01	0.00	25.00	0.0562	1.12	0.01
46.00	0.0050	1.01	0.00	24.00	0.0631	1.13	0.02
45.00	0.0056	1.01	0.00	23.00	0.0708	1.15	0.02
44.00	0.0063	1.01	0.00	22.00	0.0794	1.17	0.03
43.00	0.0071	1.01	0.00	21.00	0.0891	1.20	0.03
42.00	0.0079	1.02	0.00	20.00	0.1000	1.22	0.04
41.00	0.0089	1.02	0.00	19.50	0.1059	1.24	0.05
40.00	0.0100	1.02	0.00	19.00	0.1122	1.25	0.06
39.00	0.0112	1.02	0.00	18.50	0.1189	1.27	0.06
38.00	0.0126	1.03	0.00	18.00	0.1259	1.29	0.07
37.00	0.0141	1.03	0.00	17.50	0.1334	1.31	0.08
36.00	0.0158	1.03	0.00	17.00	0.1413	1.33	0.09
35.00	0.0178	1.04	0.00	16.50	0.1496	1.35	0.10
34.00	0.0200	1.04	0.00	16.00	0.1585	1.38	0.11
33.00	0.0224	1.05	0.00	15.50	0.1679	1.40	0.12
32.00	0.0251	1.05	0.00	15.00	0.1778	1.43	0.14
31.00	0.0282	1.06	0.00	14.50	0.1884	1.46	0.16
30.00	0.0316	1.07	0.00	14.00	0.1995	1.50	0.18

续表

回波损耗 /dB	反射系数	VSWR	失配损耗 /dB	回波损耗 /dB	反射系数	VSWR	失配损耗 /dB
13.50	0.2113	1.54	0.20	5.40	0.5370	3.32	1.48
13.00	0.2239	1.58	0.22	5.20	0.5495	3.44	1.56
12.50	0.2371	1.62	0.25	5.11	0.5556	3.50	1.60
12.00	0.2512	1.67	0.28	5.00	0.5623	3.57	1.65
11.50	0.2661	1.73	0.32	4.80	0.5754	3.71	1.75
11.00	0.2818	1.78	0.36	4.60	0.5888	3.86	1.85
10.50	0.2985	1.85	0.41	4.44	0.6000	4.00	1.94
10.00	0.3162	1.92	0.46	4.40	0.6026	4.03	1.96
9.80	0.3236	1.96	0.48	4.20	0.6166	4.22	2.08
9.60	0.3311	1.99	0.50	4.00	0.6310	4.42	2.20
9.54	0.3333	2.00	0.51	3.93	0.6364	4.50	2.25
9.40	0.3388	2.03	0.53	3.80	0.6457	4.64	2.34
9.20	0.3467	2.06	0.56	3.60	0.6607	4.89	2.49
9.00	0.3548	2.10	0.58	3.52	0.6667	5.00	2.55
8.80	0.3631	2.14	0.61	3.40	0.6761	5.17	2.65
8.60	0.3715	2.18	0.65	3.20	0.6918	5.49	2.83
8.40	0.3802	2.23	0.68	3.00	0.7079	5.85	3.02
8.20	0.3890	2.27	0.71	2.80	0.7244	6.26	3.23
8.00	0.3981	2.32	0.75	2.60	0.7413	6.73	3.46
7.80	0.4074	2.37	0.79	2.40	0.7586	7.28	3.72
7.60	0.4169	2.43	0.83	2.20	0.7762	7.94	4.01
7.40	0.4266	2.49	0.87	2.00	0.7943	8.72	4.33
7.36	0.4286	2.50	0.88	1.80	0.8128	9.69	4.69
7.20	0.4365	2.55	0.92	1.74	0.8182	10.00	4.81
7.00	0.4467	2.61	0.97	1.60	0.8318	10.89	5.11
6.80	0.4571	2.68	1.02	1.40	0.8511	12.44	5.60
6.60	0.4677	2.76	1.07	1.20	0.8710	14.50	6.17
6.40	0.4786	2.84	1.13	1.00	0.8913	17.39	6.87
6.20	0.4898	2.92	1.19	0.80	0.9120	21.73	7.74
6.02	0.5000	3.00	1.25	0.60	0.9333	28.96	8.89
6.00	0.5012	3.01	1.26	0.40	0.9550	43.44	10.56
5.80	0.5129	3.11	1.33	0.20	0.9772	86.86	13.47
5.60	0.5248	3.21	1.40	0.00	1.0000	∞	∞

二、功率比、电压比、dB 值的换算表

dB	功率比	电压比	dB	功率比	电压比	dB	功率比	电压比
0	1	1	21	125.8925412	11.22018454	60	1000000	1000
0.1	1.023292992	1.011579454	22	158.4893192	12.58925412	61	1258925.412	1122.018454
0.2	1.047128548	1.023292992	23	199.5262315	14.12537545	62	1584893.192	1258.925412
0.3	1.071519305	1.035142167	24	251.1886432	15.84893192	63	1995262.315	1412.537515
0.4	1.096478196	1.047128548	25	316.227766	17.7827941	64	2511886.432	1584.893192
0.5	1.122018454	1.059253725	26	398.1071706	19.95262315	65	3162277.66	1778.27941
0.6	1.148153621	1.071519305	27	501.1872336	22.38721139	66	3981071.706	1995.262315
0.7	1.174897555	1.083926914	28	630.9573445	25.11886432	67	5011872.336	2238.721139
0.8	1.202264435	1.096478196	29	794.3282347	28.18382931	68	6309573.445	2511.886432
0.9	1.230268771	1.109174815	30	1000	31.6227766	69	7943282.347	2818.382931
1	1.258925412	1.122018454	31	1258.925412	35.48133892	70	10000000	3162.27766
1.5	1.412537545	1.188502227	32	1584.893192	39.81071706	71	12589254.12	3548.133892
2	1.584893192	1.258925412	33	1995.262315	44.66835922	72	15848931.92	3981.071706
2.5	1.77827941	1.333521432	34	2511.886432	50.11872336	73	19952623.15	4466.835922
3	1.995262315	1.412537545	35	3162.27766	56.23413252	74	25118864.32	5011.872336
3.5	2.238721139	1.496235656	36	3981.071706	63.09573445	75	31622776.6	5623.413252
4	2.511886432	1.584893192	37	5011.872336	70.79457844	76	39810717.06	6309.573445
4.5	2.818382931	1.678804018	38	6309.573445	79.43282347	77	50118723.36	7079.457844
5	3.16227766	1.77827941	39	7943.282347	89.12509381	78	63095734.45	7943.282347
5.5	3.548133892	1.883649089	40	10000	100	79	79432823.47	8912.509381
6	3.981071706	1.995262315	41	12589.25412	142.2018454	80	100000000	10000
6.5	4.466835922	2.11348904	42	15848.93192	125.8925412	81	125892541.2	11220.18454
7	5.011872336	2.238721139	43	19952.62315	141.2537545	82	158489319.2	12589.25412
7.5	5.623413252	2.371373706	44	25118.86432	158.4893192	83	199526231.5	14125.37515
8	6.309573445	2.511886432	45	31622.7766	177.827941	84	251188643.2	15848.93192
8.5	7.079457844	2.66072506	46	39810.71706	199.5262315	85	316227766	17782.7941
9	7.943282347	2.818382931	47	50118.72336	223.8721139	86	398107170.6	19952.62315
9.5	8.912509381	2.985382619	48	63095.73445	251.1886432	87	501187233.6	22387.21139
10	10	3.16227766	49	79432.82347	281.8382931	88	630957344.5	25118.86432
11	12.58925412	3.548133892	50	100000	316.227766	89	794328234.7	28183.82931
12	15.84893192	3.981071706	51	125892.5412	354.8133892	90	1000000000	31622.7766
13	19.95262315	4.466835922	52	158489.3192	398.1071706	91	1258925412	35481.33892
14	25.11886432	5.011872336	53	199526.2315	446.6835922	92	1584893192	39810.71706
15	31.6227766	5.623413252	54	251188.6432	501.1872336	93	1995262315	44668.35922
16	39.81071706	6.309573445	55	316227.766	562.3413252	94	2511886432	50118.72336
17	50.11872336	7.079457844	56	398107.1706	630.9573445	95	3162277660	56234.13252
18	63.09573445	7.943282347	57	501187.2336	707.9457844	96	3981071706	63095.73445
19	79.43282347	8.912509381	58	630957.3445	794.3282347	97	5011872336	70794.57844
20	100	10	59	794328.2347	891.2509381	98	6309573445	79132.82347

续表

dB	功率比	电压比	dB	功率比	电压比	dB	功率比	电压比
99	7943282347	89125.09381	−21	0.007943282	0.089125094	−62	6.30957E−07	0.000794328
100	10000000000	100000	−22	0.006309573	0.079432823	−63	5.01187E−07	0.000707946
0	1	1	−23	0.005011872	0.070794578	−64	3.98107E−07	0.000630957
−0.1	0.977237221	0.988553095	−24	0.003981072	0.063095734	−65	3.16228E−07	0.000562341
−0.2	0.954992586	0.977237221	−25	0.003162278	0.056234133	−66	2.51189E−07	0.000501187
−0.3	0.933254301	0.966050879	−26	0.002511886	0.050118723	−67	1.99526E−07	0.000446684
−0.4	0.912010839	0.954992586	−27	0.001995262	0.044668359	−68	1.58489E−07	0.000398107
−0.5	0.891250938	0.944060876	−28	0.001584893	0.039810717	−69	1.25893E−07	0.000354813
−0.6	0.87096359	0.933254301	−29	0.001258925	0.035481339	−70	0.0000001	0.000316228
−0.7	0.851138038	0.922571427	−30	0.001	0.031622777	−71	7.94328E−08	0.000281838
−0.8	0.831763771	0.912010839	−31	0.000794328	0.028183829	−72	6.30957E−08	0.000251189
−0.9	0.812830516	0.901571138	−32	0.000630957	0.025118864	−73	5.01187E−08	0.000223872
−1	0.794328235	0.89150938	−33	0.000501187	0.022387211	−74	3.98107E−08	0.000199526
−1.5	0.707945784	0.841395142	−34	0.000398107	0.019952623	−75	3.16228E−08	0.000177828
−2	0.630957344	0.794328235	−35	0.000316228	0.017782794	−76	2.51189E−08	0.000158489
−2.5	0.562341325	0.749894209	−36	0.000251189	0.015848932	−77	1.99526E−08	0.000141254
−3	0.501187234	0.707945784	−37	0.000199526	0.014125375	−78	1.58489E−08	0.000125893
−3.5	0.446683592	0.668343918	−38	0.000158489	0.012589254	−79	1.25893E−08	0.000112202
−4	0.398107171	0.630957344	−39	0.000125893	0.011220185	−80	0.00000001	0.0001
−4.5	0.354813389	0.595662144	−40	0.0001	0.01	−81	7.94328E−09	8.91251E−05
−5	0.316227766	0.562341325	−41	7.94328E−05	0.008912509	−82	6.30957E−09	7.94328E−05
−5.5	0.281838293	0.530884444	−42	6.30957E−05	0.007943282	−83	5.01187E−09	7.07946E−05
−6	0.251188613	0.501187234	−43	5.01187E−05	0.007079458	−84	3.98107E−09	6.30957E−05
−6.5	0.223872114	0.473151259	−44	3.98107E−05	0.006309573	−85	3.16228E−09	5.62341E−05
−7	0.199526231	0.446683592	−45	3.16228E−05	0.005623413	−86	2.51189E−09	5.01187E−05
−7.5	0.177827911	0.421696503	−46	2.51189E−05	0.005011872	−87	1.99526E−09	4.46684E−05
−8	0.158489319	0.398107171	−47	1.99526E−05	0.004466836	−88	1.58489E−09	3.98107E−05
−8.5	0.141253754	0.375837404	−48	1.58489E−05	0.003981072	−89	1.25893E−09	3.54813E−05
−9	0.125892511	0.354813389	−49	1.25893E−05	0.003548134	−90	0.000000001	3.16228E−05
−9.5	0.112201845	0.334965439	−50	0.00001	0.003162278	−91	7.94328E−10	2.81838E−05
−10	0.1	0.316227766	−51	7.94328E−06	0.002818383	−92	6.30957E−10	2.51189E−05
−11	0.079432823	0.281838293	−52	6.30957E−06	0.002511886	−93	5.01187E−10	2.23872E−05
−12	0.063095734	0.251188643	−53	5.01187E−06	0.002238721	−94	3.98107E−10	1.99526E−05
−13	0.050118723	0.223872114	−54	3.98107E−06	0.001995262	−95	3.16228E−10	1.77828E−05
−14	0.039810717	0.199526231	−55	3.16228E−06	0.001778279	−96	2.51189E−10	1.58489E−05
−15	0.031622777	0.177827941	−56	2.51189E−06	0.001584893	−97	1.99526E−10	1.41254E−05
−16	0.025118864	0.158489319	−57	1.99526E−06	0.001412538	−98	1.58489E−10	1.25893E−05
−17	0.019952623	0.141253754	−58	1.58489E−06	0.001258925	−99	1.25893E−10	1.12202E−05
−18	0.015848932	0.125892541	−59	1.25893E−06	0.001122018	−100	1E−10	0.00001
−19	0.012589254	0.112201845	−60	0.000001	0.001			
−20	0.01	0.1	−61	7.94328E−07	0.000891251			

三、T 型和 Π 型衰减器(见图 F－12)电阻值表

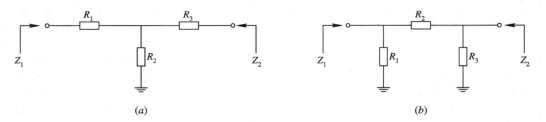

图 F－12 T 型衰减器和 Π 型衰减器

(a) T 型衰减器；(b) Π 型衰减器

损耗 /dB	电压衰减	r_1，r_3 $Z_1 = Z_2 = 1$	r_2 $Z_1 = Z_2 = 1$	T 型 R_1，R_3 $Z_1 = Z_2 = 50$	T 型 R_2 $Z_1 = Z_2 = 50$	Π 型 R_1，R_3 $Z_1 = Z_2 = 50$	Π 型 R_2 $Z_1 = Z_2 = 50$
0.1	0.98855	0.0058	86.8570	0.3	4342.8	8686.0	0.6
0.2	0.97724	0.0115	43.4256	0.6	2171.3	4343.1	1.2
0.3	0.96605	0.0173	28.9472	0.9	1447.4	2895.6	1.7
0.4	0.95499	0.0230	21.7071	1.2	1085.4	2171.9	2.3
0.5	0.94406	0.0288	17.3622	1.4	868.1	1737.7	2.9
0.6	0.93325	0.0345	14.4650	1.7	723.2	1448.2	3.5
0.7	0.92257	0.0403	12.3950	2.0	619.7	1241.5	4.0
0.8	0.91201	0.0460	10.8420	2.3	542.1	1086.5	4.6
0.9	0.90157	0.0518	9.6337	2.6	481.7	966.0	5.2
1.0	0.89125	0.0575	8.6667	2.9	433.3	869.5	5.8
1.2	0.87096	0.0690	7.2153	3.4	360.8	725.0	6.9
1.4	0.85114	0.0804	6.1774	4.0	308.9	621.8	8.1
1.6	0.83176	0.0918	5.3981	4.6	269.9	544.4	9.3
1.8	0.81283	0.1032	4.7911	5.2	239.6	484.3	10.4
2.0	0.79433	0.1146	4.3048	5.7	215.2	436.2	11.6
2.2	0.77625	0.1260	3.9062	6.3	195.3	396.9	12.8
2.4	0.75858	0.1373	3.5735	6.9	178.7	364.2	14.0
2.6	0.74131	0.1486	3.2914	7.4	164.6	336.6	15.2
2.8	0.72444	0.1598	3.0490	8.0	152.5	312.9	16.4
3.0	0.70795	0.1710	2.8385	8.5	141.9	292.4	17.6
3.2	0.69183	0.1822	2.6539	9.1	132.7	274.5	18.8
3.4	0.67608	0.1933	2.4906	9.7	124.5	258.7	20.1
3.6	0.66069	0.2043	2.3450	10.2	117.3	244.7	21.3
3.8	0.64565	0.2153	2.2144	10.8	110.7	232.2	22.6
4.0	0.63096	0.2263	2.0966	11.3	104.8	221.0	23.8
4.2	0.61660	0.2372	1.9896	11.9	99.5	210.8	25.1
4.4	0.60256	0.2480	1.8921	12.4	94.6	201.6	26.4

续表（一）

损耗 /dB	电压衰减	$r_1，r_3$ $Z_1=Z_2=1$	r_2 $Z_1=Z_2=1$	T 型 $R_1，R_3$ $Z_1=Z_2=50$	T 型 R_2 $Z_1=Z_2=50$	Π 型 $R_1，R_3$ $Z_1=Z_2=50$	Π 型 R_2 $Z_1=Z_2=50$
4.6	0.58884	0.2588	1.8028	12.9	90.1	193.2	27.7
4.8	0.57544	0.2695	1.7206	13.5	86.0	185.5	29.1
5.0	0.56234	0.2801	1.6448	14.0	82.2	178.5	30.4
5.5	0.53088	0.3064	1.4785	15.3	73.9	163.2	33.8
6.0	0.50119	0.3323	1.3386	16.6	66.9	150.5	37.4
6.5	0.47315	0.3576	1.2193	17.9	61.0	139.8	41.0
7.0	0.44668	0.3825	1.1160	19.1	55.8	130.7	44.8
7.5	0.42170	0.4068	1.0258	20.3	51.3	122.9	48.7
8.0	0.39811	0.4305	0.9462	21.5	47.3	116.1	52.8
8.5	0.37584	0.4537	0.8753	22.7	43.8	110.2	57.1
9.0	0.35481	0.4762	0.8118	23.8	40.6	105.0	61.6
9.5	0.33497	0.4982	0.7546	24.9	37.7	100.4	66.3
10.0	0.31623	0.5195	0.7027	26.0	35.1	96.2	71.2
10.5	0.29854	0.5402	0.6555	27.0	32.8	92.6	76.3
11.0	0.28184	0.5603	0.6123	28.0	30.6	89.2	81.7
11.5	0.26607	0.5797	0.5727	29.0	28.6	86.3	87.3
12.0	0.25119	0.5985	0.5362	29.9	26.8	83.5	93.2
12.5	0.23714	0.6166	0.5025	30.8	25.1	81.1	99.5
13.0	0.22387	0.6342	0.4714	31.7	23.6	78.8	106.1
13.5	0.21135	0.6511	0.4425	32.6	22.1	76.8	113.0
14.0	0.19953	0.6673	0.4156	33.4	20.8	74.9	120.3
14.5	0.18836	0.6830	0.3906	34.1	19.5	73.2	128.0
15.0	0.17783	0.6980	0.3673	34.9	18.4	71.6	136.1
15.5	0.16788	0.7125	0.3455	35.6	17.3	70.2	144.7
16.0	0.15849	0.7264	0.3251	36.2	16.3	68.8	153.8
16.5	0.14962	0.7397	0.3061	37.0	15.3	67.6	163.3
17.0	0.14125	0.7525	0.2883	37.6	14.4	66.4	173.5
17.5	0.13335	0.7647	0.2715	38.2	13.6	65.4	184.1
18.0	0.12589	0.7764	0.2558	38.8	12.8	64.4	195.4
18.5	0.11885	0.7875	0.2411	39.4	12.1	63.5	207.4
19.0	0.11220	0.7982	0.2273	39.9	11.4	62.6	220.0
19.5	0.10593	0.8084	0.2143	40.4	10.7	61.8	233.4
20.0	0.10000	0.8182	0.2020	40.9	10.1	61.1	247.5
20.5	0.09441	0.8275	0.1905	41.4	9.5	60.4	262.5
21.0	0.08913	0.8363	0.1797	41.8	9.0	59.8	278.3
21.5	0.08414	0.8448	0.1695	42.2	8.5	59.2	295.0

射频/微波电路导论(第二版)

损耗 /dB	电压衰减	r_1，r_3 $Z_1=Z_2=1$	r_2 $Z_1=Z_2=1$	T 型 R_1，R_3 $Z_1=Z_2=50$	T 型 R_2 $Z_1=Z_2=50$	Π 型 R_1，R_3 $Z_1=Z_2=50$	Π 型 R_2 $Z_1=Z_2=50$
22.0	0.07943	0.8528	0.1599	42.6	8.0	58.6	312.7
22.5	0.07499	0.8605	0.1508	43.0	7.5	58.1	331.5
23.0	0.07079	0.8678	0.1423	43.4	7.1	57.6	351.4
23.5	0.06683	0.8747	0.1343	43.7	6.7	57.2	372.4
24.0	0.06310	0.8813	0.1267	44.1	6.3	56.7	394.6
24.5	0.05957	0.8876	0.1196	44.4	6.0	56.3	418.2
25.0	0.05623	0.8935	0.1128	44.7	5.6	56.0	443.2
26.0	0.05012	0.9045	0.1005	45.2	5.0	55.3	497.6
27.0	0.04467	0.9145	0.0895	45.7	4.5	54.7	558.6
28.0	0.03981	0.9234	0.0797	46.2	4.0	54.1	627.0
29.0	0.03548	0.9315	0.0711	46.6	3.6	53.7	703.7
30.0	0.03162	0.9387	0.0633	46.9	3.2	53.3	789.8
31.0	0.02818	0.9452	0.0564	47.3	2.8	52.9	886.3
32.0	0.02512	0.9510	0.0503	47.5	2.5	52.6	994.6
33.0	0.02239	0.9562	0.0448	47.8	2.2	52.3	1116.1
34.0	0.01995	0.9609	0.0399	48.0	2.0	52.0	1252.5
35.0	0.01778	0.9651	0.0356	48.3	1.8	51.8	1405.4
36.0	0.01585	0.9688	0.0317	48.4	1.6	51.6	1577.0
37.0	0.01413	0.9721	0.0283	48.6	1.4	51.4	1769.5
38.0	0.01259	0.9751	0.0252	48.8	1.3	51.3	1985.5
39.0	0.01122	0.9778	0.0224	48.9	1.1	51.1	2227.8
40.0	0.01000	0.9802	0.0200	49.0	1.0	51.0	2499.8
41.0	0.00891	0.9823	0.0178	49.1	0.9	50.9	2804.8
42.0	0.00794	0.9842	0.0159	49.2	0.8	50.8	3147.1
43.0	0.00708	0.9859	0.0142	49.3	0.7	50.7	3531.2
44.0	0.00631	0.9875	0.0126	49.4	0.6	50.6	3962.1
45.0	0.00562	0.9888	0.0112	49.4	0.6	50.6	4445.6

参 考 文 献

[1] Behzad Razavi. 射频微电子学. 邹志革，雷鑑铭，邹雪城，等译. 北京：机械工业出版社，2016.

[2] Qizheng Gu. 无线通信中的射频收发系统设计. 杨国敏，李玮涛，等译. 北京：清华大学出版社，2016.

[3] Frank Gustran. 射频与微波工程：无线通信基础. 陈会，译. 北京：电子工业出版社，2015.

[4] Christopher Bowick，John Blyler，Cheryl Ajluni. 射频电路设计. 2 版. 李平辉，译. 北京：电子工业出版社，2015.

[5] W. Alan Davis. 射频电路设计. 李福乐，等译. 北京：机械工业出版社，2015.

[6] 黄玉兰. 射频电路理论与设计. 北京：人民邮电出版社，2014.

[7] RF2000 Radio Frequency Training System 教师技术手册. Motech Industries Inc. ，2000.

[8] Pozar D M. Microwave Engineering. John Wiley & Sons Inc. ，1998.

[9] Mike G. The RF and Microwave Handbook. CRC Press LLC，2001.

[10] Chang K. RF and Microwave Wireless Systems. John Wiley & Sons Inc. ，2000.

[11] Everard J. Fundamentals or RF Circuit Design with Low Noise Oscillators. John Wiley & Sons Inc. ，2001.

[12] Rohde U L. Microwave and Wireless Synthesizers：Theory and Design. John Wiley & Sons Inc. ，1997.

[13] Davis W A. Radio Frequency Circuit Design. John Wiley & Sons Inc. ，2001.

[14] Rohde U L. RF/Microwave Design for Wireless Applications. John Wiley & Sons Inc. ，2000.
　　Rohde U L. 无线应用射频/微波电路设计. 刘光祐，张玉兴，译. 北京：电子工业出版社，2004.

[15] Hong J S. Microstrip Filters for RF/Microwave Application. John Wiley & Sons Inc. ，2001.

[16] HFSS User's Guide，2005.

[17] Mathcad 11 User's Guide.

[18] 廖承恩. 微波技术基础. 北京：国防工业出版社，1984.

[19] 章荣庆. 微波电子线路. 西安：陕西科技出版社，1994.

[20] 林为干. 微波网络. 北京：国防工业出版社，1978.

[21] R Ludwig. 射频电路设计——理论和应用. 王子宇，等译. 北京：电子工业出版社，2002.

[22] 薛正辉，等. 微波固态电路. 北京：北京理工大学出版社，2004.

[23] 吴万春，梁昌洪. 微波网络及其应用. 北京：国防工业出版社，1980.

[24] 王蕴仪，等. 微波器件与电路. 南京：江苏科技出版社，1981.

[25] 清华大学《微带电路》编写组. 微带电路. 北京：人民邮电出版社，1976.

[26] 费元春，等. 微波固态频率源理论·设计·应用. 北京：国防工业出版社，1994.

[27] 王新稳，李萍. 微波技术与天线. 北京：电子工业出版社，2003.

[28] 杨维生. 微波印制板制造工艺探讨. www.smt.cn.

[29] 西南集成电路设计有限公司. SB3236 锁相环电路. www.swid.com.cn.